A. J. Baden Fuller

Mikrowellen

Lehrbuch für
Studenten der Elektrotechnik
und Physik
höherer Semester

Mit 83 Abbildungen

Friedr. Vieweg + Sohn · Braunschweig

uni—text

Übersetzer: Dr. *Ernst Bonek* und Dr. *Kurt R. Richter*

Titel der Originalausgabe: Microwaves
Erschienen bei: Pergamon Press Ltd., Oxford

Copyright © 1969 A. J. Baden Fuller

Verlagsredaktion: *Alfred Schubert*

1974

Satz: Friedr. Vieweg + Sohn, Braunschweig

Umschlaggestaltung: Peter Morys, Wolfenbüttel

ISBN-13:978-3-528-03565-5   e-ISBN-13:978-3-322-84069-1
DOI: 10.1007/978-3-322-84069-1

Vorwort

Vor rund fünfundzwanzig Jahren trat die Wissenschaft von den Mikrowellen gerade aus dem Dunkel der Geheimhaltung um die Kriegsforschung hervor. In fünfundzwanzig Jahren hat sich das Wachstum einer ansehnlichen Mikrowellenindustrie vollzogen. Heute bewirkt die allgemeine Verwendung von Radarsystemen zur Navigation, zusammen mit der Ausweitung der Funkverbindungen und der Satelliten-Nachrichtensysteme auf das Gebiet der Mikrowellen, einen größeren Bedarf an Ingenieuren und Physikern mit Kenntnissen jener Gesichtspunkte der elektromagnetischen Theorie, die bei Mikrowellenfrequenzen wichtig sind. Die meisten Lehrpläne aus dem Fachbereich Elektrotechnik beinhalten auch das Studium der Mikrowellentheorie. Dieses Buch möchte eine Einführung in dieses Gebiet geben; es kann als Lehrbuch zu Vorlesungen für Studenten höherer Semester an Technischen Hochschulen oder Universitäten dienen. Der Inhalt des Buches zerfällt in zwei Hauptabschnitte.

Nach der Einleitung folgt ein Kapitel über allgemeine Leitungsgleichungen. Der erste Hauptabschnitt umfaßt die Kapitel 2 bis 8 und enthält eine theoretische Behandlung der Ausbreitung geführter elektromagnetischer Wellen, ausgehend von den Maxwellschen Gleichungen und den Materialeigenschaften. Besondere Aufmerksamkeit wurde jenen Ausbreitungseigenschaften geschenkt, die maßgebend sind, wenn die Wellenlänge von derselben Größenordnung ist wie die Abmessungen des Bauteils, der die elektromagnetische Welle führen soll. Es wurde nicht versucht, jene Betriebsverhältnisse zu diskutieren, bei denen einerseits die Anwendung optischer Prinzipien, andererseits, bei Verwendung miniaturisierter Schaltkreise, die Hochfrequenz-Schaltungstechnik mit konzentrierten Elementen gerechtfertigt ist. Die Abhandlung beschränkt sich vielmehr auf jene Themen, bei denen die Anwendung der Feldtheorie zweckmäßig ist.

Der zweite Hauptabschnitt (Kapitel 9 bis 12) besteht aus einer Beschreibung von Mikrowellenbauteilen und Mikrowellenmessungen. Sollte ein Student Mikrowelleneinrichtungen bedienen müssen, bevor er die Theorie studiert hat, kann er ruhig diese letzten Kapitel durchblättern, bevor er den ersten Teil des Buches durcharbeitet. Er wird bemerken, daß sie unmittelbar verständlich sind. Andererseits bietet dieser zweite Hauptabschnitt einem Studenten, der eine Vorlesung über Mikrowellentheorie besucht, eine brauchbare praktische Ergänzung der Theorie.

Das Buch setzt Kenntnisse der Vektorrechnung und der Differentialgleichungen voraus. Wo es zweckmäßig erschien, z. B. bei der Vektorrechnung und den Zylinderfunktionen, wurden die mathematischen Ausdrücke definiert und alle notwendigen Eigenschaften angeschrieben, aber nicht abgeleitet. Jedes Kapitel schließt mit einer Zusammenfassung; am Ende der ersten acht Kapitel werden Aufgaben gestellt. Im Haupttext des Buches werden keine Lösungen dazu angegeben, weil sich die elektromagnetische Theorie für eine solche Art der Behandlung nicht eignet, aber die Lösungen samt Lösungswegen einiger ausgewählter Aufgaben werden am Ende des Buches angeführt.

Es ist schwierig, all den vielen Leuten zu danken, von denen ich gelernt habe, und ich hoffe, daß das Fehlen einer Danksagung nicht als Mangel an Dankbarkeit ausgelegt wird. Ich möchte Herrn Prof. *P. Hammond* für seine Unterstützung danken, die mich ermutigt hat, dieses Buch zu schreiben, und Herrn Dr. *A. G. Bailey* für das Lesen des Manuskripts und viele wertvolle Hinweise. Mein Dank ergeht auch an Herrn Prof. *G. D. S. MacLellan*, Leiter des Engineering Department an der Universität Leicester, der mir die Einrichtungen seiner Abteilung für die Fertigstellung des Manuskripts zur Verfügung gestellt hat.

B. F.

Inhaltsverzeichnis

Einleitung

Mikrowellen sind elektromagnetische Wellen, die als Strahlung von hochfrequenten elektrischen Störungen ausgehen. Bei tiefen Frequenzen ist es nicht notwendig, eine beliebige Verteilung elektromagnetischer Energie unter dem Gesichtspunkt der Strahlung zu behandeln; es genügt, Spannungen und elektrische Ladungen, entweder in ruhender Form oder in bewegter Form als elektrische Ströme, in Betracht zu ziehen. Bei höheren Betriebsfrequenzen hingegen nimmt die Bedeutung der Abstrahlung zu. Der relative Einfluß der Abstrahlung hängt von der Größe der betrachteten Schaltung bzw. des betrachteten Systems ab. Jedes System elektrischer Ladungen erzeugt in seiner Umgebung elektrische und magnetische Felder. Bei der Behandlung niedriger Frequenzen mit Hilfe der Netzwerktheorie werden die Effekte dieser Felder im allgemeinen außer Acht gelassen. Bei höheren Frequenzen sind ihre Auswirkungen jedoch stärker ausgeprägt. Das macht sich vorerst einmal in der Einführung sogenannter Streukapazitäten in der Netzwerktheorie bemerkbar. Bei hohen Frequenzen wirkt sogar ein kurzes Stückchen Draht als strahlendes Element, das elektrische Signale in die Umgebung aussendet. Die elektromagnetischen Felder werden beim Studium der elektrischen Erscheinungen bei hohen Frequenzen zu den maßgebenden Größen.

Wie gezeigt werden wird, ist die Wellenlänge λ der elektromagnetischen Strahlung mit der Frequenz f der elektrischen Signale durch $\lambda = c/f$ verknüpft, wobei c die Lichtgeschwindigkeit bedeutet. Nur wenn die Abmessungen eines Systems größenordnungsmäßig gleich oder größer als die Wellenlänge der vom System geführten oder verarbeiteten elektrischen Signale sind, ist es notwendig, den Begriff der Strahlung zum Verständnis eines elektrischen Systems heranzuziehen. Für den Mittelwellenrundfunk mit Wellenlängen von einigen Hundert Metern bedeutet das, daß der Rundfunkempfänger ausschließlich nach dem Gesichtspunkt elektrischer Ströme, die in Drähten fließen, entworfen wird und die elektromagnetische Strahlung, die von den Schaltkreisen ausgeht, völlig außer Acht gelassen werden kann, obwohl die elektrischen Signale vom Sender zum Empfänger in Form von Strahlung übertragen werden.

Man kann die Mikrowellentechnik als die Beschäftigung mit jenen Anwendungsfällen der Elektrotechnik ansehen, bei denen die Wellenlänge kleiner als die Abmessungen des Systems bzw. der Schaltung sind, jedoch noch nicht so klein, daß nur die Methoden der Strahlenoptik angewendet werden können. Die Mikrowellen umfassen normalerweise den Frequenzbereich von 10^9 bis 10^{12} Hz, d.h. den Wellenlängenbereich von 30 cm bis 0,3 mm. Bei diesen Wellenlängen haben die Bauteile üblicher elektronischer Schaltungen die Tendenz, wie einzelne Antennen zu wirken, die ihre elektrischen Signale in Form von Strahlung aussenden. Im Mikrowellengebiet sind neue Verfahren zur Übertragung und Verarbeitung elektrischer Signale notwendig, die auch neue Berechnungsmethoden verlangen. Obwohl man übereingekommen ist, unter dem oben angeführten Mikrowellenbereich den Frequenzbereich zu verstehen, in dem diese besonderen Verfahren am häufigsten gebraucht werden, so ist die tatsächliche Richtlinie, nach der zu entscheiden ist, ob Techniken oder Berechnungsmethoden der Mikrowellen auf ein bestimmtes System anwendbar sind, auf jeden Fall das Verhältnis von Größe zu Wellenlänge. Beispielsweise ist ein Energietechniker mit Strahlungsproblemen konfrontiert, wenn seine Hochspannungsleitung einige Tausend Kilometer lang ist; im Gegensatz dazu können miniaturisierte Schaltungen für Frequenzen am unteren Ende des Mikrowellenbereichs mit Hilfe der Netzwerktheorie entworfen werden.

Die Theorie der elektromagnetischen Strahlung ist eine exakte Wissenschaft, weil sie durch exakte mathematische Ausdrücke beschrieben werden kann. Die Einfachheit, mit der die mathematische Behandlung durchgeführt werden kann, hängt von der Gestalt der elektromagnetischen Felder ab, die wieder von den auferlegten Randbedingungen bestimmt wird. Die elementare mathematische Behandlung ist in diesem Buch auf das Studium von Feldern mit einfachen Randbedingungen beschränkt. Obwohl diese einfachen Formen in der Praxis nicht immer auftreten, gibt es viele praktische Fälle, die durch einfache geometrische Formen angenähert werden können, wodurch auch die einfache Theorie für viele Anwendungen gute Resultate liefert.

Die elementare mathematische Theorie wird in den Kapiteln 1 bis 8 entwickelt. Das Verhalten elektromagnetischer Wellen unter verschiedenen Bedingungen wird von mathematischen Formeln beschrieben. Zur Ergänzung der Theorie der ersten acht Kapitel enthalten die Kapitel 9 bis 12 einen kurzen Abriß der praktischen Mikrowellentechnik ohne Berechnungen. Diese Kapitel enthalten Beschreibungen und Erklärungen verschiedener Mikrowellenbauteile und Mikrowellenmessungen.

1. Leitungen

1.1. Allgemeines

Obwohl sich dieses Buch hauptsächlich mit den Eigenschaften elektromagnetischer Übertragungssysteme bei so hohen Frequenzen befaßt, daß die elektrischen Signale nur in Form von elektromagnetischer Strahlung behandelt werden können, ist es doch notwendig, die allgemeinen Eigenschaften von Leitungen für beliebige Frequenzen zu verstehen, bevor man eine Untersuchung der Mikrowellenleitungen im besonderen beginnen kann. Dieses Kapitel enthält eine Zusammenfassung der Leitungstheorie, die für die Mikrowellentheorie wichtig ist. Bei niedrigen Frequenzen können die Eigenschaften einer elektrischen Schaltung durch Ströme und Potentialdifferenzen angegeben werden. Sie verursachen elektromagnetische Felder, die aber meist so klein sind, daß sie vernachlässigt werden können. Bei Mikrowellenfrequenzen werden jedoch die Feldgrößen vorherrschen, während Ströme und Potentialdifferenzen schwer meßbar werden.

In diesem Kapitel werden die Leitungseigenschaften mit Hilfe relativ niederfrequenter Ströme und Spannungen abgeleitet. Es stellt sich heraus, daß es noch andere meßbare Eigenschaften der Leitungswellen als Ströme und Potentialdifferenzen gibt. Diese Eigenschaften können auch auf Mikrowellenleitungen angewendet werden. Grundsätzlich besteht eine Leitung aus irgendeinem System von Leitern, das dazu benützt werden kann, elektrische Energie zwischen zwei oder mehreren Punkten zu übertragen. Wird an den Eingang einer langen Leitung eine Spannungsquelle angeschlossen, so kann die Potentialdifferenz auf der Leitung den Wert der Potentialdifferenz der Spannungsquelle nicht augenblicklich annehmen. Die Übertragung der Energie entsprechend der Potentialdifferenz zwischen den Leitern benötigt eine gewisse Zeit. Eine augenblickliche Änderung der Potentialdifferenz entlang der gesamten Leitung wäre auch nach der speziellen Relativitätstheorie undenkbar. Kein Signal kann mit einer größeren Geschwindigkeit als der Lichtgeschwindigkeit übertragen werden. Deshalb nimmt der Ladungstransport entlang einer Leitung Zeit in Anspruch. Jede Information, gewöhnlich in Form elektrischer Signale, braucht für die Ausbreitung entlang einer Leitung Zeit. Für ein Wechselstromsignal tritt im Fall des stationären Zustandes ein kontinuierlicher Energiefluß in die Leitung hinein auf. Das Signal auf der Leitung weist in jedem Abstand von der Quelle eine Phasenverschiebung zum Signal der Quelle auf. Wir werden mit der Untersuchung der einfachsten Leitungsform, der Doppelleitung, beginnen.

1.2. Doppelleitung

Eine Doppelleitung unendlicher Länge ist in Bild 1.1 gezeigt. Die einzige Annahme, die notwendigerweise in bezug auf die Leitung getroffen werden muß, ist, daß der Querschnitt über die gesamte Länge der Leitung erhalten bleiben muß. Bei jeder beliebigen Frequenz wird eine an die Leitung angelegte Spannung einen in die Leitung fließenden Strom verursachen, weil — selbst wenn keine reellen Querleitwerte zwischen den Leitern vorhanden sind — Kapazitäten auftreten, die einen Weg für den Wechselstrom ermöglichen.

Bild 1.1
Doppelleitung unendlicher Länge

Zufolge des Stromflusses kann man der Leitung eine äquivalente Impedanz zuschreiben, die *Leitungswellenwiderstand* oder kurz *Wellenwiderstand* der Leitung genannt wird. Der Wellenwiderstand ist durch die Beziehung

$$Z_0 = \frac{U}{I} \tag{1.1}$$

gegeben, in der Z_0, U und I komplexe Größen sind. Für diese verlustlose Doppelleitung findet man, daß der Strom und die Potentialdifferenz zwischen den Leitern in Phase sind und daß der Wellenwiderstand rein reell, also OHMsch ist. Im Abschnitt 1.4 wird gezeigt werden, daß dies für alle verlustlosen Leitungen zutrifft.

Wird ein kurzes Leitungsstück mit einer unendlich langen Leitung abgeschlossen, so wird es sich wie eine unendliche Leitung verhalten. Seine Eingangsimpedanz wird der Wellenwiderstand der unendlich langen Leitung sein. Die unendliche Leitung kann durch ihren Wellenwiderstand ersetzt werden, ohne daß die elektrischen Verhältnisse auf der kurzen Leitung dadurch gestört werden. Eine kurze, mit ihrem Wellenwiderstand abgeschlossene Leitung wird sich daher wie eine unendlich lange Leitung verhalten. Dies ist in Bild 1.2 veranschaulicht.

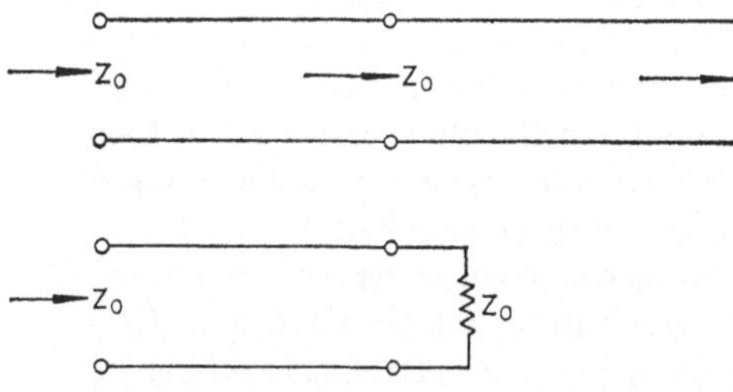

Bild 1.2
Äquivalenz zwischen einer unendlich langen Leitung und einer kurzen, mit ihrem Wellenwiderstand abgeschlossenen Leitung

Jede 2-Tor-Schaltung kann durch eine äquivalente T-Schaltung ersetzt werden; die äquivalente T-Schaltung einer mit ihrem Wellenwiderstand abgeschlossenen Leitung ist in Bild 1.3 dargestellt.

Ihr Eingangswiderstand ist ebenfalls gleich dem Wellenwiderstand der Leitung, so daß die Eingangsimpedanz der T-Schaltung durch

$$Z_0 = Z_1 + \frac{Z_2(Z_1 + Z_0)}{Z_1 + Z_2 + Z_0} \tag{1.2}$$

gegeben ist, woraus sich

$$Z_0^2 = Z_1^2 + 2Z_1Z_2 \tag{1.3}$$

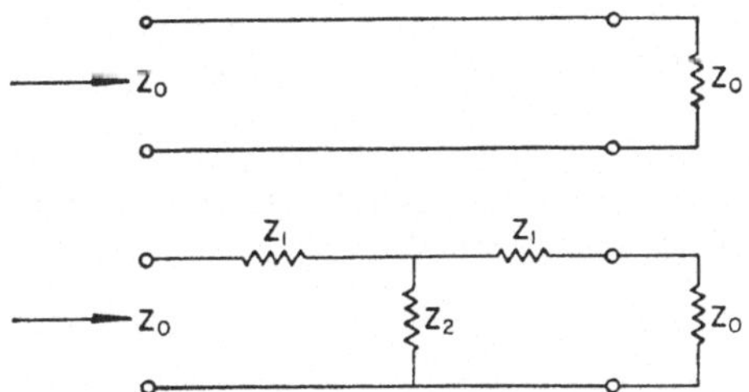

Bild 1.3
Äquivalente T-Schaltung einer kurzen Leitung

ergibt. Ist der Wellenwiderstand einer Leitung nicht bekannt, so kann man sie nicht vollkommen reflexionsfrei abschließen. Es können jedoch die Eingangsimpedanzen für die Fälle gemessen werden, in denen das Ende der Leitung entweder leerlaufend oder kurzgeschlossen ist. Mit Hilfe der äquivalenten T-Schaltung aus Bild 1.3 kann gezeigt werden, daß die Leerlauf- bzw. Kurzschlußimpedanzen den Beziehungen

$$Z_{LL} = Z_1 + Z_2 \tag{1.4}$$

$$Z_{KS} = Z_1 + \frac{Z_1 Z_2}{Z_1 + Z_2} = \frac{Z_1^2 + 2Z_1 Z_2}{Z_1 + Z_2} \tag{1.5}$$

gehorchen. Setzt man die Gln. (1.3) und (1.4) in Gl. (1.5) ein, so ergibt sich

$$Z_0 = \sqrt{Z_{KS} Z_{LL}} . \tag{1.6}$$

Der Wellenwiderstand einer Leitung ist also das geometrische Mittel aus ihrer Kurzschluß- und Leerlaufimpedanz.

1.3. Leitungsgleichungen

Wir betrachten eine unendlich lange Doppelleitung. Der in die Leitung fließende Strom und die Potentialdifferenz zwischen den beiden Drähten sind eine Funktion des Ortes entlang der Leitung. Die Dimension in Richtung der Leitung wird mit z bezeichnet. Die Leitung besitzt eine effektive Serienimpedanz von Z' Ohm pro Längeneinheit und eine effektive Querimpedanz Y' Siemens pro Längeneinheit. Die Wirkung einer kurzen Leitung der Länge δz ist in Bild 1.4 dargestellt.

Man sieht also, daß

$$\delta U = - IZ' \delta z \tag{1.7}$$

und

$$\delta I = - UY' \delta z \tag{1.8}$$

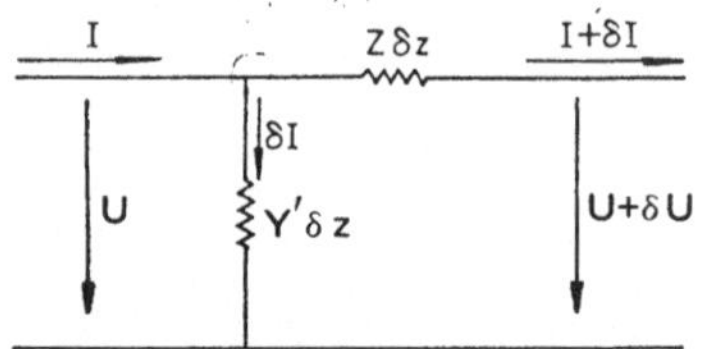

Bild 1.4

Äquivalentes Schaltbild eines kurzen Elementes (Länge δz) einer unendlich langen Leitung

gilt, wobei die negativen Vorzeichen anzeigen, daß die Spannung und der Strom auf der Leitung mit zunehmendem z abnehmen. Ist δz infinitesimal klein, so werden sich die Gln. (1.7) und (1.8) in folgende Form verändern:

$$\frac{dU}{dz} = -Z'I \tag{1.9}$$

$$\frac{dI}{dz} = +Y'U. \tag{1.10}$$

Differenziert man die beiden Gln. (1.9) und (1.10) und setzt sie in die ursprünglichen Gleichungen ein, so erhält man

$$\frac{d^2U}{dz^2} = \gamma^2 U \tag{1.11}$$

und

$$\frac{d^2I}{dz^2} = \gamma^2 I \tag{1.12}$$

wobei

$$\gamma^2 = Z'Y' \tag{1.13}$$

definiert ist. Diese Gleichungen sind lineare Differentialgleichungen zweiter Ordnung und besitzen die beiden unabhängigen Lösungen $\exp(-\gamma z)$ und $\exp(\gamma z)$. Die allgemeine Lösung erhält man durch Linearkombination dieser beiden Lösungen mit den willkürlichen Konstanten A und B, so daß die vollständige Lösung von Gl. (1.11) lautet

$$U = A \exp(-\gamma z) + B \exp(\gamma z). \tag{1.14}$$

Wenn man in Gl. (1.9) einsetzt, erhält man für den Strom

$$I = \frac{\gamma}{Z}[A \exp(-\gamma z) - B \exp(\gamma z)]. \tag{1.15}$$

Im allgemeinen wird die Impedanz und die Admittanz der Leitung komplex sein, daher ist nach Gl. (1.13) auch γ komplex. Jede komplexe Zahl läßt sich in Real- und Imaginärteil aufspalten, so daß

$$\gamma = \alpha + j\beta \tag{1.16}$$

gilt. Führt man die harmonische Zeitabhängigkeit $\exp(j\omega t)$ in Gl. (1.14) ein, so erhält man für die Spannung auf der Leitung

$$U = A \exp[-\alpha z + j(\omega t - \beta z)] + B \exp[\alpha z + j(\omega t + \beta z)]. \tag{1.17}$$

Bei näherer Betrachtung von Gl. (1.17) zeigt sich, daß sie zwei Wellen darstellt, die sich entlang der Leitung ausbreiten. Der erste Ausdruck stellt eine in positiver z-Richtung und der zweite eine in entgegengesetzter Richtung fortschreitende Welle dar. Der Faktor „$\exp j(\omega t - \beta z)$" ist eine Funktion, die für einen mit der Geschwindigkeit der Welle mitbewegten Beobachter konstant bleibt. Daraus ergibt sich die Geschwindigkeit der Welle mit

$$v = \frac{dz}{dt} = \frac{\omega}{\beta}; \tag{1.18}$$

sie wird *Phasengeschwindigkeit* der Welle genannt. Der zweite Term in Gl. (1.17) hat eine Phasengeschwindigkeit, die dem negativen Wert der in Gl. (1.18) angegebenen Geschwindigkeit entspricht. Dies zeigt, daß er eine Welle darstellt, die sich mit der gleichen Geschwindigkeit, aber in entgegengesetzter Richtung ausbreitet. Der jeweils erste Teil der beiden exponentiellen Ausdrücke in Gl. (1.17) stellt die exponentielle Abnahme der Amplituden für die sich entlang der Leitung ausbreitenden Wellen dar. Daher wird α die Dämpfungskonstante der Welle genannt; β ist die Phasenkonstante und γ die Ausbreitungskonstante. Die Beziehung zwischen Phasenkonstante und Wellenlänge ist durch

$$\beta = \frac{2\pi}{\lambda} \tag{1.19}$$

gegeben. [Vergleiche Abschnitt 2.9 für eine ausführliche Ableitung von Gl. (1.19)].

1.4. Leitungskonstanten

Bei einer Niederfrequenz-Doppelleitung sind die primären Konstanten die verschiedenen Impedanzgrößen, die gemessen werden können. Das sind

der Widerstandsbelag der Leitung	R'	Ohm/Meter (Ω/m),
der Ableitungsbelag der Leitung	G'	Siemens/Meter (S/m),
der Induktivitätsbelag der Leitung	L'	Henry/Meter (H/m) und
der Kapazitätsbelag der Leitung	C'	Farad/Meter (F/m).

Daraus folgt

$$Z' = R' + j\omega L' \tag{1.20}$$

$$Y' = G' + j\omega C' \tag{1.21}$$

und für die Ausbreitungskonstante

$$\gamma^2 = (R' + j\omega L')(G' + j\omega C') = (R'G' - \omega^2 L'C') + j\omega(G'L' + R'C'). \tag{1.22}$$

Bei den meisten praktisch verwendeten Leitungen sind der Widerstandsbelag und der Ableitungsbelag klein, so daß auch die Verluste auf der Leitung klein sind. Es gilt in diesem Fall

$$\frac{R'}{\omega L'} \ll 1 \quad \text{und} \quad \frac{G'}{\omega C'} \ll 1 \,.$$

Durch Aufspaltung des Ausdruckes für γ in mehrere Faktoren erhält man

$$\gamma = j\omega \sqrt{L'C'} \left[1 - \frac{R'G'}{\omega^2 L'C'} - j\left(\frac{G'}{\omega C'} + \frac{R'}{\omega L'} \right) \right]^{\frac{1}{2}} \,. \tag{1.23}$$

Der zweite Ausdruck in der eckigen Klammer von Gl. (1.23) ist sehr klein und kann vernachlässigt werden. Voraussetzungsgemäß ist auch der Imaginärteil in der eckigen Klammer klein gegen eins, so daß eine Entwicklung in eine Taylorsche Reihe möglich ist

$$\gamma = j\omega \sqrt{L'C'} \left[1 - j\left(\frac{G'}{2\omega C'} + \frac{R'}{2\omega L'} \right) \right] \,. \tag{1.24}$$

Durch Vergleich mit Gl. (1.16) erhalten wir

$$\beta = \omega \sqrt{L'C'} \tag{1.25}$$

$$\alpha = \frac{G'}{2} \sqrt{\frac{L'}{C'}} + \frac{R'}{2} \sqrt{\frac{C'}{L'}} \,. \tag{1.26}$$

Bezieht man sich nun wieder auf die äquivalente T-Schaltung der Leitung in Bild 1.3, so ergeben sich für die Elemente der T-Schaltung eines Leitungsstücks der Länge l

$$Z_1 = \frac{1}{2}(R' + j\omega L')l$$

$$Z_2 = \frac{1}{(G' + j\omega C')l} \,;$$

eine Substitution dieser Werte in Gl. (1.3) ergibt

$$Z_0^2 = \frac{(R' + j\omega L')^2 l^2}{4} + \frac{(R' + j\omega L')l}{(G' + j\omega C')l} \,. \tag{1.27}$$

Das Einführen der primären Leitungskonstanten in die Elemente der äquivalenten T-Schaltung ist jedoch nur dann streng gültig, wenn es sich um eine infinitesimal kurze Leitung handelt. Für $l \to 0$ ergibt sich daher nach Gl. (1.27)

$$Z_0 = \sqrt{\frac{R' + j\omega L'}{G' + j\omega C'}} = \sqrt{\frac{L'}{C'}} \, \frac{1 - jR'/\omega L'}{1 - jG'/\omega C'} \,. \tag{1.28}$$

Daraus erhalten wir näherungsweise für die Leitung mit geringen Verlusten

$$Z_0 = \sqrt{\frac{L'}{C'}} \,. \tag{1.29}$$

1.5. Verlustfreie Leitung

Für viele praktische Anwendungen können die Verluste einer Leitung vernachlässigt werden; z.B. können die Verluste einer verlustarmen Leitung bei Längen, wie sie im Laboratorium Verwendung finden, vernachlässigt werden. Für die verlustlose Leitung werden die Gln. (1.14) und (1.15) zu

$$U = A \exp(-j\beta z) + B \exp(j\beta z) \qquad (1.30)$$

$$I = \frac{1}{Z_0}[A \exp(-j\beta z) - B \exp(j\beta z)] \,, \qquad (1.31)$$

wobei für alle Spannungen und Ströme die Zeitabhängigkeit mit $\exp(j\omega t)$ angenommen wurde. Ein Vergleich zwischen den Gln. (1.15) und (1.31) zeigt, daß

$$Z_0 = \frac{Z'}{\gamma}$$

ist. Mit Hilfe der Bedingungen für Verlustlosigkeit ($R' = 0$ und $\alpha = 0$) und den Gln. (1.16), (1.20), (1.25) sowie (1.26) kann man sich von der Richtigkeit dieser Beziehung überzeugen.

Für eine verlustlose Leitung ist der Wellenwiderstand rein reell. Es wird nun ein mathematischer Beweis für die Wirkung erbracht, die der Abschluß einer verlustlosen Leitung mit ihrem Wellenwiderstand hervorruft. Man stelle sich eine Leitung der Länge l vor, die mit einem Widerstand der Größe Z_0 abgeschlossen ist. Die Spannung und der Strom im Abschluß ergeben sich durch Einsetzen in die Gln. (1.30) und (1.31) mit

$$U_1 = A \exp(-j\beta l) + B \exp(j\beta l) \qquad (1.32)$$

$$I_1 = \frac{1}{Z_0}[A \exp(-j\beta l) - B \exp(j\beta l)] \,. \qquad (1.33)$$

Der Quotient dieser Größen ist der Abschlußwiderstand

$$\frac{U_1}{I_1} = Z_0 = Z_0 \frac{A \exp(-j\beta l) + B \exp(j\beta l)}{A \exp(-j\beta l) - B \exp(j\beta l)} \,. \qquad (1.34)$$

Löst man Gl. (1.34) für den Quotienten B/A auf, so erhält man die Beziehung

$$\frac{B}{A} = -\frac{B}{A} \,,$$

die nur für $B = 0$ erfüllt sein kann. Das bedeutet, daß es keine in negativer z-Richtung fortschreitende Welle gibt. Es existiert also keine reflektierte Welle auf einer mit ihrem Wellenwiderstand abgeschlossenen Leitung. Eine solche Leitung nennt man eine *angepaßt abgeschlossene Leitung*. Jede Leitung, die mit ihrem Wellenwiderstand abgeschlossen ist, ist angepaßt abgeschlossen. Da ähnlich dazu eine unendlich lange Leitung keine reflektierte Welle aufweist, besitzt sie über ihre ganze Länge eine ihrem Wellenwiderstand gleiche Impedanz. Dies ist gleichzeitig der mathematische Beweis für den in Abschnitt 1.1 beschriebenen Sachverhalt.

2 Baden Fuller

1.6. Welligkeitsfaktor

Wird eine Leitung mit einer beliebigen, von ihrem Wellenwiderstand verschiedenen Impedanz abgeschlossen, so sind die Spannungskomponenten sowohl der vorlaufenden als auch der rücklaufenden Welle zur Erfüllung der Randbedingungen am Ende der Leitung erforderlich. Vereinfacht man Gl. (1.17) für eine verlustlose Leitung und verwendet man an Stelle der komplexen die reelle Schreibweise, so erhält man

$$U = A \sin(\omega t - \beta z) + B \sin(\omega t + \beta z). \qquad (1.35)$$

A und B sind die Amplituden der vorlaufenden bzw. der reflektierten Welle. Nach Entwicklung der Gl. (1.35) ergibt sich die Spannung zu

$$U = \sqrt{(A + B)^2 \cos^2 \beta z + (A - B)^2 \sin^2 \beta z} \cdot \sin(\omega t + \phi)$$
$$= \sqrt{A^2 + B^2 + 2AB\cos 2\beta z} \cdot \sin(\omega t + \phi)$$

und man erkennt, daß die Amplitude der Spannung zwischen den Werten

$$U_{max} = A + B$$
$$U_{min} = A - B$$

mit einer örtlichen Periode von $\lambda/2$ oszilliert, wobei λ die Wellenlänge beider Wellen, der vorlaufenden und der rücklaufenden, ist.

Der *Welligkeitsfaktor* stellt ein Maß für die relativen Amplituden der vor- und rücklaufenden Wellen dar. Er ist als das Verhältnis des Maximalwertes zum Minimalwert der Spannung einer stehenden Welle definiert und ist immer größer als eins. Manchmal wird auch der Kehrwert dieses Quotienten als Maß für die Welligkeit definiert, der dann immer kleiner als eins ist. Es kann aber niemals darüber Zweifel geben, welche Definition verwendet wird, da je nach Definition das Verhältnis immer kleiner oder größer als eins sein muß. In diesem Buch ist der Welligkeitsfaktor immer größer als eins und ist daher durch

$$s = \frac{U_{max}}{U_{min}} = \frac{A + B}{A - B} = \frac{1 + B/A}{1 - B/A} = \frac{1 + |\rho|}{1 - |\rho|} \qquad (1.36)$$

gegeben, wobei $|\rho|$ durch

$$|\rho| = \frac{B}{A}$$

definiert ist und das Verhältnis der Amplituden der reflektierten und der vorlaufenden Welle angibt. $|\rho|$ ist der Betrag des *Reflexionsfaktors*. Durch Umformung von Gl. (1.36) erhalten wir die Beziehung

$$|\rho| = \frac{s - 1}{s + 1}. \qquad (1.37)$$

1.7. Impedanztransformation

In Mikrowellensystemen ist die Betriebsfrequenz so hoch, daß es nicht einfach ist, die einzelnen Leitungspotentiale und -ströme zu messen. Eine stehende Welle auf der Leitung kann jedoch nach Betrag und Phase ausgemessen werden. Obwohl die Eigenschaften der Leitungswelle in Form von Strom und Spannung auf der Leitung beschrieben werden können, sucht man vorteilhafter nach einer Beschreibung mit Hilfe des Welligkeitsfaktors.

Der Einfachheit halber werden in diesem Abschnitt alle Impedanzen auf den Wellenwiderstand der Leitung normiert, an der die Messungen durchgeführt werden. Man versteht dann unter relativer oder normierter Impedanz den Absolutwert der Impedanz gebrochen durch den Wellenwiderstand der Leitung.

Es wird jetzt eine Leitung untersucht, die mit einer von ihrem Wellenwiderstand verschiedenen Impedanz abgeschlossen ist. Die Entfernungen sollen in negativer z-Richtung vom Abschluß aus (z = 0) gemessen werden. Dann ergeben sich die Spannung und der Strom auf der Leitung in einer bestimmten Länge l vor dem Abschluß mit

$$U_l = A \exp[j(\omega t + \beta l)] + B \exp[j(\omega t - \beta l)] \tag{1.38}$$

$$I_l = \frac{1}{Z_0}\left\{ A \exp[j(\omega t + \beta l)] - B \exp[j(\omega t - \beta l)] \right\}. \tag{1.39}$$

In diesen Gleichungen sind A und B komplexe Größen.

Die normierte Impedanz der abgeschlossenen Leitung in einem Abstand l vor dem Abschluß lautet

$$Z_l = \frac{U_l}{Z_0 I_l} = \frac{A \exp[j(\omega t + \beta l)] + B \exp[j(\omega t - \beta l)]}{A \exp[j(\omega t + \beta l)] - B \exp[j(\omega t - \beta l)]}.$$

Diese Gleichung läßt sich zu

$$Z_l = \frac{1 + \rho \exp(-2j\beta l)}{1 - \rho \exp(-2j\beta l)} \tag{1.40}$$

vereinfachen, wobei ρ sowohl einen Betrag als auch eine Phase besitzt. Bezeichnet man die Abschlußimpedanz mit Z_t, dann ist

$$Z_t = Z_l \quad \text{für} \quad l = 0$$

und nach Gleichung (1.40)

$$Z_t = \frac{1 + \rho}{1 - \rho}$$

oder

$$\rho = \frac{Z_t - 1}{Z_t + 1}.$$

Setzt man jetzt ρ in Gl. (1.40) ein, so erhält man die Beziehung

$$Z_l = \frac{Z_t + j \tan \beta l}{1 + j Z_t \tan \beta l} ~, \tag{1.41}$$

die es uns möglich macht, die effektive Impedanz an jeder Stelle einer homogenen Leitung in Abhängigkeit von der Abschlußimpedanz zu finden. Andererseits kann Gl. (1.41) dazu benützt werden, die effektive Impedanz an einer bestimmten Stelle mit Hilfe der effektiven Impedanz, die in einer Entfernung l näher der Last gemessen wurde, zu bestimmen. Für die Admittanzen gilt eine ähnliche Beziehung. Es bleibt dem Leser als Übung überlassen, die folgende Gleichung

$$Y_l = \frac{Y_t + j \tan \beta l}{1 + j Y_t \tan \beta l} \tag{1.42}$$

zu beweisen, indem er von den Gln. (1.38) und (1.39) ausgeht.

1.8. Smith-Diagramm

Die Berechnungen mit Hilfe der Gln. (1.41) und (1.42) werden durch Anwendung graphischer Methoden vereinfacht. Eine der meist verwendeten ist das *Smith-Diagramm* oder *Kreisdiagramm* (man kann auch *Leitungsdiagramm 2. Art* sagen), das in Bild 1.5 gezeigt ist.

Man kann Gl. (1.40) in der Form

$$Z = \frac{1 + W}{1 - W} \tag{1.43}$$

anschreiben, wobei W durch

$$W = |\rho| \exp j(\phi - 2\beta l)$$

gegeben ist und ϕ den Phasenwinkel des Reflexionsfaktors darstellt. Die Transformation zwischen der z- und der w-Ebene, wie sie durch Gl. (1.43) angegeben ist, bildet die rechtwinkeligen Koordinaten $Z = R + jX$ in die in Bild 1.5 gezeigten Koordinatenlinien des Kreisdiagramms ab. Die Wirk- und Blindkomponenten der normierten Impedanz sind Kreise bzw. Kreisbögen. Das Kreisdiagramm ermöglicht eine Darstellung der Funktion W in der w-Ebene in Polarkoordinaten. Es ist der Reflexionsfaktor auf der Leitung in einem Abstand l vom Abschluß nach Betrag und Phase dargestellt. Der Mittelpunkt des Kreisdiagramms entspricht dem Reflexionsfaktor Null, für den $|W| = |\rho| = 0$ gilt. Dieser Fall tritt für eine vollkommen reflexionsfrei abgeschlossene Leitung, also eine mit ihrem Wellenwiderstand abgeschlossene Leitung auf. Für jede gegebene Fehlanpassung bleibt wohl der Betrag des Reflexionsfaktors konstant, es wird sich jedoch die effektive Impedanz in Abhängigkeit von l auf der Leitung ändern. Ein konstanter Betrag des Reflexionsfaktors entspricht einem konstanten Abstand vom Mittelpunkt des Kreisdiagramms. Der Ort der effektiven Impedanz ist also ein Kreis um den Mittelpunkt des Kreisdiagramms. Da der Betrag des Reflexionsfaktors gleich dem Abstand vom Zentrum des Kreisdiagramms ist, sagt Gl. (1.36) aus, daß ein bestimmter Welligkeitsfaktor zu einem Kreis um den Mittelpunkt des Kreisdiagramms gehört.

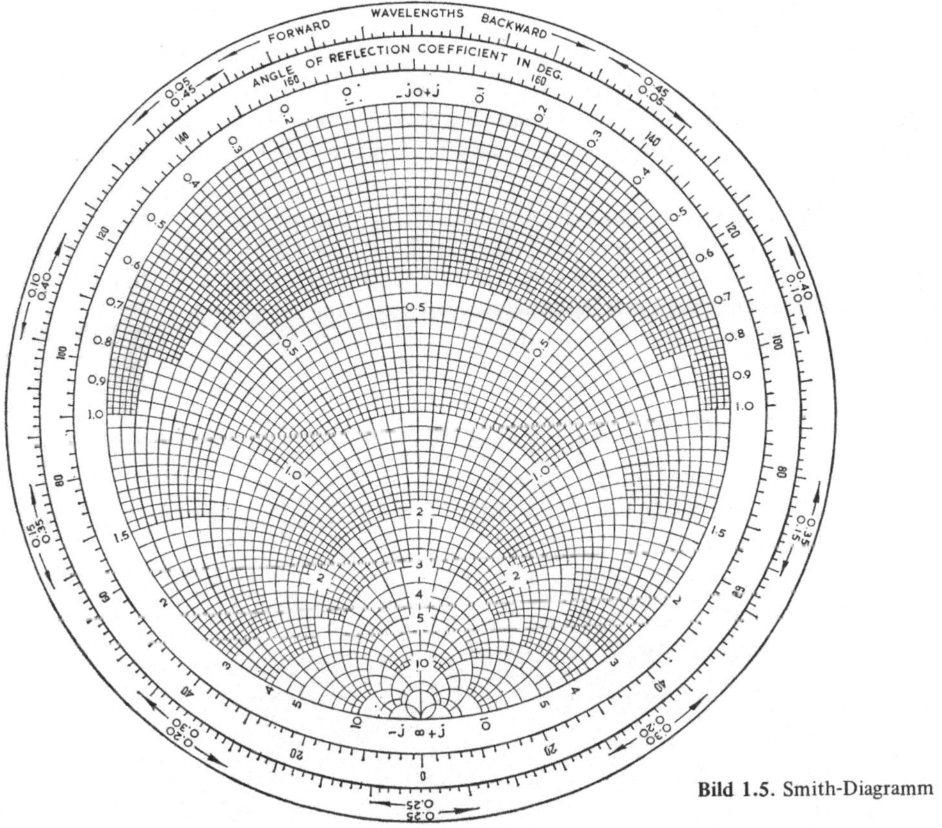

Bild 1.5. Smith-Diagramm

Leitungsimpedanzen werden über den Welligkeitsfaktor der Leitung gemessen. Bei Betrachtung von Gl. (1.41) und des Kreisdiagramms zeigt sich, daß sich der Realteil der effektiven Impedanz periodisch und entsprechend dem Bild der stehenden Welle ändert. Es gehört also zum Minimum der Spannung auf der Leitung eine Impedanz, die auf der reellen Achse zwischen 0 und 1 liegt. Das Minimum der Spannung ist der Ort, auf den die am Außenrand des Diagramms angegebenen Phasenwinkel bezogen sind und Gl. (1.43) zeigt, daß er dem Phasenwinkel π im Reflexionsfaktor entspricht. Eine Drehung um den Mittelpunkt des Diagramms mit konstantem Radius ist gleichbedeutend mit einer Verschiebung entlang der Leitung. Da eine Verschiebung auf der Leitung am besten in Teilen der Wellenlänge angegeben wird, ist auch der Umfang des Außenkreises auf die Wellenlänge normiert. Vergleicht man die Gln. (1.41) und (1.42) und bedenkt man, daß das Kreisdiagramm die Beziehungen von Gl. (1.41) darstellt, so kann man schließen, daß es auch auf Gl. (1.42) anwendbar ist. Daher kann das Kreisdiagramm auch als Admittanzdiagramm verwendet werden. Anstelle R und X anzugeben, stellt es Werte von G und B dar. Das (Spannungs-) Minimum der stehenden Welle entspricht dem Maximalwert der Admittanz.

1.9. Impedanzmessung

Wir betrachten jetzt eine Leitung, an die eine unbekannte Impedanz angeschlossen ist, so daß die einzige Ursache für das Auftreten reflektierter Leistung auf der Leitung die unbekannte Impedanz ist. Die Impedanz kann dadurch gemessen werden, daß man den Welligkeitsfaktor und den Ort des ersten Minimums der stehenden Welle in Richtung zum Generator bestimmt.

Der Welligkeitsfaktor sei s und der Abstand des ersten Spannungsminimums der stehenden Welle von der unbekannten Impedanz sei δ. Dann ist an der Stelle des ersten Minimums die effektive Impedanz bekannt, da der Welligkeitsfaktor einem Kreis mit konstantem Radius entspricht und das Minimum auf der reellen Achse liegen muß. In Bild 1.6 ist diese effektive Impedanz mit A gekennzeichnet und entspricht s = 2,0.

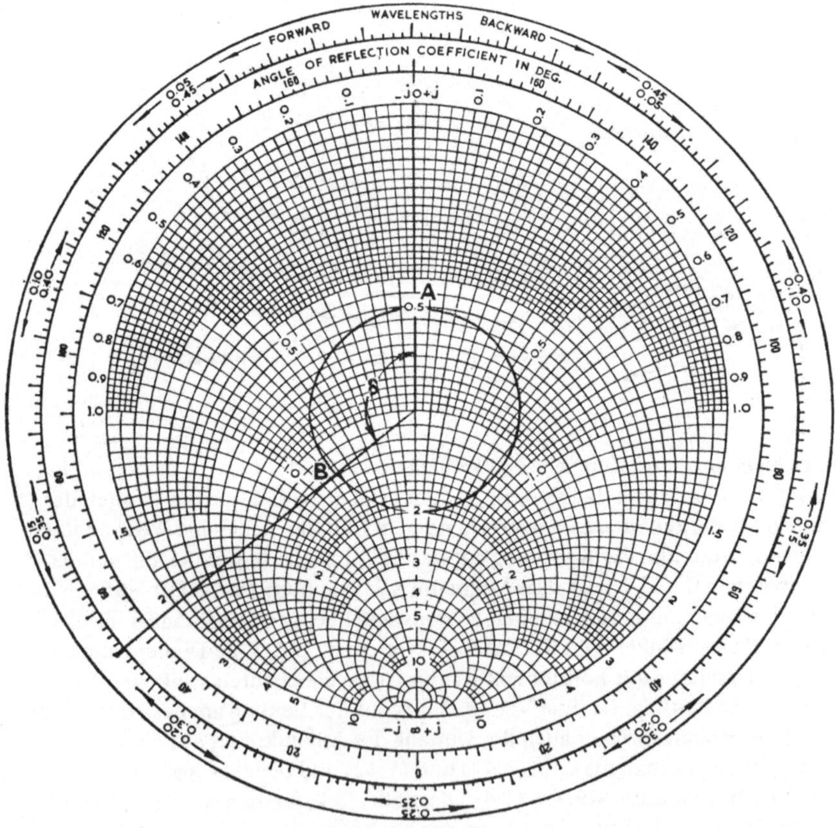

Bild 1.6. Bestimmung der Impedanz im Smith-Diagramm, die einen Welligkeitsfaktor von 2 und ein Minimum der stehenden Welle im Abstand $\delta = 0{,}18\,\lambda$ hervorruft

Es ist notwendig, die effektive Impedanz entlang der Leitung in Richtung zur Last um eine Distanz von $\delta = 0,18\lambda$ zu verschieben. Dies führt zum Punkt B in Bild 1.6. Die Koordinaten des Punktes B geben den Wert der unbekannten Impedanz an, in diesem Fall mit $Z_t = 1,3 - j0,75$.

1.10. Anpassung mit Hilfe von Blindleitungen

Eine Blindleitung ist ein kurzes, an seinem Ende kurzgeschlossenes Leitungsstück. Der Kreis des Welligkeitsfaktors einer kurzgeschlossenen Leitung ist die Außenberandung des Kreisdiagramms. Daher durchläuft ihre effektive Impedanz die Werte Null, Unendlich sowie $\pm j$. Die Impedanz eines Kurzschlusses ist Null, daher ergibt sich für die effektive Impedanz einer kurzgeschlossenen Stichleitung der Länge l

$$Z = j \tan \beta l . \tag{1.44}$$

Eine solche Blindleitung kann zur Anpassung jeder Impedanz auf einer Leitung verwendet werden. Durch den Punkt A in Bild 1.7 ist die Impedanz $Z_t = 0,45 + j0,32$ gekennzeichnet. Wird ein Punkt auf der Leitung vor der Abschlußimpedanz so gewählt, daß der Wirkanteil der effektiven Impedanz gleich 1 ist, so ergibt sich in dem Bild 1.7 der Punkt B mit der Impedanz $1 + j0,95$. In diesem Punkt kann eine kurzgeschlossene Stichleitung mit der Impedanz $-j0,95$ in Serie zur Hauptleitung eingefügt werden. Es ist dann die resultierende Impedanz gleich 1, die Leitung ist angepaßt abgeschlossen. Wird die Blindleitung jedoch parallel geschaltet, so ist es einfacher, bei den Berechnungen Admittanzen zu verwenden. Das Smith-Diagramm wird dann als Admittanzdiagramm verwendet, der Anpassungsvorgang bleibt aber der gleiche wie er eben für die Impedanzen beschrieben wurde.

Oft ist es schwierig, die Blindleitungen genau dort einzufügen, wo es notwendig wäre. Man verwendet dann drei in festem Abstand voneinander entfernte Parallelblindleitungen. Diese Anordnung hat auch den Vorteil, daß man die optimale Anpassung experimentell durch Probieren erreichen kann.

1.11. Widerstandstransformation

Ein Stück einer Leitung kann zur Impedanztransformation verwendet werden. Eigentlich wurde dieser Vorgang schon bei der Besprechung der Blindleitungsanpassung durchgeführt. Man kann aber ein $\lambda/4$-langes Leitungsstück auch dazu verwenden, zwei ungleiche Impedanzen aneinander anzupassen. Aus Gl. (1.41) kann man sehen, daß eine $\lambda/4$-Leitung die Abschlußimpedanz invertiert. Zunächst wollen wir Bild 1.8 betrachten. In dieser Abbildung sind die Wellenwiderstände der verschiedenen Leitungen angegeben. Das mittlere Leitungsstück ist ein Viertel einer Wellenlänge lang und wird zur Anpassung der verschiedenen Impedanzen der beiden äußeren Leitungen verwendet, so daß keine reflektierte Welle zufolge der Änderung des Wellenwiderstandes auftritt. Man normiert die Wellenwiderstände der außenliegenden Leitungen auf den Wellenwiderstand des mittleren Leitungsstücks. Dann sind die Impedanzen an den beiden Enden der mittleren Leitung

$$\frac{Z_{01}}{Z_{03}} \quad \text{und} \quad \frac{Z_{02}}{Z_{03}} .$$

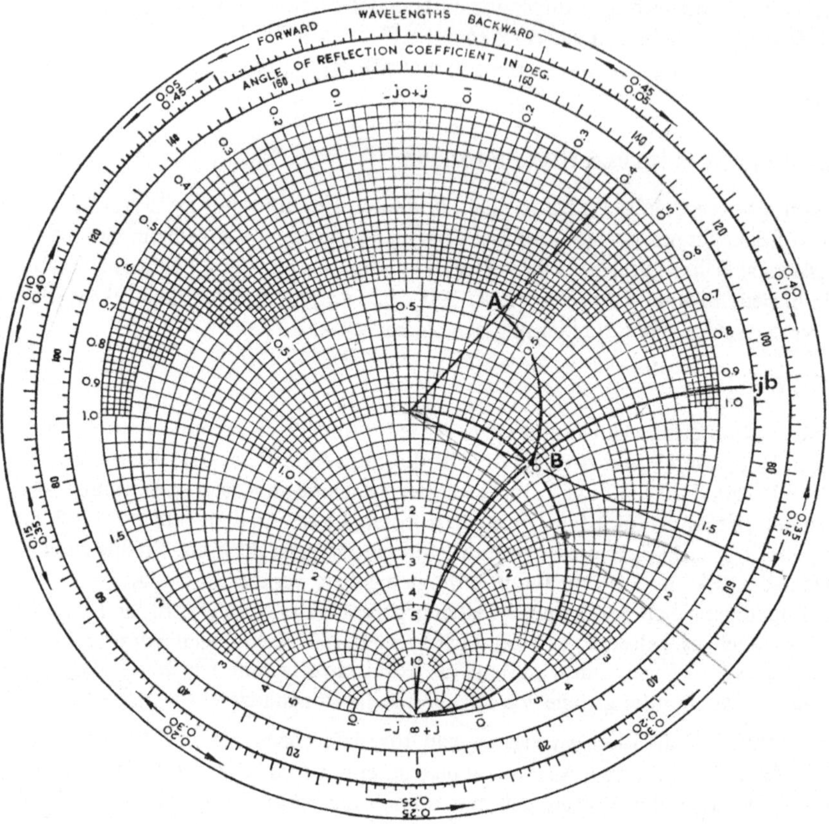

Bild 1.7. Konstruktion zum Auffinden der Impedanz und des Ortes einer Blindleitung zur Anpassung der Impedanz A

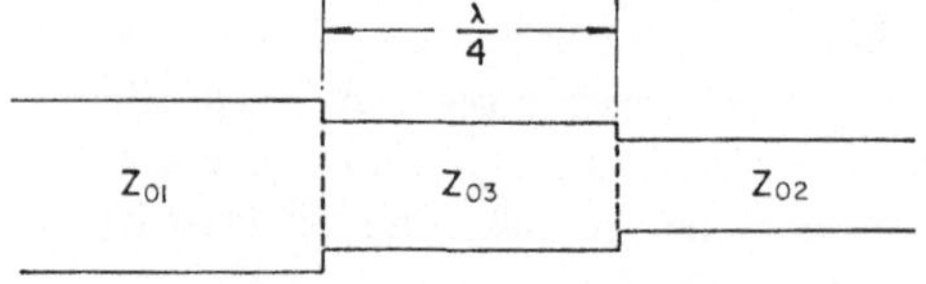

Bild 1.8

Leitungsstück der Länge $\lambda/4$ zur Anpassung zweier Leitungen verschiedenen Wellenwiderstandes

Die Impedanz am linken Ende wird durch Transformation auf die rechte Seite den Wert

$$\frac{Z_{03}}{Z_{01}}$$

annehmen, der für den Fall der Anpassung gleich der ursprünglichen Impedanz am rechten Ende der Leitung sein muß. Daraus ergibt sich der notwendige Wellenwiderstand für das die beiden Leitungen anpassende Zwischenstück mit

$$Z_{03} = \sqrt{Z_{01} Z_{02}} \ . \tag{1.45}$$

Er muß also gleich dem geometrischen Mittel der Wellenwiderstände der beiden aneinander anzupassenden Leitungen sein.

1.12. Zusammenfassung

1.2. Der **Wellenwiderstand** Z_0 ist die Eingangsimpedanz einer unendlich langen homogenen Leitung.

Die Eingangsimpedanz einer kurzen mit Z_0 abgeschlossenen Leitung ist Z_0.

Der Wellenwiderstand einer kurzen Leitung ist das geometrische Mittel der Leerlauf- und der Kurzschlußimpedanz und kann daher gemessen werden.

1.3. Die **Leitungsgleichungen** sind:

$$\frac{d^2 U}{dz^2} = \gamma^2 U \tag{1.11}$$

$$\frac{d^2 I}{dz^2} = \gamma^2 I \tag{1.12}$$

$$\gamma^2 = Z'Y' \tag{1.13}$$

$$U = A \exp[-\alpha z + j(\omega t - \beta z)] + B \exp[\alpha z + j(\omega t + \beta z)] \tag{1.17}$$

$$I = \sqrt{\frac{Y'}{Z'}} \, A \exp[-\alpha z + j(\omega t - \beta z)] - B \exp[\alpha z + j(\omega t + \beta z)] \tag{1.46}$$

Ausbreitungskonstante: $\quad \gamma = \alpha + j\beta \tag{1.16}$

Phasenkonstante: $\quad \beta = \dfrac{2\pi}{\lambda} \tag{1.19}$

Dämpfungskonstante: $\quad \alpha$

1.4. Die **primären Leitungskonstanten** sind die Impedanzgrößen der Leitung, die gemessen werden können. Die sekundären Leitungskonstanten sind durch folgende Beziehungen gegeben:

$$\beta = \omega \sqrt{L'C'} \tag{1.25}$$

$$\alpha = \frac{G'}{2}\sqrt{\frac{L'}{C'}} + \frac{R'}{2}\sqrt{\frac{C'}{L'}} \tag{1.26}$$

$$Z_0 = \sqrt{\frac{R' + j\omega L'}{G' + j\omega C'}} \approx \sqrt{\frac{L'}{C'}} \,. \tag{1.28}$$

1.6. Welligkeitsfaktor

$$s = \frac{U_{max}}{U_{min}} = \frac{1 + |\rho|}{1 - |\rho|} \tag{1.36}$$

Reflexionsfaktor

$$|\rho| = \frac{s - 1}{s + 1} \tag{1.37}$$

1.7. Die **Widerstandstransformation** gehorcht dem Gesetz

$$Z_l = \frac{Z_t + j\tan\beta l}{1 + jZ_t \tan\beta l}, \tag{1.41}$$

wobei Z_t und Z_l auf Z_0 normierte Impedanzen sind. Ähnlich ist das Gesetz der Admittanztransformation

$$Y_l = \frac{Y_t + j\tan\beta l}{1 + jY_t \tan\beta l} \,. \tag{1.42}$$

1.8. Die Gleichung (1.41) wird mit Hilfe des **Smith-Diagramms** (Bild 1.5) graphisch gelöst.

Die Radien der um den Mittelpunkt des Diagramms liegenden Kreise entsprechen den Beträgen der Reflexionsfaktoren. Diese Kreise sind der Ort der konstanten Welligkeitsfaktoren und der konstanten Beträge der Reflexionsfaktoren. Eine Ortsveränderung entlang der Leitung entspricht einer Drehung im Kreisdiagramm. Eine Drehung um 360° entspricht einer Verschiebung um eine halbe Wellenlänge entlang der Leitung.

1.9. Eine **Impedanzmessung** erfolgt so, daß man den Welligkeitsfaktor und den Ort des ersten Spannungsminimums der stehenden Welle bestimmt. Der Welligkeitsfaktor bestimmt den Abstand vom Mittelpunkt des Smith-Diagramms, der Abstand des ersten Minimums von der Ebene der Impedanz gibt den Winkel im Smith-Diagramm an.

1.10. Die normierte Impedanz einer **kurzgeschlossenen Stichleitung (Blindleitung)** ist

$$Z = j\tan\beta l \,. \tag{1.44}$$

Eine solche Blindleitung, in die richtige Position gebracht, hebt die reflektierte Welle auf, die von einem fehlangepaßten Abschluß herrührt. Stattdessen können auch drei Blindleitungen in festem Abstand voneinander verwendet werden.

    1.11. Ein Leitungsstück von der Länge einer viertel Wellenlänge kann zur Anpassung zweier ungleicher Impedanzen verwendet werden. Der Wellenwiderstand dieses Leitungsstückes muß gleich dem geometrischen Mittel der beiden anzupassenden Impedanzen sein.

Aufgaben

1.1.   Es sind die Gln. (1.25) und (1.29) zu beweisen, unter der Annahme, daß eine kurze Leitung durch das Ersatzschaltbild in Bild 1.9 beschrieben werden kann. Welche Annahmen sind notwendig und warum sind sie gültig?

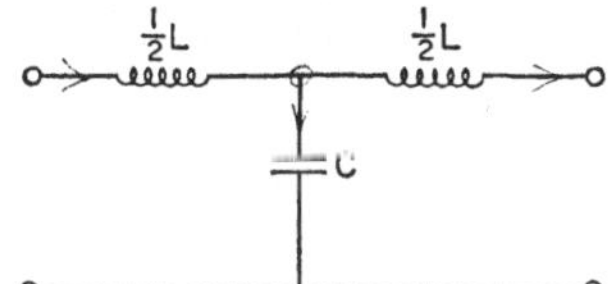

Bild 1.9

Äquivalente Schaltung einer kurzen Leitung

1.2.   Die primären Leitungskonstanten einer koaxialen Leitung sind durch

$$L' = \frac{1}{2\pi}\mu_0\mu_r \log_e \frac{b}{a} \text{ H/m}$$

$$C' = \frac{2\pi\,\epsilon_0\epsilon_r}{\log_e b/a} \text{ F/m}$$

gegeben, wobei a und b die Radien des inneren bzw. des äußeren Leiters angeben. Es ist der Wellenwiderstand der Leitung zu berechnen und zu zeigen, daß die Ausbreitungsgeschwindigkeit der Welle gleich $1/\sqrt{\mu_0\mu_r\epsilon_0\epsilon_r}$ ist, identisch mit der des Lichts in einer luftgefüllten Leitung, wo $\mu_r = \epsilon_r = 1$ ist. Wie groß ist das für eine 50-Ω-Leitung erforderliche Verhältnis der Radien a) für Luftfüllung, b) für Polytetrafluoräthylen (PTFE)-Füllung mit $\epsilon_r = 2, \mu_r = 1$?
$[2,30 : 1; \; 3,25 : 1]$

1.3.   Der Welligkeitsfaktor einer stehenden Welle auf einer Leitung sei 2. Es ist die Feldverteilung entlang der Leitung zu zeichnen. Es ist die Aufgabe für einen Welligkeitsfaktor von 11 zu wiederholen.

1.4.   Es ist Gl. (1.42) aus den Gln. (1.38) und (1.39) herzuleiten.

1.5.   Auf einer homogenen luftgefüllten Leitung ist die Phasengeschwindigkeit gleich der Lichtgeschwindigkeit. Es ist die effektive Impedanz auf der Leitung im Abstand a) von 2 cm, b) von 1 cm von einer Abschlußimpedanz, die doppelt so groß ist wie der Wellenwiderstand, nach Gl. (1.41) zu berechnen. Die Frequenz sei 3,75 GHz. Das Ergebnis ist anhand des Smith-Diagramms zu überprüfen.

$$\left[\frac{1}{2}Z_0 ; (0,8 - j0,6)Z_0 \right]$$

1.6.   Es sind die Kurven im Smith-Diagramm für folgende Welligkeitsfaktoren zu zeichnen: 1, 2, 3, 4, 5, 10 und ∞. Es sind die zu diesen Werten gehörigen Beträge der Reflexionsfaktoren zu berechnen.

Für einen reellen, variablen Abschlußwiderstand einer Leitung ist im Impedanzdiagramm die Ortskurve der effektiven Impedanz eine achtel Wellenlänge vor der Abschlußimpedanz in Abhängigkeit vom Widerstandswert zu zeichnen.

Für einen rein kapazitiven, variablen Abschluß ist im Impedanzdiagramm die Ortskurve der effektiven Impedanz eine viertel Wellenlänge vor dem Abschluß in Abhängigkeit vom variablen Kapazitätswert zu zeichnen.

Diese Aufgaben sind im Admittanz-Diagramm zu wiederholen.

1.7. Es sind mit Hilfe des Smith-Diagramms die Abschlußimpedanzen, die folgenden Welligkeitsfaktoren bei einer Frequenz von 3 GHz (λ = 10 cm) entsprechen, zu ermitteln.

Welligkeits- faktor	Abstand des ersten Minimums	
1 · 5	2 · 50 cm	$[1 \cdot 50\, Z_0]$
2	1 · 52 cm	$[(1 \cdot 0 - j0 \cdot 7)\, Z_0]$
2	4 · 38 cm	$[(0 \cdot 55 + j0 \cdot 3)\, Z_0]$
3	0 · 68 cm	$[(0 \cdot 4 - j0 \cdot 4)\, Z_0]$
4	2 · 08 cm	$[(2 \cdot 0 - j1 \cdot 8)\, Z_0]$
5	2 · 82 cm	$[(2 \cdot 6 + j2 \cdot 4)\, Z_0]$
10	3 · 74 cm	$[(0 \cdot 2 + j1 \cdot 0)\, Z_0]$

1.8. Eine Messung mit einem Frequenzwobbler (siehe Abschnitt 12.8) ergibt eine Kurve für die reflektierte Leistung (in dB) in Abhängigkeit von der Frequenz. Die Tabelle gibt Zahlenwerte einer derartigen Messung an, bei der eine Leitung durch eine Induktivität mit den frequenzunabhängigen Serienverlusten von 50 Ω abgeschlossen ist. Es ist der Wert der Induktivität zu bestimmen, wenn der Wellenwiderstand der Leitung 50 Ω ist.

f/GHz	reflektierte Leistung/dB
0 · 60	9 · 5
1 · 00	6 · 0
1 · 30	4 · 4
1 · 55	3 · 5
1 · 90	2 · 5
2 · 30	1 · 9

$$[9 \cdot 1\ \text{nH}]$$

1.9. a) Es ist die Länge und der Anschlußort einer kurzgeschlossenen Stichleitung zu bestimmen, die in Serie zu einer homogenen Leitung geschaltet werden muß, um die Fehlanpassung durch die Abschlußimpedanz von $(0{,}5 - j0{,}9)\, Z_0$ bei 3 GHz (λ = 10 cm) aufzuheben. Zeichne im Smith-Diagramm die gesamte effektive Impedanz in der Ebene der Blindleitung für eine Frequenzänderung von $\pm 5\ \%$ ein.

[1,56 cm; 4,52 cm]

b) Eine Messung auf einer Leitung ergibt bei 3 GHz (λ = 10 cm) einen Welligkeitsfaktor s = 5 und den Ort des Minimums in einer Entfernung von 5,2 cm von einem beliebigen Punkt. Es ist die Länge und der Ort einer Blindleitung zu ermitteln, die zur Aufhebung der Fehlanpassung parallel zur Leitung geschaltet werden muß.

[4,53 cm; 0,81 cm]

1.10. Es ist ein geeigneter Impedanztransformator zu entwerfen, der eine angepaßte Verbindung zweier ähnlicher Leitungen mit den Wellenwiderständen von 50 Ω und 75 Ω ermöglicht. [λ/4-Leitung mit dem Wellenwiderstand 61,2 Ω]

2. Elektromagnetische Felder

2.1. Elektromagnetische Feldgrößen

Jedes System elektrischer Ladungen hat entsprechende Potentialdifferenzen bzw. elektrische und magnetische Felder zur Folge. Soweit es elektromagnetische Wellen betrifft, sind die elektrischen und magnetischen Felder von Belang. In diesem Kapitel werden wir daran gehen, die grundlegenden mathematischen Beziehungen zu diskutieren, die die elektromagnetische Theorie zu einer exakten Wissenschaft machen. Historisch gesehen wurden diese Beziehungen durch deduktive Schlüsse aus experimentellen Beobachtungen gewonnen. Es soll nicht Aufgabe dieses Buches sein, sich mit diesen Experimenten und den Überlegungen, die zu den grundlegenden Beziehungen der elektromagnetischen Theorie führten, auseinanderzusetzen. Diese Beziehungen werden einfach angeschrieben und anhand der elementaren elektrischen und magnetischen Feldtheorie besprochen. Sie bilden die Grundlage für alle in diesem Buch gebrachten mathematischen Abhandlungen. Der Leser, der mit diesen grundlegenden Beziehungen nicht vertraut ist, sei auf eines der Bücher im Literaturverzeichnis zu diesem Kapitel hingewiesen.

Diese präzisen mathematischen Beziehungen zwischen den elektromagnetischen Feldgrößen und den elektrischen Ladungen bzw. Strömen ermöglichen es, für jeden genau definierten Fall die Ausdrücke für die elektromagnetischen Felder abzuleiten. Die Felder, Ströme und Ladungen befinden sich in einem Medium und sind in Abhängigkeit irgendeiner räumlichen Verteilung definiert. Die elektromagnetischen Feldgrößen mit ihren Symbolen und ihren Maßeinheiten sind:

Elektrisches Feld	$\mathbf{E}$	Volt/Meter
Elektrische Verschiebung	$\mathbf{D}$	Coulomb/Meter^2
Magnetisches Feld	$\mathbf{H}$	Ampere/Meter
Magnetische Induktion	$\mathbf{B}$	Tesla = Weber/Meter^2
Raumladungsdichte	ρ	Coulomb/Meter^3
Stromdichte	$\mathbf{J}$	Ampere/Meter^2

Zwei dieser Größen, nämlich $\mathbf{E}$ und $\mathbf{H}$, sind Gradienten skalarer Größen, drei andere, nämlich $\mathbf{D}$, $\mathbf{B}$ und $\mathbf{J}$ sind Flächendichtefunktionen von Vektorfeldern und die Ladung ρ ist eine Volumsdichtefunktion. Einige dieser Ausdrücke mögen jetzt für den Leser noch ungewohnt sein. Sie sind hier nur der Vollständigkeit halber angeführt und eine ausführliche Diskussion ihrer Bedeutung wird in diesem Kapitel erst etwas später erfolgen.

2.2. Materialeigenschaften

Einige der Feldgrößen stehen miteinander über die Materialeigenschaften des Mediums, in dem sie existieren, in Beziehung:

$$\mathbf{B} = \mu\mathbf{H} \tag{2.1}$$

$$\mathbf{D} = \epsilon\mathbf{E} \tag{2.2}$$

$$\mathbf{J} = \sigma\mathbf{E} \tag{2.3}$$

Gl. (2.1) ist die bekannte Beziehung zwischen dem angelegten Magnetfeld und der dadurch hervorgerufenen magnetischen Induktion. Die Konstante μ wird gewöhnlich die Permeabilitätskonstante (absolute Permeabilität) des Mediums genannt. Im Giorgischen Maßsystem ist sie eine dimensionsbehaftete Größe. Aus Gl. (2.1) kann man ihre Dimension bestimmen

$$[\mu] = \frac{[\mathbf{B}]}{[\mathbf{H}]} = \frac{\text{Weber}}{(\text{Meter})^2} \times \frac{\text{Meter}}{\text{Ampere}}$$

bzw. unter Berücksichtigung, daß eine Induktionsänderung von 1 Weber/Sekunde 1 Volt an Spannung erzeugt

$$[\mu] = \frac{\text{Volt} \times \text{Sekunde}}{\text{Ampere} \times \text{Meter}} = \text{Henry/Meter}.$$

Die Permeabilitätskonstante ist einerseits ein Maß für die relative Wirkung eines bestimmten, sich im Feld befindlichen Materials und andererseits ist es eine dimensionsbehaftete Konstante. Daher kann man sie in zwei Teile aufspalten:

$$\mu = \mu_0 \mu_r .$$

μ_0 ist die *Permeabilitätskonstante des Vakuums* und hat die Größe von $4\pi \cdot 10^{-7}$ Henry/ Meter. Sie wird auch manchmal die absolute Permeabilität des Vakuums genannt. μ_r ist die *relative Permeabilität(skonstante);* sie ist dimensionslos und berücksichtigt den Effekt des Materials im Vergleich zum Vakuum bzw. zum freien Raum.

Gl. (2.2) gibt eine ähnliche Beziehung zwischen dem angelegten elektrischen Feld und der elektrischen Verschiebung $\mathbf{D}$ an. ϵ ist die (absolute) Dielektrizitätskonstante des Mediums. Die Dimension dieser ebenfalls dimensionsbehafteten Konstante ist

$$[\epsilon] = \frac{[\mathbf{D}]}{[\mathbf{E}]} = \frac{\text{Coulomb}}{(\text{Meter})^2} \times \frac{\text{Meter}}{\text{Volt}} = \frac{\text{Ampere} \times \text{Sekunde}}{\text{Volt} \times \text{Meter}} = \text{Farad/Meter}.$$

Die Dielektrizitätskonstante kann wieder in zwei Anteile zerlegt werden:

$$\epsilon = \epsilon_0 \epsilon_r .$$

ϵ_0 ist die *(absolute) Dielektrizitätskonstante* des Vakuums. Sie ist durch die später angegebene Beziehung zwischen Lichtgeschwindigkeit und Permeabilitätskonstante definiert. Ihr Wert ist annähernd gleich $1/(36\pi \cdot 10^9)$ Farad/Meter. ϵ_r ist die dimensionslose *relative Dielektrizitätskonstante*, die die Wirkung des Mediums auf das elektrische Feld berücksichtigt.

Bei der Lösung der elektromagnetischen Feldgleichung trifft man diese zwei dimensionsbehafteten Konstanten oft in Kombinationen an, aus denen sich zwei weitere dimensionsbehaftete Konstanten ergeben. Die Herleitung und die Brauchbarkeit dieser Konstanten wird sich herausstellen, wenn wir nach Lösungen für die Felder einer elektromagnetischen Welle suchen. Ihre Bedeutung wird aus den mathematischen Ableitungen augenfällig werden.

Diese Konstanten sind

die Lichtgeschwindigkeit $\quad c = \dfrac{1}{\sqrt{\mu_0 \epsilon_0}} \approx 3 \cdot 10^8\,\text{m/s}$

und der Feldwellenwiderstand des freien Raums

$$\eta = \sqrt{\frac{\mu_0}{\epsilon_0}} \approx 120\pi = 377\,\Omega\,.$$

Der Ausdruck für die Lichtgeschwindigkeit wird zur Definition der oben angegebenen Dielektrizitätskonstante des Vakuums verwendet.

Gl. (2.3) ist die Beziehung für die spezifische Leitfähigkeit des Materials. Ist die Leitfähigkeit eine Konstante, dann stellt Gl. (2.3) eine Form des Ohmschen Gesetzes dar. Die spezifische Leitfähigkeit σ ist der Kehrwert des spezifischen Widerstandes. Ihre Dimension erhält man aus Gl. (2.3) mit

$$[\sigma] = \frac{[\mathbf{J}]}{[\mathbf{E}]} = \frac{\text{Ampere}}{(\text{Meter})^2} \times \frac{\text{Meter}}{\text{Volt}} = \text{Siemens/Meter}\,.$$

2.3. Vektorrechnung

Elektromagnetische Felder werden am einfachsten durch Vektoren beschrieben. Schon die Definitionen in Abschnitt 2.1 setzen die Feldgrößen als Vektoren voraus. Die Vektorrechnung ermöglicht eine bequeme Kurzschrift für die Handhabung von Differentialgleichungen für Vektoren. Es wird hier vorausgesetzt, daß der Leser mit Vektoren und der Vektorrechnung vertraut ist. Es gibt eine Vielzahl mathematischer Lehrbücher über Vektorrechnung. Eines davon ist im Literaturverzeichnis angeführt. In diesem Abschnitt wird die verwendete Vektorschreibweise definiert und zusätzlich eine Zusammenfassung der Eigenschaften eines Vektors und der vektoriellen Differentialoperatoren gegeben.

Die drei in diesem Buch verwendeten Koordinatensysteme des dreidimensionalen Raumes sind in Bild 2.1 dargestellt. Das Diagramm zeigt einen beliebigen, in drei aufeinander senkrecht stehende Komponenten zerlegten Vektor, wobei die Komponenten in bezug auf das verwendete Koordinatensystem bezeichnet sind. Im gesamten Buch werden Indizes zur Kennzeichnung der Vektorkomponenten verwendet. Es sind dies die Indizes x, y und z im kartesischen sowie r, θ und z im Zylinder- bzw. r, θ und φ im Kugelkoordinatensystem.

Die Eigenschaften eines Vektor sind:

Addition: Die Addition von Vektoren erfolgt durch die Addition ihrer entsprechenden Komponenten.

Wenn $\qquad\qquad\qquad \mathbf{C} = \mathbf{A} + \mathbf{B}$

ist, dann heißt das $\quad C_x = A_x + B_x$

$\qquad\qquad\qquad\qquad C_y = A_y + B_y$

$\qquad\qquad\qquad\qquad C_z = A_z + B_z\,.$

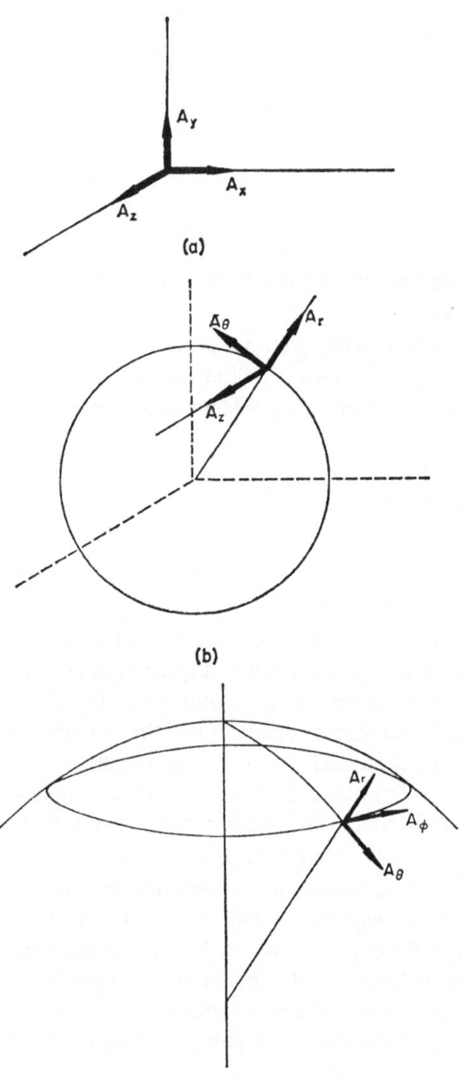

Bild 2.1
Die Komponenten eines Vektors in drei
verschiedenen Koordinatensystemen
a) kartesische Koordinaten
b) Zylinderkoordinaten
c) Kugelkoordinaten

Die *Multiplikation mit einem Skalar* vergrößert nur den Betrag des Vektors.

Wenn $\qquad C = kA$

ist, dann heißt das $\quad C_x = kA_x$

$$C_y = kA_y$$

$$C_z = kA_z \,.$$

Das *skalare Produkt* zweier Vektoren ergibt eine Größe, die das Produkt der Länge eines Vektors mal der Projektion des zweiten Vektors auf den ersten Vektor angibt:

$$k = \mathbf{A} \cdot \mathbf{B} = A_x B_x + A_y B_y + A_z B_z.$$

Das *Vektorprodukt* zweier Vektoren ergibt einen dritten Vektor, der normal auf die beiden ursprünglichen Vektoren steht.

Wenn $\qquad \mathbf{C} = \mathbf{A} \times \mathbf{B}$

ist, dann gilt $\qquad C_x = A_y B_z - A_z B_y$

$\qquad\qquad\qquad C_y = A_z B_x - A_x B_z$

$\qquad\qquad\qquad C_z = A_x B_y - A_y B_x$.

Es gibt folgende vektorielle Differentialoperationen:

Skalare Differentiation: Die gewöhnliche Differentiation eines Vektors $\mathbf{F}$ hat folgende Form:

Wenn $\qquad \dfrac{\partial \mathbf{F}}{\partial t} = \mathbf{Y}$

ist, dann gilt $\qquad Y_x = \dfrac{\partial F_x}{\partial t}; \qquad Y_y = \dfrac{\partial F_y}{\partial t}; \qquad Y_y = \dfrac{\partial F_y}{\partial t};$

Divergenz eines Vektors: Die Divergenz in einem Punkt ist ein Maß für das gesamte in diesen Punkt ein- oder aus diesem Punkt austretende Feld. Sie kann daher als ein Maß für die Quellen des Feldes in diesem Punkt betrachtet werden. Es ist die vektorielle Differentiation eines Vektors, die ein skalares Ergebnis liefert.

$$\operatorname{div} \mathbf{F} = \nabla \cdot \mathbf{F} = \frac{\partial F_x}{\partial x} + \frac{\partial F_y}{\partial y} + \frac{\partial F_z}{\partial z}$$

Gradient eines Skalars: Der Gradient einer beliebigen skalaren Größe ist die Vektordifferentiation dieses Skalars und ergibt einen Vektor.

Wenn $\qquad \operatorname{grad} F = \nabla F = \mathbf{Y}$

ist, dann gilt $\qquad Y_x = \dfrac{\partial F}{\partial x}; \qquad Y_y = \dfrac{\partial F}{\partial y}; \qquad Y_z = \dfrac{\partial F}{\partial z}.$

Rotation (Rotor) eines Vektors: Jede Komponente des Rotors eines Vektors ist ein Maß für die Rotation oder Wirbelung eines Feldes um die Richtung der Komponente.

Wenn $\qquad \mathbf{F} = \operatorname{rot} \mathbf{F} = \nabla \times \mathbf{F} = \mathbf{Y}$

ist, dann gilt $\qquad Y_x = \dfrac{\partial F_z}{\partial y} - \dfrac{\partial F_y}{\partial z}$

$\qquad\qquad\qquad Y_y = \dfrac{\partial F_x}{\partial z} - \dfrac{\partial F_z}{\partial x}$

$\qquad\qquad\qquad Y_z = \dfrac{\partial F_y}{\partial x} - \dfrac{\partial F_x}{\partial y}$

Vektoroperatoren in den beiden Polarkoordinatensystemen (siehe Bild 2.1 für die Darstellung der Vektorkomponenten):

$$\nabla \cdot \mathbf{F} = \frac{1}{r}\frac{\partial(rF_r)}{\partial r} + \frac{1}{r}\frac{\partial F_\theta}{\partial\theta} + \frac{\partial F_z}{\partial z}$$

$$\nabla \cdot \mathbf{F} = \frac{1}{r^2}\frac{\partial(r^2 F_r)}{\partial r} + \frac{1}{r\sin\theta}\frac{\partial(F_\theta\sin\theta)}{\partial\theta} + \frac{1}{r\sin\theta}\frac{\partial F_\phi}{\partial\phi}$$

$\nabla F = \mathbf{Y}$ bedeutet

$$Y_r = \frac{\partial F}{\partial r}; \qquad Y_\theta = \frac{1}{r}\frac{\partial F}{\partial\theta}; \qquad Y_z = \frac{\partial F}{\partial z}$$

$$Y_r = \frac{\partial F}{\partial r}; \qquad Y_\theta = \frac{1}{r}\frac{\partial F}{\partial\theta}; \qquad Y_\phi = \frac{1}{r\sin\theta}\frac{\partial F}{\partial\phi}\ .$$

$\nabla \times \mathbf{F} = \mathbf{Y}$ bedeutet

$$Y_r = \frac{1}{r}\frac{\partial F_z}{\partial\theta} - \frac{\partial F_\theta}{\partial z}$$

$$Y_\theta = \frac{\partial F_r}{\partial z} - \frac{\partial F_z}{\partial r}$$

$$Y_z = \frac{1}{r}\left[\frac{\partial(rF_\theta)}{\partial r} - \frac{\partial F_r}{\partial\theta}\right]$$

$$Y_r = \frac{1}{r^2\sin\theta}\left[\frac{\partial(r\sin\theta\,F_\phi)}{\partial\theta} - \frac{\partial(rF_\theta)}{\partial\phi}\right]$$

$$Y_\theta = \frac{1}{r\sin\theta}\left[\frac{\partial F_r}{\partial\phi} - \frac{\partial(r\sin\theta\,F_\phi)}{\partial r}\right]$$

$$Y_\phi = \frac{1}{r}\left[\frac{\partial(r F_\theta)}{\partial r} - \frac{\partial F_r}{\partial\theta}\right]$$

Der *Laplace-Operator* lautet in den drei Koordinatensystemen:

$$\nabla^2 F = \frac{\partial^2 F}{\partial x^2} + \frac{\partial^2 F}{\partial y^2} + \frac{\partial^2 F}{\partial z^2}$$

$$\nabla^2 F = \frac{\partial^2 F}{\partial r^2} + \frac{1}{r}\frac{\partial F}{\partial r} + \frac{1}{r^2}\frac{\partial^2 F}{\partial\theta^2} + \frac{\partial^2 F}{\partial z^2}$$

$$\nabla^2 F = \frac{\partial^2 F}{\partial r^2} + \frac{2}{r}\frac{\partial F}{\partial r} + \frac{1}{r^2}\frac{\partial^2 F}{\partial\theta^2} + \frac{1}{r^2\tan\theta}\frac{\partial F}{\partial\theta} + \frac{1}{r^2\sin^2\theta}\frac{\partial^2 F}{\partial\phi^2}$$

Einige *Vektoridentitäten:*

$$\nabla \times \nabla F = 0$$

$$\nabla \cdot \nabla \times F = 0$$

$$\nabla \times (\nabla \times F) = \nabla(\nabla \cdot F) - \nabla^2 F$$

$$\nabla \cdot (A \times B) = B \cdot \nabla \times A - A \cdot \nabla \times B$$

2.4. Maxwellsche Gleichungen

Die Gleichungen für das elektromagnetische Feld wurden durch deduktive Überlegung aus experimentellen Ergebnissen gewonnen. Sie werden hier nicht abgeleitet, es wird jedoch ihre Ableitung aus den bekannten elementaren Gesetzen der Elektrizität und des Magnetismus angedeutet. Die Gleichungen sind

$$\nabla \cdot D = \rho \tag{2.4}$$

$$\nabla \cdot B = 0 \tag{2.5}$$

$$\nabla \times E = -\frac{\partial B}{\partial t} \tag{2.6}$$

$$\nabla \times H = J + \frac{\partial D}{\partial t}. \tag{2.7}$$

Gl. (2.4) beschreibt die Tatsache, daß jede elektrische Ladung ein elektrisches Feld zur Folge hat und umgekehrt jedes diskontinuierliche elektrische Feld eine elektrische Ladung hervorruft. Gl. (2.5) sagt aus, daß die magnetischen Feldlinien in sich geschlossen sein müssen. Es gibt in der Natur keine magnetischen Ladungen oder einzeln auftretende magnetische Pole. Die meisten Elementarteilchen erscheinen als magnetische Dipole, aber die Integration des magnetischen Flusses über eine geschlossene Oberfläche, die einen Dipol einschließt, ist Null; infolgedessen ist Gl. (2.5) erfüllt. Gl. (2.6) ist eine Form des Faradayschen Induktionsgesetzes und besagt, daß die elektromotorische Kraft (EMK), die in einem in sich geschlossenen Kreis (durch den Rotor des elektrischen Feldes beschrieben) induziert wird, proportional der zeitlichen Änderung des durch den Kreis tretenden magnetischen Flusses ist.

Gl. (2.7) ist zum Teil eine Aussage des Biot-Savartschen Gesetzes, oft auch Amperesches Gesetz genannt. Es besagt, daß ein Strom ein Magnetfeld mit in sich geschlossenen Feldlinien hervorruft. Leider ist der Leitungsstrom nicht die einzige Quelle für ein Magnetfeld, da auch ein Magnetfeld in dem Luftspalt zwischen den Platten eines Parallelplattenkonensators auftritt, dessen Zuleitungen einen zeitlich veränderlichen Strom führen. Diese Schwierigkeit wurde von *Maxwell* durch das Postulat überwunden, daß auch in einem einen Kondensator enthaltenden Kreis ein kontinuierlicher Strom vorhanden sein muß. Da zwischen den Platten des Kondensators kein Leitungsstrom fließt, aber die beiden Teile des Kreises durch das elektrische Feld miteinander verknüpft sind, führte er eine Verschiebungsstromdichte ein, die aus der zeitlichen Ableitung der dielektrischen Verschiebung innerhalb des Luftspaltes zwischen den Platten des Kondensators besteht. Daher wurde der Ausdruck $\partial D/\partial t$ auf der rechten Seite der Gl. (2.7) hinzugefügt. *Maxwell* formulierte als erster die Beziehungen für das elektromagnetische Feld in der Form, wie sie in den Gleichungen (2.4) bis (2.7) angegeben sind. Diese Gleichungen werden nach ihm benannt.

2.5. Lösung der Maxwellschen Gleichungen

Die Beziehungen zwischen den Größen eines elektromagnetischen Feldes sind durch die Maxwellschen Gleichungen (2.4) bis (2.7) und durch die Gln. (2.1) bis (2.3), die die Eigenschaften des Mediums beschreiben, in dem sich das Feld befindet, gegeben. Im allgemeinsten Fall sind alle Feldgrößen Funktionen der drei Raumkoordinaten und der Zeit. Zu Beginn sollen die Überlegungen für ein Medium, das einen idealen Isolator ohne gespeicherte Ladungen darstellt, angestellt werden, das heißt $\rho = 0$, $J = 0$, $\sigma = 0$. Der Einfluß der Leitfähigkeit wird in Kapitel 6 diskutiert. μ und ϵ werden als skalare Konstanten angesehen, was für die meisten Materialien zutrifft; es gibt aber ein paar wenige Fälle, die für die Mikrowellentechnik interessant sind, wo dies nicht der Fall ist. Diese Fälle werden in den Kapiteln 7 und 8 untersucht. Die zeitliche Abhängigkeit aller betrachteten Signale sei sinusförmig. Wenn die Kreisfrequenz mit ω bezeichnet wird, dann besitzen in komplexer Schreibweise alle Felder die Zeitabhängigkeit $\exp(j\omega t)$. Die partielle Ableitung $\partial/\partial t$ ist gleichbedeutend mit einer Multiplikation mit $j\omega$. Berücksichtigt man dies und setzt man für B und D entsprechend den Gln. (2.1) und (2.2) in die Gln. (2.4) bis (2.7) ein, so erhält man

$$\nabla \cdot E = 0 \tag{2.8}$$

$$\nabla \cdot H = 0 \tag{2.9}$$

$$\nabla \times E = -j\omega\mu H \tag{2.10}$$

$$\nabla \times H = j\omega\epsilon E . \tag{2.11}$$

Um eine charakteristische Lösung dieser Gleichungen zu erhalten, muß man einen der beiden übriggebliebenen Feldvektoren eliminieren. Es ergeben sich ähnliche Lösungen unabhängig davon, welches Feld man eliminiert. In der Ableitung hier wird H eliminiert, um einen Ausdruck für E zu finden; die ähnliche Lösung für H wird einfach angegeben. Es ist eine gute Übung für den Leser, sich davon zu überzeugen, daß der Ausdruck für H (Gl. (2.13)) richtig ist.

Zuerst wird der Rotor von beiden Seiten der Gl. (2.10) gebildet, d.h. auf beiden Seiten wird der Operator $\nabla \times$ angewendet:

$$\nabla \times \nabla \times E = -j\omega\mu(\nabla \times H) .$$

Einsetzen von Gl. (2.11) ergibt

$$\nabla \times \nabla \times E = \omega^2\mu\epsilon E .$$

Wendet man dann auf die linke Seite dieser Gleichung eine der Vektoridentitäten an, so erhält man

$$\nabla(\nabla \cdot E) - \nabla^2 E = \omega^2 \mu \epsilon E.$$

Da entsprechend Gl. (2.8) der erste Term dieses Ausdrucks gleich Null sein muß, gilt

$$\nabla^2 E + \omega^2 \mu \epsilon E = 0 \qquad\qquad\qquad\qquad\qquad (2.12)$$

und gleicherweise

$$\nabla^2 H + \omega^2 \mu \epsilon H = 0. \qquad\qquad\qquad\qquad\qquad (2.13)$$

Die Gleichungen (2.12) und (2.13) sind allgemeine Lösungen der Maxwell-Gleichungen mit den Materialkonstanten und der Kreisfrequenz des elektromagnetischen Signals. Es wird nun notwendig sein, diese Gleichungen so anzuwenden, daß man Lösungen für die Feldgrößen in bezug auf spezielle Systeme der Raumkoordinaten und spezielle physikalische Gegebenheiten erhält.

2.6. Kartesische Koordinaten

Schreibt man ∇^2 für die kartesischen Koordinaten x, y und z aus, so lautet die Gl. (2.12)

$$\frac{\partial^2 E}{\partial x^2} + \frac{\partial^2 E}{\partial y^2} + \frac{\partial^2 E}{\partial z^2} = \omega^2 \mu \epsilon E. \qquad\qquad\qquad (2.14)$$

In einem orthogonalen rechtwinkeligen Koordinatensystem läßt sich Gl. (2.14) in die einzelnen Komponenten zerlegen, so daß je eine gleichlautende Differentialgleichung für jede der Komponenten des Vektors gilt:

$$\frac{\partial^2 E_x}{\partial x^2} + \frac{\partial^2 E_x}{\partial y^2} + \frac{\partial^2 E_x}{\partial z^2} = -\omega^2 \mu \epsilon E_x$$

$$\frac{\partial^2 E_y}{\partial x^2} + \frac{\partial^2 E_y}{\partial y^2} + \frac{\partial^2 E_y}{\partial z^2} = -\omega^2 \mu \epsilon E_y$$

$$\frac{\partial^2 E_z}{\partial x^2} + \frac{\partial^2 E_z}{\partial y^2} + \frac{\partial^2 E_z}{\partial z^2} = -\omega^2 \mu \epsilon E_z.$$

2.7. Lösung für ebene Wellen

Es wird jetzt vorausgesetzt, daß sich die Feldgrößen nur in einer einzigen Richtung ändern. Wenn diese die z-Richtung ist, dann gilt

$$\frac{\partial}{\partial x} = \frac{\partial}{\partial y} = 0$$

und aus Gl. (2.14) wird

$$\frac{\partial^2 E}{\partial z^2} = -\omega^2 \mu \epsilon E \ . \tag{2.15}$$

Gl. (2.15) kann nun in drei ähnliche Gleichungen für die drei Komponenten des elektrischen Feldes zerlegt werden. Diese Gleichungen sind

$$\frac{\partial^2 E_x}{\partial z^2} = -\omega^2 \mu \epsilon E_x \tag{2.16}$$

$$\frac{\partial^2 E_y}{\partial z^2} = -\omega^2 \mu \epsilon E_y \tag{2.17}$$

$$\frac{\partial^2 E_z}{\partial z^2} = -\omega^2 \mu \epsilon E_z \tag{2.18}$$

Gl. (2.16) ist eine Differentialgleichung mit der Lösung von der Form

$$E_x = A \exp(\pm \gamma z) \, ,$$

wobei

$$\gamma^2 = -\omega^2 \mu \epsilon \tag{2.19}$$

ist. Es gibt also zwei Lösungen für die Gl. (2.16) und man erhält die vollständige Lösung durch Summenbildung der beiden möglichen Lösungen:

$$E_x = A \exp(-\gamma z) + B \exp \gamma z. \tag{2.20}$$

Man erkennt, daß dieses Ergebnis das gleiche ist wie in Gl. (1.14) für die Spannungsverteilung auf einer Leitung. Infolgedessen haben die elektromagnetischen Feldgleichungen eine Lösung, die einer Welle entspricht, die sich nur in einer Richtung verändert. Diese Lösung ist die einer Leitungswelle, wobei die Richtung ihrer Änderung gleich ihrer Ausbreitungsrichtung ist. Als fortschreitende Welle wird diese elektromagnetische Welle alle Eigenschaften einer Leitungswelle aufweisen. Im Augenblick sind wir jedoch nur an den Feldern der Welle und an ihren Ausbreitungseigenschaften interessiert und möchten nicht die Eigenschaften einer Leitungswelle erläutern. Das wurde ja schon in Kapitel 1 getan. Die weiteren Untersuchungen gelten einer vorlaufenden Welle allein.

2.8. Ausbreitungseigenschaften

Führen wir wieder die Zeitabhängigkeit ein, so ist der vollständige Ausdruck für das Feld der vorlaufenden Welle

$$E_x = E_0 \exp(j \omega t - \gamma z). \tag{2.21}$$

Wie schon in Abschnitt 1.3 erklärt wurde, wird γ die Ausbreitungskonstante der Welle genannt. Nimmt man nun μ und ϵ als reell an, so wird durch Verwendung der Phasenkonstante β

$$\gamma = j\beta$$

und

$$\beta = \omega\sqrt{\mu\epsilon} \qquad\qquad (2.22)$$

das negative Vorzeichen aus Gl. (2.19) eliminiert. Wenn jedoch durch die Ausbreitung der Welle im Medium Verluste entstehen, so wird die Welle gedämpft. γ wird dann einen Realteil α, die Dämpfungskonstante aufweisen, so daß wir wieder die Gl. (1.16) bekommen

$$\gamma = \alpha + j\beta . \qquad\qquad (1.16)$$

Gl. (2.21) ist der Ausdruck einer Größe, die sich in z-Richtung ausbreitet. Solange γ rein imaginär ist, wird sich das Feld ohne Änderung mit der *Phasengeschwindigkeit*

$$v = \frac{\omega}{\beta} = \frac{1}{\sqrt{\mu\epsilon}} \qquad\qquad (2.23)$$

ausbreiten. Besitzt γ zusätzlich einen Realteil, dann wird die Amplitude des Feldes nach einer Exponentialfunktion abklingen. Für gewöhnlich sind alle Wellen schwach gedämpft. sogar dann, wenn die Dämpfung so klein ist, daß man sie vernachlässigen kann. Die Feldgrößen aller elektromagnetischen Wellen werden durch folgende drei Faktoren verändert:

$\exp(j\omega t)$ bezeichnet eine sinusförmige Änderung mit der Zeit,
$\exp(-j\beta z)$ eine sinusförmige Änderung mit der Entfernung und
$\exp(-\alpha z)$ eine exponentielle Abnahme mit der Entfernung.

Das elektromagnetische Feld, das wir eben beschrieben haben, ist das einer ebenen Welle. Alle Komponenten ihrer Felder weisen ähnliche Änderungen mit der Zeit und der Entfernung in jener Richtung auf, die der Ausbreitungsrichtung entspricht. Die Ausbreitungsgeschwindigkeit der Welle ist $1/\sqrt{\mu\epsilon}$. Breitet sich die elektromagnetische Welle im Vakuum oder in Luft aus, die für elektromagnetische Wellen wie das Vakuum behandelt werden kann, dann ist ihre Geschwindigkeit gleich $1/\sqrt{\mu_0\epsilon_0}$, die Lichtgeschwindigkeit c, und zwar $3 \cdot 10^8\,\text{m/s}$.

2.9. Feldkomponenten einer ebenen Welle

Um die einzelnen Komponenten einer elektromagnetischen Welle zu finden, muß man zu den Gln. (2.10) und (2.11) zurückkehren. Diese ergeben den Zusammenhang zwischen der bekannten Feldkomponente ($E_x = E_0 \exp(j\omega t - \gamma z)$) und den anderen

Komponenten des Feldes. Vorerst werden die Vektoren der Gln. (2.10) und (2.11) in ihre drei orthogonalen Komponenten zerlegt. Gl. (2.10) lautet dann:

$$
\left.
\begin{aligned}
\frac{\partial E_z}{\partial y} - \frac{\partial E_y}{\partial z} &= -j\omega\mu H_x \\[2mm]
\frac{\partial E_x}{\partial z} - \frac{\partial E_z}{\partial x} &= -j\omega\mu H_y \\[2mm]
\frac{\partial E_y}{\partial x} - \frac{\partial E_x}{\partial y} &= -j\omega\mu H_z
\end{aligned}
\right\} ,
\qquad (2.24)
$$

und Gl. (2.11) lautet:

$$
\left.
\begin{aligned}
\frac{\partial H_z}{\partial y} - \frac{\partial H_y}{\partial z} &= j\omega\epsilon E_x \\[2mm]
\frac{\partial H_x}{\partial z} - \frac{\partial H_z}{\partial x} &= j\omega\epsilon E_y \\[2mm]
\frac{\partial H_y}{\partial x} - \frac{\partial H_x}{\partial y} &= j\omega\epsilon E_z
\end{aligned}
\right\} .
\qquad (2.25)
$$

Setzt man die Bedingungen für eine ebene Welle in die Gln. (2.24) und (2.25) ein, so ergeben sich die Beziehungen für die Komponenten einer ebenen elektromagnetischen Welle. Diese Bedingungen sind, daß keine Änderung des Feldes in zwei Dimensionen auftritt, während die Änderung in der dritten Dimension mit $\exp(-\gamma z)$ erfolgt, d.h.

$$
\frac{\partial}{\partial x} = \frac{\partial}{\partial y} = 0; \quad \frac{\partial}{\partial z} = -\gamma .
$$

Diese Bedingungen ergeben, in die Gln. (2.24) und (2.25) eingesetzt,

$$
\left.
\begin{aligned}
\gamma E_y &= -j\omega\mu H_x \\
-\gamma E_x &= -j\omega\mu H_y \\
0 &= -j\omega\mu H_z
\end{aligned}
\right\}
\qquad (2.26)
$$

$$
\left.
\begin{aligned}
\gamma H_y &= j\omega\epsilon E_x \\
-\gamma H_x &= j\omega\epsilon E_y \\
0 &= j\omega\epsilon E_z
\end{aligned}
\right\} .
\qquad (2.27)
$$

Bei einer verlustfreien Welle tritt keine Dämpfung auf und es gilt

$$
\gamma = j\omega\sqrt{\mu\epsilon} .
$$

Setzt man für γ ein und verwendet man die Abkürzung

$$
\eta = \sqrt{\frac{\mu}{\epsilon}} ,
$$

dann vereinfachen sich die Gln. (2.26) una (2.27) zu

$$\left.\begin{array}{l} E_y = -\,\eta H_x \\ E_x = \eta H_y \\ E_z = H_z = 0 \end{array}\right\} \ . \tag{2.28}$$

Diese Gleichungen ermöglichen einen interessanten Einblick in einige Eigenschaften einer ebenen Welle. Wir haben die z-Richtung als Ausbreitungsrichtung festgelegt und wir können jetzt sehen, daß in dieser Richtung keine Feldkomponente existiert. η gibt das Verhältnis zwischen der elektrischen und der magnetischen Feldstärke an. Es besitzt die Dimension einer Impedanz (Ohm) und wird der *Feldwellenwiderstand des Mediums,* in dem sich die Welle ausbreitet, genannt. Die Gl. (2.28) zeigt außerdem, daß es zwei getrennte Kombinationen von Feldkomponenten gibt, und zwar E_y und H_x einerseits und E_x und H_y andererseits, ohne daß die beiden Gruppen untereinander verknüpft wären. Das bedeutet, daß das Feld, das durch eine dieser Kombinationen beschrieben wird, Null sein kann, ohne das Feld der anderen Kombination zu beeinträchtigen. Daher können wir annehmen, daß jede Kombination eine für sich allein bestehende Welle darstellt. In der Praxis zeigt jede sich im Raum ausbreitende Welle in großer Entfernung von ihrer Quelle die Eigenschaften einer ebenen Welle, wie sie durch die Gln. (2.28) beschrieben sind. Man findet, daß jede Welle mit komplizierter Feldkonfiguration durch die Summe verschiedener ebener Wellen zusammengesetzt werden kann, in gleicher Weise wie die Fourier-Analyse es erlaubt, jede periodische Schwingungsform als Summe einer Anzahl sinusförmiger Schwingungen verschiedener Frequenzen darzustellen.

2.10. Ebene Welle

Zusammenstellung der Eigenschaften einer ebenen Welle. Die vorangegangene Untersuchung hat gezeigt, daß eine ebene Welle folgende Merkmale besitzt:

keine Feldkomponenten in Ausbreitungsrichtung;

keine Änderung der Feldstärke in Ebenen senkrecht zur Ausbreitungsrichtung;

ein elektrisches Feld, das normal zum magnetischen Feld gerichtet ist;

beide Felder wirken in den Ebenen der Wellenfronten, daher senkrecht zur Ausbreitungsrichtung;

das elektrische und das magnetische Feld sind miteinander in Phase.

Eine elektromagnetische Welle breitet sich im unbegrenzten freien Raum als ebene Welle aus. Sie reicht in allen Richtungen bis ins Unendliche, d.h. sie beginnt im Unendlichen, breitet sich ins Unendliche aus und ist unendlich weit. Es wurden keinerlei Randbedingungen vorausgesetzt; es kann auch eine ebene Welle nicht existieren, wenn Randbedingungen in Betracht gezogen werden müssen. Eine ebene Welle tritt praktisch dann auf, wenn die Quelle sehr weit entfernt ist (so daß jede Krümmung der Wellenfront vernachlässigt werden kann) und wenn alle Berandungen des Raumes sehr weit entfernt sind. In diesem Zusammenhang bedeutet der Ausdruck „weit" groß in bezug auf die Wellenlänge der elektromagnetischen Welle. Licht kann für gewöhnlich in den meisten auftretenden praktischen Fällen als eine ebene Welle betrachtet werden. Bei Mikrowellenfrequenzen hingegen tritt eine wirklich ebene Welle nur für Signale auf, die von einem anderen Planeten oder einer Quelle im Weltraum stammen, obwohl es viele Fälle gibt, in denen die elektromagnetische Welle durch eine ebene Welle angenähert werden kann.

2.11. Wellenlänge einer fortschreitenden Welle

Als Wellenlänge einer periodischen Wellenform wird jene Entfernung bezeichnet, nach der sich die Wellenform wiederholt. Da aber die Feldstärke einer fortschreitenden Welle eine Funktion sowohl der Entfernung als auch der Zeit ist, muß man dieser Definition der Wellenlänge noch hinzufügen, daß diese Entfernung zu irgendeinem festen Zeitpunkt gemessen werden muß. Diese Definition ist ähnlich der Definition für die Periode einer Welle, die jene Zeit ist, in der sich die Welle an einem festen Ort im Raum wiederholt.

Für sinusförmige Wellen zeigen $\gamma = j\beta$ und Gl. (2.21) an, daß sich die Wellenform bei $t = 0$ wiederholt, wenn $\beta z = 2\pi$ ist, wobei z die Wellenlänge darstellt. Man bezeichnet die Wellenlänge aber im allgemeinen mit λ, so daß gilt

$$\lambda = \frac{2\pi}{\beta} . \tag{2.29}$$

Setzt man in Gl. (2.29) für die Phasenkonstante ein, so zeigt sich, daß die Wellenlänge einer ebenen Welle nur eine Funktion der Frequenz und der Materialkonstanten ist. Wenn sich eine ebene Welle im freien Raum ausbreitet, besitzt sie eine Wellenlänge, die charakteristisch für elektromagnetische Strahlung dieser Frequenz ist. Diese Wellenlänge wird *charakteristische Wellenlänge* oder *Vakuumwellenlänge* genannt und mit λ_0 bezeichnet. Es ist dann

$$\lambda_0 = \frac{2\pi}{\omega\sqrt{\mu_0\epsilon_0}} = \frac{2\pi c}{\omega} . \tag{2.30}$$

Weiters ist

$$\omega = 2\pi f ,$$

wobei f die Frequenz der elektromagnetischen Welle darstellt, und es gilt daher die Beziehung

$$\lambda_0 f = c . \tag{2.31}$$

Gl. (2.31) ist die bekannte Beziehung zwischen Wellenlänge, Frequenz und Lichtgeschwindigkeit. Anstelle der Frequenz wird von vielen Rundfunkstationen ihre charakteristische Wellenlänge angegeben.

2.12. Zusammenfassung

2.2. Materialgleichungen

$$\mathbf{B} = \mu\mathbf{H} \qquad (2.1)$$

$$\mathbf{D} = \epsilon\mathbf{E} \qquad (2.2)$$

$$\mathbf{J} = \sigma\mathbf{E} \qquad (2.3)$$

Permeabilitätskonstante

$$\mu = \mu_0\mu_r$$

Dielektrizitätskonstante

$$\epsilon = \epsilon_0\epsilon_r$$

$$\mu_0 = 4\pi \cdot 10^{-7}\,\mathrm{H/m}$$

$$\epsilon_0 = \frac{1}{\mu_0 c^2} \approx \frac{1}{36\pi \cdot 10^9}\mathrm{F/m}$$

Lichtgeschwindigkeit

$$c = \frac{1}{\sqrt{\mu_0\epsilon_0}} \approx 3 \cdot 10^8\,\mathrm{m/s}$$

Feldwellenwiderstand des Vakuums

$$\eta = \sqrt{\frac{\mu_0}{\epsilon_0}} \approx 120\pi = 377\,\Omega$$

2.3. Abschnitt 2.3 gibt eine Zusammenfassung nützlicher Formeln zur Vektorrechnung.

2.4. Maxwellsche-Gleichungen

$$\nabla \cdot \mathbf{D} = \rho \qquad (2.4)$$

$$\nabla \cdot \mathbf{B} = 0 \qquad (2.5)$$

$$\nabla \times \mathbf{E} = -\frac{\partial \mathbf{B}}{\partial t} \qquad (2.6)$$

$$\nabla \times \mathbf{H} = \mathbf{J} + \frac{\partial \mathbf{D}}{\partial t} \qquad (2.7)$$

2.5. Die allgemeinen Lösungen für ein nichtleitendes Medium sind

$$\nabla^2\mathbf{E} + \omega^2\mu\epsilon\mathbf{E} = 0 \qquad (2.12)$$

$$\nabla^2\mathbf{H} + \omega^2\mu\epsilon\mathbf{H} = 0. \qquad (2.13)$$

2.7. Für eine **ebene Welle**, die sich in z-Richtung ausbreitet, ergibt sich die Differentialgleichung

$$\frac{\partial^2 E_x}{\partial z^2} = -\omega^2 \mu\epsilon E_x .\tag{2.16}$$

2.8.

$$E_x = E_0 \exp(j\omega t - \gamma z)\tag{2.21}$$

$$\gamma = j\beta = j\omega\sqrt{\mu\epsilon}\tag{2.22}$$

$$\text{Phasengeschwindigkeit} = \frac{1}{\sqrt{\mu\epsilon}}$$

2.9. Die Beziehungen zwischen den Feldern einer ebenen Welle, die sich in z-Richtung
ausbreitet, lauten

$$E_y = -\eta H_x\tag{2.28}$$

und alle anderen Komponenten des Feldes sind Null, oder

$$E_x = \eta H_y ,\tag{2.28}$$

wobei wieder alle übrigen Komponenten Null sind.

2.10. Die Eigenschaften einer ebenen Welle sind am Anfang von Abschnitt 2.10 zusammengefaßt.

2.11. Für die Wellenlänge gilt

$$\lambda = \frac{2\pi}{\beta} .\tag{2.29}$$

Die **charakteristische Wellenlänge** im Vakuum (**Vakuumwellenlänge**) ist

$$\lambda_0 = \frac{2\pi}{\omega\sqrt{\mu_0\epsilon_0}} = \frac{2\pi c}{\omega}\tag{2.30}$$

$$\lambda_0 f = c .\tag{2.31}$$

Aufgaben

2.1. Wenn freie Magnetpole möglich wären, würde die Gl. (2.5) folgende Form haben:

$$\nabla \cdot \mathbf{B} = \rho_m .$$

Wie lautet die Dimension der magnetischen Ladungsdichte ρ_m? Es könnte dann auch eine magnetische Stromdichte in Gl. (2.6) auftreten. Wie würde ihre Dimension lauten?

2.2. Im elektrostatischen CGS-System ist die Kraft zwischen zwei Punktladungen, die sich in Luft im Abstand d voneinander befinden

$$\text{Kraft (in Dyn)} = \frac{Q_1 Q_2}{d^2} \; .$$

Im MKSA-System ist die

$$\text{Kraft (in Newton)} = \frac{Q_1 Q_2}{4\pi\epsilon_0 d^2} .$$

Es ist der Wert von ϵ_0 zu berechnen, wenn bekannt ist, daß $3 \cdot 10^9$ elektrostatische Einheiten des Stroms gleich 1 A sind.

2.3. Es sind die Ausdrücke für die Vektoroperatoren in den beiden polaren Koordinatensystemen, die in Abschnitt 2.3 angegeben sind, abzuleiten.

2.4. Durch Anschreiben der Gl. (2.7) in den Komponenten eines Zylinderkoordinatensystems ist ein Ausdruck für das Magnetfeld herzuleiten, das durch einen in einem Draht fließenden Gleichstrom hervorgerufen wird.

2.5. Es ist Gl. (2.14) ohne jede Vektorrechnung abzuleiten, indem man die Gln. (2.8) bis (2.11) in Komponentenschreibweise in einem kartesischen Koordinatensystem anschreibt.

2.6. Man berechne die Geschwindigkeit einer ebenen elektromagnetischen Welle durch folgende Materialien und vergleiche die auftretenden Wellenlängen mit denen in Luft.

	ϵ_r	μ_r
Luft	1	1
Polytetrafluor-äthylen (PTFE)	2,0	1
Titandioxyd	90	1

2.7. Eine zirkular polarisierte ebene Welle wird durch die Gleichung $E_x = -jE_y$ beschrieben. Es sind die Ausdrücke für sämtliche Feldkomponenten anzuschreiben und die Welle durch eine Summe gewöhnlicher ebener Wellen zu beschreiben. [Siehe Abschnitt 5.8, wo dieses Problem diskutiert wird].

2.8. Die Randbedingungen an einer leitenden Oberfläche bestehen darin, daß die tangentialen Komponenten des elektrischen Feldes einer elektromagnetischen Welle in der Ebene des Leiters Null sind. Es ist ein Ausdruck für die Feldkomponenten der reflektierten Welle für eine normal auf eine leitende Ebene auftreffende ebene Welle zu suchen und der Ort des ersten Minimums der stehenden Welle zu bestimmen.

2.9. Es sind die Frequenzen folgender verschiedener Arten elektromagnetischer Strahlung, deren Vakuumwellenlängen gegeben sind, zu berechnen.

Röntgenstrahlen	30	pm
sichtbares Licht	0,6	μm
Infrarot	100	μm
Mikrowellen	3	cm
Mittelwellen-Rundfunk	300	m

2.10. (Siehe Aufgabe 2.8). Das Reflexionsgesetz einer ebenen Welle, die unter beliebigen Winkel auf eine leitende Ebene auftrifft, ist zu beweisen.

3. Wellenausbreitung in Hohlleitern

3.1. Hohlleiter

Bis jetzt haben wir mathematische Resultate erhalten, die die Eigenschaften einer
ebenen elektromagnetischen Welle beschreiben, die sich in einem einheitlichen, unendlich
ausgedehnten Medium ausbreitet. Die ebene Welle, die die Grundform der sich in einem
solchen Medium ausbreitenden Wellen ist, kann aber nicht auftreten, wenn der Raum begrenzt ist. Bei Mikrowellenfrequenzen kann praktisch nicht einmal näherungsweise der
unbegrenzte Raum angenommen werden, sondern es müssen immer die Randbedingungen
in Betracht gezogen werden. Es ist oft notwendig, die elektromagnetische Strahlung unter
Kontrolle zu halten und sie von einem Punkt zu einem anderen Punkt zu führen, ohne daß
man ihr gestattet, als Strahlung in dem umgebenden Raum verloren zu gehen. Man findet,
daß sich unter bestimmten Bedingungen die elektromagnetische Strahlung innerhalb eines
metallischen Rohres frei ausbreiten kann. Das für diesen Zweck benutzte Rohr wird *Hohl-*
leiter genannt. Die Kapitel 4 und 5 sind den Lösungen der Maxwellschen Gleichungen
innerhalb eines Metallrohres und der Bestimmung der notwendigen Bedingungen für die
Form und die Größe desselben gewidmet. Bevor auf die speziellen Eigenschaften der Recht-
eck- und Kreishohlleiter in den Kapiteln 4 und 5 eingegangen wird, werden in diesem
Kapitel jene Beziehungen entwickelt, die einer Anzahl verschiedener Arten von Wellenleitern gemeinsam ist. Zuerst wird in diesem Kapitel die Ausbreitung entlang einer Parallelplattenleitung mit Hilfe einer anschaulichen Beschreibung durch Überlagerung ebener
Wellen erklärt, was zur besseren Vorstellung der Wellenausbreitung in Hohlleitern ver-
helfen soll.

3.2. Parallelplattenleitung

Man stelle sich einen aus zwei parallelen Platten bestehenden Wellenleiter vor, wie
er in Bild 3.1 gezeigt ist. Das Bild zeigt nur einen Ausschnitt des Systems, da man sich
die Platten als in beiden Dimensionen unendlich ausgedehnt vorstellen muß. Die Platten
stellen die einzigen Grenzen für die elektromagnetische Welle dar, die sich zwischen ihnen
ausbreitet. Die Randbedingungen werden so angenommen, daß sich beide Platten wie
ideale Leiter verhalten. Allerdings ist kein Metall ein idealer Leiter, aber als erste Näherung
kann man das Metall, das die Berandung des Wellenleiters bildet, als ideal leitend ansehen.
Es darf dann an der Oberfläche der Berandung keine parallele Komponente des elektrischen
Feldes auftreten. Das bedeutet, daß das elektrische Feld — wie es in Bild 3.1 gezeigt ist —
senkrecht zur Wand gerichtet ist. Eine solche ideal leitende Platte stellt auch einen ideal
reflektierenden Spiegel dar, so daß die in Bild 3.1 gezeigte Feldkonfiguration so reflektiert
wird, daß sie die Feldverteilung einer unendlichen ebenen Welle bildet, die sich in einem
unendlich ausgedehnten Medium in z-Richtung ausbreitet. Daher kann man sich vorstellen,
daß die Parallelplattenleitung einen Teil aus einer ebenen Welle herausschneidet, wobei die
Ausbreitungsrichtung der Welle in einer Ebene parallel zu den Platten gerichtet ist. Diese

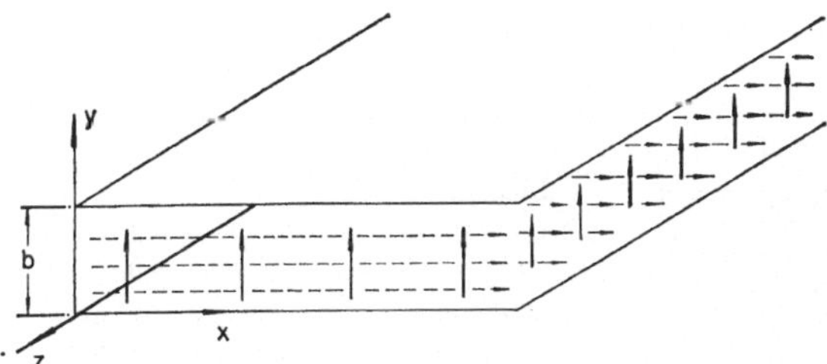

Bild 3.1

Ausschnitt aus einer unendlich ausgedehnten Parallelplattenleitung
——————— elektrisches Feld,
– – – – – – Magnetfeld

Art der Ausbreitung weist alle Eigenschaften einer ebenen Welle auf und dieser Wellentyp
wird Leitungswelle genannt. Es gibt jedoch noch andere mögliche Feldkonfigurationen im
Inneren des Wellenleiters für andere Arten der Ausbreitung; diese Wellen werden Hohlleiterwellen genannt.

3.3. Hohlleiterwellen

Es gibt eine bildliche Darstellung der Hohlleiterwellen der Parallelplattenleitung, die
sehr zum Verständnis der Ausbreitungseigenschaften von Wellen in einem Hohlleiter beiträgt. Einige Resultate werden dabei intuitiv gewonnen, deren strenge mathematische Ableitung in den Kapiteln 4 und 5 durchgeführt wird. In Bild 3.2 fällt eine ebene Welle unter
einem bestimmten Winkel auf eine ebene leitende Platte ein, die sich wie ein idealer Reflektor verhalten soll. Die Linien in der Abbildung sollen die Ebenen gleicher Phase der einfallenden und der reflektierten Welle darstellen. Die Ausbreitungsrichtung der Wellen ist
dann normal zu diesen Phasenebenen, die für gleiche Phase einen Abstand von einer Wellenlänge aufweisen. Man sieht, daß eine zweite leitende Ebene entlang A–A′ angebracht werden
kann, ohne daß sich das Feldbild zwischen den Platten verändern würde. Eine solche ebene
Welle, die sich durch Reflexion an den beiden Wänden ausbreitet, ist in Bild 3.3 zusammen
mit einem einzelnen Strahl in Richtung der Ausbreitung der ebenen Welle gezeigt. Man
sieht, daß der Strahl ohne Verluste in einem Winkel θ zur Oberfläche der Platten reflektiert wird.

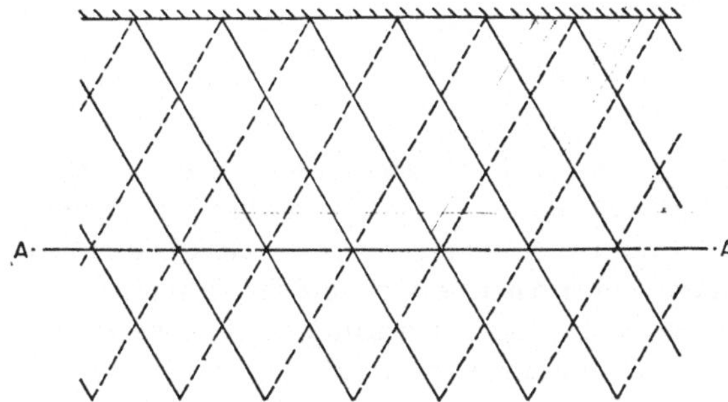

Bild 3.2

Reflexionen einer ebenen Welle an
einer ebenen leitenden Fläche. Die
Flächen konstanter Phase sind sowohl
für die einfallende als auch die reflektierte Welle eingezeichnet.

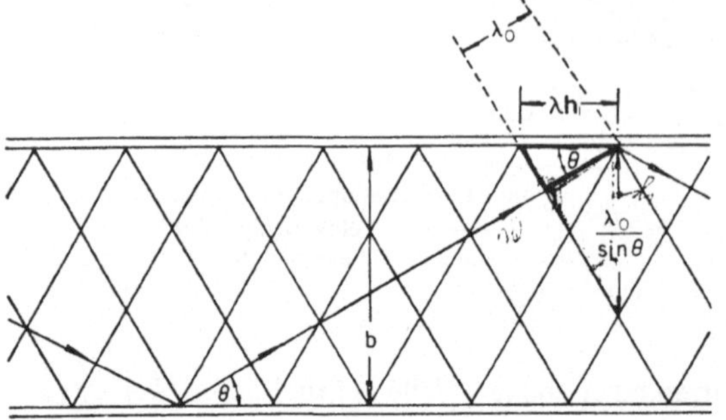

Bild 3.3

Darstellung einer zwischen einer Parallelplattenleitung fortschreitenden elektromagnetischen Welle mit Hilfe eines Strahles und der Phasenfront. Der Strahl steht senkrecht auf den Flächen konstanter Phase. Der Plattenabstand ist b.

Eine solche Anordnung, wie sie in Bild 3.3 gezeigt ist, hängt von einer formalen Beziehung zwischen dem Plattenabstand, dem Einfallswinkel und der Wellenlänge der ebenen Welle ab. Die Bedingung ist, daß der Plattenabstand einem ganzzahligen Vielfachen von Projektionen einer halben Wellenlänge in die Normale zu den Platten entspricht. Bezeichnet man die Wellenlänge mit λ_0, dann ist die Projektion einer Wellenlänge $\lambda_0/\sin\theta$ und die Bedingung lautet

$$b = \frac{n\,\lambda_0}{2\sin\theta} \tag{3.1}$$

wobei n eine ganze Zahl ist. In Bild 3.3 liegt die Ausbreitungsrichtung in der Zeichenebene und parallel zu den Platten. Man erkennt, daß die Wellenlänge in Ausbreitungsrichtung nicht dieselbe ist, wie die Wellenlänge der ebenen Welle. Die Wellenlänge in Richtung der Ausbreitung entlang dem Hohlleiter wird Hohlleiterwellenlänge genannt und mit λ_h bezeichnet. Sie ist die Projektion der Wellenlänge der ebenen Welle auf die Ausbreitungsrichtung entlang der Platten und die Beziehung zwischen λ_h und λ_0 lautet

$$\lambda_h = \frac{\lambda_0}{\cos\theta}\,. \tag{3.2}$$

3.4. Grenzfrequenz

Beträgt der Abstand zwischen den Platten

$$b = \frac{1}{2}n\lambda_0\,, \tag{3.3}$$

so ist $\theta = 90°$ und die Hohlleiterwellenlänge wird unendlich. Das bedeutet, daß sich keine Welle entlang dem Wellenleiter ausbreitet. Dieses Verhalten wird Grenzbedingung genannt und ist durch Gl. (3.3) gekennzeichnet. Bei konstanter Frequenz, was mit einer konstanten Vakuumwellenlänge λ_0 gleichbedeutend ist, wird sich bei Veränderung des Plattenabstandes der Winkel auf solche Weise ändern, daß sich bei Verringerung des Abstandes der Winkel θ vergrößert. Unter Umständen wird der Abstand so stark reduziert, daß die Grenzbedingung für eine spezielle Hohlleiterwelle erreicht wird und deren Ausbreitung aufhört.

Für noch kleineren Abstand zwischen den Platten kann sich diese Welle nicht ausbreiten. Eine genauere mathematische Beschreibung des Grenzverhaltens wird in Abschnitt 4.3 gegeben werden.

Für eine feste, vorgegebene Größe des Hohlleiters, was den Normalfall darstellt, ergibt sich durch Einsetzen der Gl. (2.31) in die Grenzbedingung (Gl. (3.3)) eine Frequenz. Man nennt diese Frequenz die *Grenzfrequenz*

$$f_c = \frac{cn}{2b} \cdot$$

Die Grenzfrequenz entspricht einer Vakuumwellenlänge, die *Grenzwellenlänge (kritische Wellenlänge)* genannt wird. Alle Symbole, die mit diesen Größen verbunden sind, sind mit dem Index c versehen [1]). Es gilt

$$\lambda_c = \frac{2b}{n} \cdot$$

Eliminiert man θ aus den Gln. (3.1) und (3.2), so erhält man

$$\lambda_h = \frac{\lambda_0}{\sqrt{1 - \left(\frac{n\lambda_0}{2b}\right)^2}}$$

oder, für λ_c eingesetzt,

$$\lambda_h = \frac{\lambda_0}{\sqrt{1 - \left(\frac{\lambda_0}{\lambda_c}\right)^2}} \cdot \; > \lambda_0 \tag{3.4}$$

Aus Gl. (3.4) erkennt man, daß die Hohlleiterwellenlänge durch die Vakuumwellenlänge der elektromagnetischen Strahlung und die Grenzwellenlänge des Hohlleiters bestimmt ist. Die Grenzwellenlänge ist eine Funktion der Größe und, wie wir in den Kapiteln 4 und 5 sehen werden, eine Funktion der Form des Hohlleiters. Weiters hängt sie von einer ganzen Zahl n ab, die durch das Feldbild der Welle im Hohlleiter bestimmt ist und eine Konstante für jede Eigenwelle des Hohlleiters ist. Eine ausführliche Diskussion der Eigenwellen erfolgt im Kapitel 4. Im Abschnitt 4.8 wird speziell auf die Bezeichnungsweise für Eigenwellen im Hohlleiter eingegangen werden.

Betrachtet man die Wellentypen in einem speziellen Parallelplattenleiter, so wird bei tiefen Frequenzen nur die Leitungswelle, wie sie in Bild 3.1 gezeigt ist, ausbreitungsfähig sein. Die Frequenz liegt dann unter den Grenzfrequenzen aller möglichen Eigenwellen des Hohlleiters. Für Frequenzen, die höher sind, als sie der Vakuumwellenlänge

$$\lambda_0 = 2b$$

---

[1]) Vom englischen "cut-off"

entsprechen, werden sich sowohl die erste der Hohlleiterwellen als auch die Leitungswelle ausbreiten können. Für Frequenzen, die höher liegen als sie

$$\lambda_0 = b$$

entsprechen, werden zwei Hohlleiterwellen ausbreitungsfähig sein. Die Zahl der ausbreitungsfähigen Hohlleiterwellen wird mit ansteigender Frequenz immer mehr zunehmen. Da die Parallelplattenleitung aus zwei getrennten Leitern besteht, kann sie die Leitungswelle führen. Jede Leitung, die aus zwei oder mehreren parallelen Leitern besteht, kann die Welle vom Leitungstyp führen. Die Metallhohlleiter jedoch bestehen aus einem einzigen Leiter und sind daher nicht in der Lage, wie noch mathematisch in Abschnitt 5.8 gezeigt. werden wird, die Leitungswelle zu führen. Wir betrachten jetzt Bild 3.1. Wenn man annimmt, daß die Parallelplattenleitung zu einem geschlossenen Hohlleiter verändert wird, der in x-Richtung nicht unendlich ausgedehnt ist, dann muß irgendwo eine leitende Wand parallel zum elektrischen Feld sein. Dieses wird dann aber dort nicht mehr existieren können. Die ebene Welle vom Leitungstyp kann also im geschlossenen Hohlleiter nicht auftreten. Hohlleiterwellen, die eine Grenzfrequenz besitzen und eine Wellenlänge aufweisen, die von der Wellenlänge der ebenen Welle verschieden ist, können jedoch im Inneren jedes leitenden Rohres auftreten.

3.5. Geschwindigkeiten der Welle

Die Phasengeschwindigkeit wurde bereits in den Abschnitten 1.3 und 2.8 als die Geschwindigkeit einer Welle angegeben. Sie wird jedoch an dieser Stelle der Vollständigkeit halber streng abgeleitet. Alle Feldkomponenten einer elektromagnetischen Welle, die sich in irgendeinem Material ausbreitet, besitzen die Orts- und Zeitabhängigkeit

$$\exp j(\omega t - \beta z) ,$$

wobei die z-Richtung die Ausbreitungsrichtung der Welle ist. Die Ausbreitungsgeschwindigkeit der Welle ist jene Geschwindigkeit, die ein Beobachter besitzen würde, der sich auf einem Punkt konstanter Phase mit der Welle mitbewegt. Diese Geschwindigkeit wird *Phasengeschwindigkeit* genannt und mit v_p bezeichnet. Sie ist so beschaffen, daß der Ausdruck $(\omega t - \beta z)$ eine Konstante wird. Diese Geschwindigkeit ist durch

$$v_p = \frac{dz}{dt} = \frac{\omega}{\beta} \qquad (3.5)$$

gegeben. Betrachtet man Bild 3.3, so sieht man, daß die Hohlleiterwellenlänge größer ist als die der ebenen Welle, und infolgedessen die Phasengeschwindigkeit der Welle im Hohlleiter größer sein wird als die der ebenen Welle. Es legen jedoch die ebene und die Hohlleiterwelle die Strecke ihrer Wellenlänge in der gleichen Zeit zurück. Da die Geschwindigkeit der ebenen Welle gleich der Lichtgeschwindigkeit c ist, breitet sich die Hohlleiterwelle mit einer Geschwindigkeit

$$v_p = \frac{c}{\cos \theta} \qquad \text{oder}$$

$$v_p = \frac{c \lambda_h}{\lambda_0} \qquad (3.6)$$

aus. Die Phasenkonstante einer sich ausbreitenden Welle ist mit der Hohlleiterwellenlänge über die Beziehung

$$\lambda_h = \frac{2\pi}{\beta_H} \tag{3.7}$$

verknüpft (vgl. mit Gl. (2.29)). Setzt man Gl. (2.31) für c und Gl. (3.7) für λ_h in Gl. (3.6) ein, so ergibt sich die Phasengeschwindigkeit mit

$$v_p = \frac{\omega}{\beta_H}. \tag{3.5}$$

Das bestätigt die Erwartung, daß die aus der bildlichen Darstellung der Parallelplattenleitung gewonnene Phasengeschwindigkeit die gleiche ist, wie man sie aus der Theorie erhält. Die hier angegebene Phasengeschwindigkeit ist größer als die Lichtgeschwindigkeit und scheint der Relativitätstheorie zu widersprechen. Die Phasengeschwindigkeit ist jedoch nur eine scheinbare Geschwindigkeit. Es ist die Geschwindigkeit eines Punktes konstanter Phase inmitten einer kontinuierlichen Welle. Sie ist jedoch nicht die Geschwindigkeit, mit der sich eine Information im Hohlleiter ausbreitet. Der Anfangspunkt irgendeiner Störung wird sich wohl mit Lichtgeschwindigkeit im Hohlleiter fortbewegen, aber der größte Teil des Inhaltes der Störung wird erst später eintreffen, und zwar mit einer kleineren Geschwindigkeit, die *Gruppengeschwindigkeit* genannt und mit v_g bezeichnet wird.

Wenn man wieder zur anschaulichen Beschreibung des Hohlleiters zurückkehrt, so kann man sich die Information als entlang dem in Bild 3.3 gezeigten Strahl fortschreitend vorstellen. Die Geschwindigkeit entlang dem Hohlleiter ist dann

$$v_g = c \cos\theta \; ;$$

daraus ergibt sich durch Einsetzen der Gl. (3.2)

$$v_g = c \frac{\lambda_0}{\lambda_h}.$$

Ersetzt man nun λ_0 nach Gl. (2.31) und λ_h nach Gl. (3.7), so erhält man für die Gruppengeschwindigkeit

$$v_g = c^2 \frac{\beta_H}{\omega}. \tag{3.8}$$

Jede Information muß in Form von Impulsen oder durch Modulation einer kontinuierlichen Welle übertragen werden. Stellen wir uns die einfachste Art der Modulation einer kontinuierlichen Welle vor, die darin besteht, daß sich zwei in ihrer Frequenz nur wenig unterscheidende Wellen ausbreiten. Die Kreisfrequenzen der Wellen sollen ω und $\omega + \delta\omega$ und die entsprechenden Phasenkonstanten β_H und $\beta_H + \delta\beta_H$ sein. Die elektrischen Feldstärken lauten dann bei gleicher Amplitude

$$E_1 = E_0 \sin(\omega t - \beta_H z)$$

$$E_2 = E_0 \sin(\omega t + \delta\omega t - \beta_H z - \delta\beta_H z) \, ,$$

und die daraus resultierende Feldstärke ist

$$E \;=\; 2E_0 \sin\!\left(\omega t + \tfrac{1}{2}\delta\omega t - \beta z - \tfrac{1}{2}\delta\beta z\right)\cos\!\left(\tfrac{1}{2}\delta\omega t - \tfrac{1}{2}\delta\beta z\right).$$

Das stellt eine amplitudenmodulierte Schwingung dar, deren Einhüllende sich mit der Geschwindigkeit

$$v_g \;=\; \frac{dz}{dt} \;=\; \frac{\delta\omega}{\delta\beta} \tag{3.9}$$

ausbreitet. Im Grenzfall kleiner Änderungen ergibt Gl. (3.9)

$$v_g \;=\; \frac{\partial\omega}{\partial\beta}.$$

Die Beziehung für v_g in einem normalen Hohlleiter wird aus Gl. (3.9) abgeleitet und zeigt sich identisch mit der in Gl. (3.8) angegebenen. Setzt man nun für die verschiedenen Wellenlängen in Gl. (3.4) ein, so bekommt man

$$\frac{1}{\beta} \;=\; \frac{c}{\omega\sqrt{1-\left(\dfrac{\omega_c}{\omega}\right)^2}}\;,$$

wobei

$$\omega \;=\; \sqrt{c^2\beta^2 + \omega_c^2} \tag{3.10}$$

ist. Durch Differenzieren von Gl. (3.10) erhält man den Ausdruck für v_g, der mit dem in Gl. (3.8) angegebenen

$$v_g \;=\; \frac{\partial\omega}{\partial\beta} \;=\; \frac{c^2\beta}{\omega}$$

übereinstimmt. Aus dieser Beziehung erkennt man, daß im Hohlleiter für die Geschwindigkeiten allgemein

$$v_p > c > v_g$$

gilt, und aus den Gln. (3.5) und (3.8), daß sie über die Gleichung

$$v_g v_p \;=\; c^2$$

miteinander verknüpft sind. Für ebene Wellen, die sich im unbegrenzten Raum oder entlang einer Zweidrahtleitung ausbreiten, sind die Geschwindigkeiten gleich groß

$$v_p \;=\; v_g \;=\; c.$$

3.6. Randbedingungen

Zwei verschiedene, mit 1 und 2 bezeichnete Medien mögen an einer beliebigen Grenzfläche, wie sie in Bild 3.4 dargestellt ist, aneinander liegen. Die Feldkomponenten an dieser Fläche werden eingeteilt in solche, die parallel und in solche, die normal zur Fläche gerichtet sind. Die parallelen Komponenten werden Tangentialkomponenten genannt und

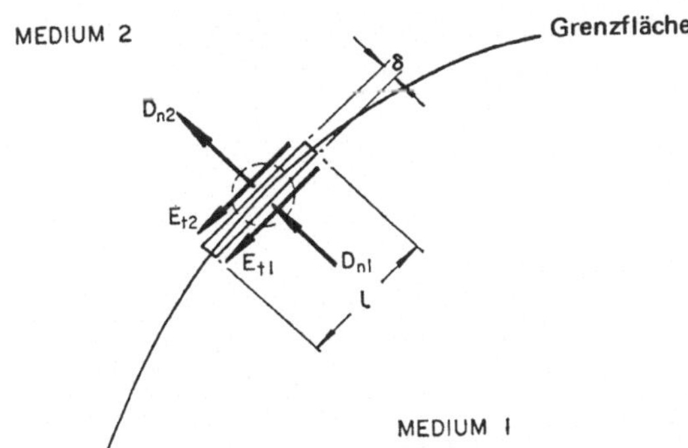

Bild 3.4
Grenzfläche zwischen zwei Medien und die
Komponenten der Felder in einem Punkt
der Grenzfläche

durch den Index t gekennzeichnet, die anderen werden Normalkomponenten genannt
und durch den Index n gekennzeichnet. Einige solcher Feldkomponenten, die in einem
Punkt der Grenzfläche auftreten können, sind in Bild 3.4 eingezeichnet. Betrachtet man
nun die Divergenz der Felder in einem beliebig kleinen Volumen, das einen Punkt der
Grenzfläche einschließt, so ergeben die Maxwellschen Gleichungen (2.4) und (2.5)

$$\nabla \cdot D = \rho \tag{3.11}$$

$$\nabla \cdot B = 0. \tag{3.12}$$

Wenn nun das Volumen, das den Punkt der Grenzfläche umschließt, so klein ist, daß keine
Änderung der tangentialen Komponenten über das Volumen auftritt, dann liefern die Gln.
(3.11) und (3.12)

$$-B_{n1} + B_{n2} = 0$$

und

$$-D_{n1} + D_{n2} = \rho,$$

wobei der erste Index die Richtung der Feldkomponenten und der zweite das Medium angibt, in dem das Feld wirkt. Daher gilt für die Normalkomponenten des Feldes

$$B_{n1} = B_{n2} \tag{3.13}$$

$$D_{n2} = D_{n1} + \rho, \tag{3.14}$$

wobei ρ die Oberflächenladung an der Grenzschicht bedeutet. In den meisten praktisch
auftretenden Fällen gibt es keine Oberflächenladung, wenn beide Medien nichtleitend sind.
Es gilt dann für die ladungsfreie Oberfläche

$$D_{n2} = D_{n1}. \tag{3.15}$$

Will man die Beziehungen zwischen den tangentialen Komponenten der Felder aufstellen, so muß man die Maxwellschen Rotorgleichungen (2.6) und (2.7) heranziehen:

$$\nabla \times \mathbf{E} = -\frac{\partial \mathbf{B}}{\partial t} \tag{3.16}$$

$$\nabla \times \mathbf{H} = \mathbf{J} + \frac{\partial \mathbf{D}}{\partial t} \cdot \tag{3.17}$$

Wir betrachten eine kleine rechteckige Fläche, die die Grenzschicht umschließt und die die Länge l und die Breite δ aufweisen soll (Bild 3.4). Bilden wir nun die Rotation des elektrischen Feldes um den Umfang dieser Fläche und machen wir δ so klein, daß das Feld an den Schmalseiten des Rechtecks vernachlässigbar kleine Anteile liefert, dann erhalten wir aus Gl. (3.16)

$$(E_{t2} - E_{t1})l = j\omega B_p l\delta .$$

Dabei ist B_p der Mittelwert des normal auf die Fläche $l\delta$ stehenden Feldes. Ist δ so klein, daß die rechte Seite der Gleichung Null wird, ist

$$E_{t2} - E_{t1} = 0$$

oder

$$E_{t2} = E_{t1} . \tag{3.18}$$

Ähnlich erhält man aus Gl. (3.17)

$$(H_{t2} - H_{t1})l = -\left(J_p + \frac{\partial D_p}{\partial t}\right)l\delta ,$$

wobei der Index p wieder den Mittelwert des Feldes normal auf die Fläche $l\delta$ kennzeichnet Wird δ wieder genügend klein gemacht, verschwindet der Anteil der elektrischen Verschiebung, die Stromdichte jedoch muß nicht notwendigerweise Null sein. Bei einem guten Leiter tritt der Strom nur in einer dünnen Schicht nahe der Oberfläche auf, so daß das Produkt $I_p\delta$ endlich ist. In Abschnitt 6.6 wird gezeigt werden, daß ein großer Strom in der dünnen oberflächennahen Schicht fließt und daß das Produkt aus Stromdichte und Dicke der Schicht dem gesamten Oberflächenstrom äquivalent ist.

Infolgedessen gilt für einen idealen Leiter

$$J_p\delta = I_s .$$

Da weiters im Inneren eines idealen Leiters kein elektromagnetisches Feld aufteten kann, muß $H_{t2} = 0$ sein und es gilt

$$H_{t1} = I_s .$$

Die allgemein gültige Beziehung zwischen den tangentialen Komponenten des Magnetfeldes auf beiden Seiten der Grenzschicht lautet jedoch

$$H_{t2} = H_{t1} - J_p\delta \tag{3.19}$$

und für ein nichtleitendes Medium

$$H_{t2} = H_{t1} \; .$$

Zusammenfassung. Ein allgemein gültiger Satz, der die Felder beiderseits einer Grenzschicht zwischen nichtleitenden und ladungsfreien Medien verknüpft, ist folgender:

Die Normalkomponenten von **B** und **D** und die Tangentialkomponenten von **H** und **E** zu beiden Seiten der Grenzschicht sind gleich.

Für ein leitendes Medium müssen die Normalkomponenten von **D** und die Tangentialkomponenten von **H** nicht notwendigerweise gleich sein, es bleiben jedoch die beiden anderen Beziehungen erhalten.

3.7. Reflexion an einer ebenen Grenzfläche

Als Beispiel für die Anwendung der Randbedingungen soll die Wirkung einer ebenen Grenzschicht zwischen zwei sich jeweils ins Unendliche erstreckenden Blöcken nichtleitender Materialien dienen, wie es in Bild 3.5 dargestellt ist. Eine ebene Welle soll aus dem Medium 1 kommend normal auf die Grenzschicht auftreffen. In diesem Fall wird eine ebene Welle auftreten, die von der Grenzschicht reflektiert wird und eine weitere, die durch die Grenzschicht hindurch in das Medium 2 eindringt. Die Komponenten der drei Wellen sollen durch die Indizes e, r und t für die einfallende, die reflektierte und die durchtretende (transmittierte) Welle gekennzeichnet sein. Die elektrischen Feldkomponenten aller drei Wellen sind parallel, wie man in Bild 3.5 sehen kann. Das gleiche gilt für die Magnetfelder, die auch alle in der gleichen Richtung wirken sollen. Die senkrecht einfallende Welle weist also die Felder

$$E_e \quad \text{und } H_e \text{ auf, wobei } E_e = \eta_1 H_e$$

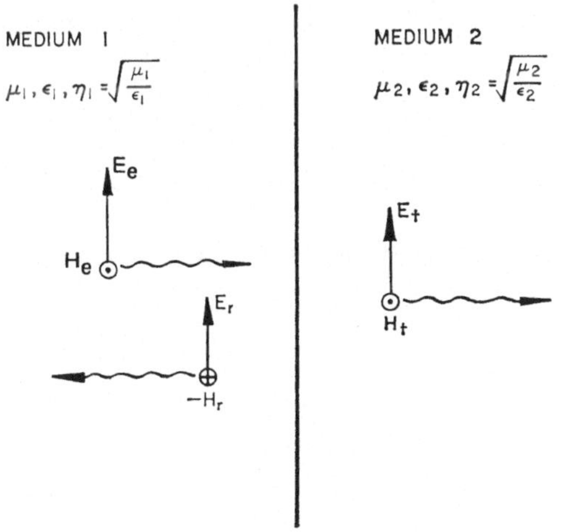

Bild 3.5
Ebene Grenzfläche zwischen zwei unendlich ausgedehnten Medien, die die angegebenen Materialeigenschaften besitzen. Die Komponenten des elektrischen Feldes der einfallenden, transmittierten und reflektierten ebenen Welle sind durch senkrechte Pfeile angegeben.

ist. Diese Welle hat eine durchtretende Welle mit den Feldern

$$E_t \text{ und } H_t, \quad E_t = \eta_2 H_t$$

und eine reflektierte Welle mit den Feldern

$$E_r \text{ und } H_r, \text{ wobei } E_r = -\eta_1 H_r$$

zur Folge.

Das negative Vorzeichen in der letzten Gleichung kommt dadurch zustande, daß alle Magnetfelder als in der gleichen Richtung wirkend angenommen wurden, die reflektierte Welle sich aber in entgegengesetzter Richtung zu den beiden anderen Wellen ausbreitet.

An der Grenzschicht sind die tangentialen Felder auf beiden Seiten gleich, das heißt

$$H_e + H_r = H_t \tag{3.20}$$

$$E_e + E_r = E_t . \tag{3.21}$$

Setzt man die Beziehungen zwischen E und H in Gl. (3.21) ein, so erhält man

$$\eta_1 H_e - \eta_1 H_r = \eta_2 H_t . \tag{3.22}$$

Diese und Gl. (3.20) ergeben

$$2H_e = \left(1 + \frac{\eta_2}{\eta_1}\right) H_t$$

$$2H_r = \left(1 - \frac{\eta_2}{\eta_1}\right) H_t ;$$

daraus erhält man weiter

$$\frac{H_e}{H_r} = \frac{\eta_1 + \eta_2}{\eta_1 - \eta_2} \tag{3.23}$$

und

$$\frac{E_e}{E_r} = -\frac{\eta_1 + \eta_2}{\eta_1 - \eta_2} . \tag{3.24}$$

Die reflektierte Welle verursacht eine stehende Welle im Medium 1, für die

$$E_{max} = E_e + E_r$$

$$E_{min} = E_e - E_r ,$$

und der Welligkeitsfaktor

$$s = \frac{E_{max}}{E_{min}} \tag{3.25}$$

ist.

Mit Hilfe der Gl. (3.24) ergibt er sich zu

$$s = \frac{\eta_2}{\eta_1} \cdot$$

3.8. Impedanz

Für eine homogene Doppelleitung ist der *Leitungswellenwiderstand* durch Gl. (1.1)

$$Z_0 = \frac{U}{I}$$

gegeben, also durch das Verhältnis von Spannung zu Strom auf einer Leitung unendlicher Länge. Vorausgesetzt, daß die Leitung homogen ist, ist dieses Verhältnis konstant und der Leitungswellenwiderstand eine kennzeichnende Größe der Leitung.

Für eine ebene Welle in einem homogenen Medium ist der *Feldwellenwiderstand des Mediums*[1]) durch Gl. (2.28)

$$\eta = \frac{E}{H} \tag{3.26}$$

gegeben, der das Verhältnis von elektrischem zu magnetischem Feld in der ebenen Welle darstellt. In der ebenen Welle liegen beide Felder in derselben Ebene normal zur Ausbreitungsrichtung. Analog wird für jede fortschreitende Welle ein *Feldwellenwiderstand für den* jeweiligen *Wellentyp* als das Verhältnis der transversalen Komponenten des elektrischen und magnetischen Feldes definiert. Für den Feldwellenwiderstand eines Wellentyps wird das Formelzeichen Z_F verwendet, so daß man schreibt:

$$Z_F = \frac{E_t}{H_t} \tag{3.27}$$

Dabei kennzeichnet der Index t die transversal zur Ausbreitungsrichtung gerichteten Komponenten der Felder.

3.9. Leistungsfluß

Bevor man sich die Ausdrücke für den Leistungsfluß in einem Hohlleiter überlegen kann, muß man sich die Ausdrücke für den Leistungsfluß in der elektromagnetischen Welle ableiten. Die Augenblickswerte der elektrischen und magnetischen Energiedichten in einem verlustlosen Medium sind durch

$$W_e = \int E \cdot \frac{\partial D}{\partial t}\, dt \tag{3.28}$$

$$W_m = \int H \cdot \frac{\partial B}{\partial t}\, dt \tag{3.29}$$

---

[1]) Wo keine Verwechslung mit dem Leitungswellenwiderstand möglich ist, wird in der deutschsprachigen Fachliteratur gelegentlich auch nur „Wellenwiderstand des Mediums" verwendet.

gegeben. Daher lautet die zeitliche Änderung der gespeicherten Energie

$$\frac{\partial}{\partial t}(W_e + W_m) = \mathbf{E} \cdot \frac{\partial \mathbf{D}}{\partial t} + \mathbf{H} \cdot \frac{\partial \mathbf{B}}{\partial t} \,. \tag{3.30}$$

In einem Leiter sind die Ohmschen Verluste gleich $\mathbf{E} \cdot \mathbf{J}$. Fügt man nun den Ausdruck für die Ohmschen Verluste zu dem Ausdruck für die zeitliche Änderung der gespeicherten Energie nach Gl. (3.30) hinzu, so erhält man die gesamte zeitliche Änderung der elektromagnetischen Energie in einem kleinen Volumen:

$$\frac{\partial W}{\partial t} = \mathbf{H} \cdot \frac{\partial \mathbf{B}}{\partial t} + \mathbf{E} \cdot \mathbf{J} + \mathbf{E} \cdot \frac{\partial \mathbf{D}}{\partial t} \,. \tag{3.31}$$

Setzt man die geeigneten Ausdrücke aus den Gln. (2.6) und (2.7) in Gl. (3.31) ein, so ergibt sich

$$\frac{\partial W}{\partial t} = -\mathbf{H} \cdot \nabla \times \mathbf{E} + \mathbf{E} \cdot \nabla \times \mathbf{H} \,. \tag{3.32}$$

Auf Gl. (3.32) kann man eine Vektoridentität aus Abschnitt 2.3 anwenden und erhält

$$\frac{\partial W}{\partial t} = -\nabla \cdot \mathbf{E} \times \mathbf{H} \,. \tag{3.33}$$

Die Divergenz des Vektorproduktes der beiden Felder einer elektromagnetischen Welle ist also gleich der zeitlichen Änderung der Energie in der Welle. Dieses Vektorprodukt wird der *Poyntingsche Vektor* genannt und ist durch

$$\mathbf{S} = \mathbf{E} \times \mathbf{H} \tag{3.34}$$

definiert.

Der zeitliche Mittelwert der Divergenz des Poyntingschen Vektors über ein geschlossenes Volumen ist also gleich der Änderung der Energie in diesem Volumen. Von einer elektromagnetischen Welle, die sich in einem nichtleitenden Medium ausbreitet, geht keine Leistung durch Ohmsche Verluste verloren, und es ist daher in diesem Fall der zeitliche Mittelwert des Poyntingschen Vektors, integriert über ein geschlossenes Volumen, gleich dem Leistungsfluß durch die das Volumen umschließende Fläche.

Der Gaußsche Integralsatz liefert eine Beziehung zwischen der Divergenz eines Vektors, integriert über ein Volumen, und dem Integral des Vektors, genommen über die das Volumen umschließende Fläche. Er lautet

$$\underset{\text{Volumen}}{\iiint} \nabla \cdot \mathbf{S}\, dv = \underset{\text{Fläche}}{\iint} \mathbf{S} \cdot d\mathbf{a} \,. \tag{3.35}$$

Dabei ist dv ein infinitesimales Volumen und **da** ein Vektor, dessen Betrag gleich der Fläche eines kleinen Oberflächenelementes ist, und der normal zu dieser Oberfläche gerichtet ist.

Das bedeutet, daß der Leistungsfluß durch die Oberfläche gleich ist dem zeitlichen Mittelwert des Integrals der Normalkomponenten des Poyntingschen Vektors über diese Oberfläche. Für eine geführte Welle wird der Leistungsfluß entlang dem Hohlleiter gleich dem Integral der longitudinalen Komponenten des Poyntingschen Vektors über einen Querschnitt normal zur Ausbreitungsrichtung angenommen. Diese Annahme ist deswegen richtig, weil bei Hohlleitern die Oberfläche, die die elektromagnetische Welle umschließt, das Metall der Hohlleiterwände ist und infolgedessen die restliche Integration über diese Oberflächen im wesentlichen innerhalb des Metalls der Hohlleiterwände durchgeführt werden kann. Dort aber verschwinden die Felder.

Ist die Zeitabhängigkeit der Felder sinusförmig, dann ist der zeitliche Mittelwert des Produktes zweier Feldgrößen gleich der Hälfte des Realteils des Produktes aus der einen Größe und dem konjugiert komplexen Wert der anderen. Dementsprechend ist die Anwendung des komplexen Poyntingschen Vektors für die Untersuchung zeitlich veränderlicher Felder zweckentsprechend:

$$S = \tfrac{1}{2} E \times H^* \tag{3.36}$$

Der Stern kennzeichnet den konjugiert komplexen Wert. Die Leistung ist jetzt gleich dem Realteil des komplexen Poyntingschen Vektors.

3.10. Hohlleiterdämpfung

Die Theorie, die in den Kapiteln 4 und 5 entwickelt werden wird, berücksichtigt keine Verluste, die mit der Ausbreitung entlang einem Hohlleiter verbunden sind. Praktisch ist aber kein Hohlleiter vollkommen verlustfrei, obwohl man in den meisten Fällen den Einfluß der geringen Verluste vernachlässigen kann. Starke Verluste werden die Ausbreitungsbedingungen gegenüber denen verändern, die für den verlustlosen Hohlleiter berechnet wurden. Die Untersuchung von Hohlleitern mit großen Verlusten würde jedoch über den Rahmen dieses Buches hinausgehen und wird daher hier nicht durchgeführt. Verluste bedämpfen die elektromagnetische Welle bei ihrer Ausbreitung entlang dem Hohlleiter. Es wird angenommen, daß bei geringen Verlusten ihr Einfluß klein ist. Die Ausbreitungsbedingungen in dem Hohlleiter können dann unter der Annahme eines verlustlosen Hohlleiters berechnet werden, wobei der Einfluß der Dämpfung erst nachträglich unter der Annahme berücksichtigt wird, daß die Verluste weder die Phasenkonstante noch die Feldverteilung im Hohlleiter verändern. Hier wird nur die Dämpfung zufolge der Verluste im Füllmaterial des Hohlleiters untersucht, während die Dämpfung durch die endliche Leitfähigkeit der Hohlleiterwand erst im nächsten Kapitel (Abschnitt 4.11) Gegenstand näherer Untersuchungen sein wird.

Die Dämpfungskonstante ist der Realteil der Ausbreitungskonstante, die in Gl. (1.16) mit

$$\gamma = \alpha + j\beta$$

angegeben wurde. Wenn das Material, in dem sich die Welle ausbreitet, der Welle Leistung entzieht, d.h. wenn das Material Leistung absorbiert, dann wird die Welle gedämpft. Die

Dämpfungseigenschaften eines Materials kann man durch die Einführung komplexer Permeabilitäts- und Dielektrizitätskonstanten berücksichtigen:

$$\mu = \mu' - j\mu''$$

$$\epsilon = \epsilon' - j\epsilon'' .$$

Wem diese Vorgangsweise befremdend erscheint, dem wird empfohlen, einmal die Impedanz eines Kondensators zu berechnen, dessen Dielektrikum verlustbehaftet ist und durch eine komplexe Dielektrizitätskonstante repräsentiert wird. Er wird herausfinden, daß der Imaginärteil der Dielektrizitätskonstante die Ursache für eine reelle Komponente der Impedanz des Kondensators ist.

Die Verluste können durch *Verlustfaktoren* gekennzeichnet werden.

$$\tan\delta_m = \frac{\mu''}{\mu'}$$

$$\tan\delta_e = \frac{\epsilon''}{\epsilon'}$$

Für kleine Verluste, also $\mu'' \ll \mu'$ und $\epsilon'' \ll \epsilon'$, kann man den Tangens durch sein Argument ersetzen. Es gilt dann für die *Verlustwinkel*

$$\delta_m \approx \frac{\mu''}{\mu'}$$

und

$$\delta_e \approx \frac{\epsilon''}{\epsilon'} .$$

Für eine ebene Welle liefert Gl. (2.19)

$$\gamma^2 = -\omega^2\mu\epsilon ,$$

woraus sich

$$\gamma^2 = -\omega^2(\mu' - j\mu'')\,(\epsilon' - j\epsilon'') \tag{3.37}$$

ergibt. Diese Gleichung vereinfacht sich für kleine Verluste zu

$$\gamma^2 = -\omega^2\mu'\epsilon'[1 - j(\delta_m + \delta_e)] . \tag{3.38}$$

Für die Ausbreitung innerhalb eines Hohlleiters wird die Ausbreitungskonstante von der in Gl. (3.38) angegebenen verschieden sein, da diese nur für die ebene Welle in einem unbegrenzten Medium gilt. Bezeichnet man mit β_f die Phasenkonstante in einem verlustlosen Hohlleiter gleicher Form und Größe, dann ist die Ausbreitungskonstante im verlustbehafteten Hohlleiter durch

$$\gamma^2 = \beta_f^2[1 - j(\delta_m + \delta_e)] \tag{3.39}$$

gegeben. Tatsächliche Dämpfungswerte können mit Hilfe von Ausdrücken analog zu Gl. (6.5) berechnet werden. Werte der Verlustwinkel sind in Tabellenbüchern für Materialeigenschaften zu finden.

3.11. Mikrowellenresonatoren

Der Leser wird mit Resonanzkreisen und den Begriffen Resonanzfrequenz und Gütefaktor vertraut sein. Eine typische Resonanzkurve mit eingezeichneter Resonanzfrequenz f_0 und Halbwertsbandbreite δf ist in Bild 3.6 dargestellt. Bei niedrigen Frequenzen erhält man eine Resonanzkurve nach der Art von Bild 3.6, indem man entweder den Strom oder die Spannung in dem Kreis mißt, wobei der Wert der anderen Größe konstant gehalten wird. Bei Mikrowellenfrequenzen, bei denen Ströme und Spannungen keine praktische Bedeutung mehr haben, wird die Resonanzkurve aus der Änderung der Impedanz oder des Reflexionsfaktors des Kreises gemessen. Der Gütefaktor eines Mikrowellenkreises wird für gewöhnlich aus der Bandbreite der Resonanzkurve bestimmt. Die wohlbekannten Formeln lauten

$$
\left.
\begin{aligned}
Q &= 2\pi f_0 \cdot \frac{\text{gespeicherte Energie}}{\text{Verlustleistung}} \\[2em]
Q &= \frac{f_0}{\delta f}
\end{aligned}
\right\} . \tag{3.40}
$$

Normalerweise besteht ein Mikrowellenresonator aus einem Hohlraum. Man versteht darunter ein Volumen, das vollkommen von ideal leitenden Metallwänden umschlossen ist, ausgenommen eine kleine Öffnung in einer der Wände. Wird dieser Hohlraum über die Öffnung an ein Mikrowellensystem angeschlossen, so findet man, daß bei den meisten Frequenzen nur wenig Mikrowellenenergie in den Hohlraum eindringt und daß der Hohlraum nur einen sehr geringen Einfluß auf das Mikrowellensystem ausübt. Bei ganz bestimmten Frequenzen entzieht der Hohlraum jedoch dem Mikrowellensystem Leistung und die elektromagnetischen Felder im Inneren des Hohlraumes sind von der gleichen Größenordnung wie die im übrigen System. Diese Frequenzen sind die Resonanzfrequenzen

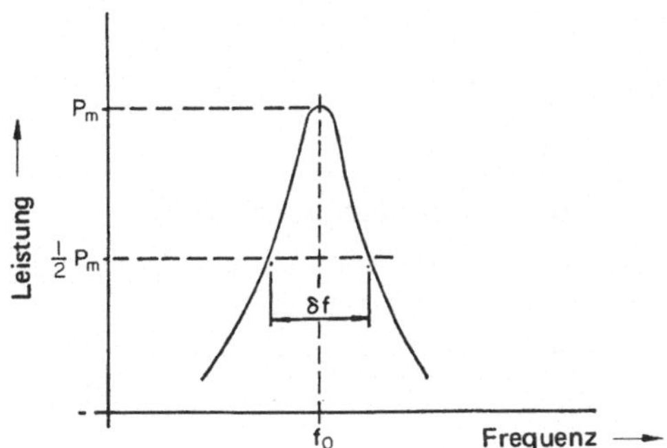

Bild 3.6. Resonanzkurve

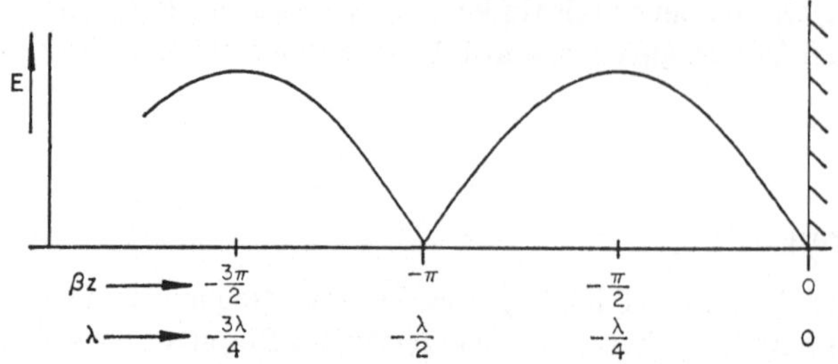

Bild 3.7
Verteilung des elektrischen
Feldes einer stehenden Welle
zufolge eines Kurzschlusses

des Hohlraumes. Zum Zweck einer näheren Untersuchung betrachtet man den Hohlraumresonator als ein vollkommen abgeschlossenes Hohlleitersystem. Es sei ein auf beiden Seiten kurzgeschlossenes Hohlleitungsstück. Ein Kurzschluß erzeugt eine stehende Welle, die ein Minimum des elektrischen Feldes im Abstand einer halben Wellenlänge vom Kurzschluß und ganzzahligen Vielfachen davon aufweist. Bei Verlustfreiheit tritt die in Bild 3.7 gezeigte Feldverteilung entlang der Leitung auf und man sieht, daß man einen zweiten Kurzschluß in einem der Minima anbringen kann, ohne das Feld im Hohlleiter zu beeinflussen. Infolgedessen ist ein Mikrowellenresonator ein Leitungs- oder Hohlleiterstück, das an beiden Enden kurzgeschlossen ist und das eine ganze Zahl von halben Wellenlängen lang ist.

3.12. Zusammenfassung

3.2. Die **Parallelplattenleitung** führt eine Leitungswelle, die sich ähnlich wie eine ebene Welle verhält.

3.3. Sie kann auch Hohlleiterwellen führen.

3.4. Bei einer Parallelplattenleitung ist die **Grenzwellenlänge** durch

$$\lambda_c = \frac{2b}{n}$$

und die **Hohlleiterwellenlänge** durch

$$\lambda_h = \frac{\lambda_0}{\sqrt{1 - \left(\frac{\lambda_0}{\lambda_c}\right)^2}} \tag{3.4}$$

gegeben. Hohlleiterwellen sind unterhalb der Grenzfrequenz nicht ausbreitungsfähig.

3.5. Phasengeschwindigkeit

$$v_p = \frac{\omega}{\beta} = c\,\frac{\lambda_h}{\lambda_0} \tag{3.5}$$

Gruppengeschwindigkeit

$$v_g = \frac{\partial \omega}{\partial \beta} = c^2 \frac{\beta}{\omega} = c \frac{\lambda_0}{\lambda_h} \quad \tag{3.8}$$

Für die Leitungswelle gilt

$$v_p = v_g = c .$$

3.6. An der Grenzfläche zwischen zwei nichtleitenden Medien sind die Normalkomponenten von **B** und **D** und die Tangentialkomponenten von **H** und **E** auf beiden Seiten der Grenzfläche gleich.

3.8. Leitungswellenwiderstand

$$Z_0 = \frac{U}{I} \tag{1.1}$$

Feldwellenwiderstand eines Mediums

$$\eta = \frac{E}{H} \tag{3.26}$$

Feldwellenwiderstand für einen Wellentyp

$$Z_F = \frac{E_t}{H_t} \tag{3.27}$$

3.9. Poyntingscher Vektor

$$S = E \times H \tag{3.34}$$

Der Leistungsfluß durch eine bestimmte Fläche ist durch das Oberflächenintegral über den zeitlichen Mittelwert der normal auf diese Oberfläche stehenden Komponente des Poyntingschen Vektors gegeben.

3.10. Die Dämpfungseigenschaften eines Materials werden durch komplexe Werte der Permeabilitäts- und Dielektrizitätskonstanten

$$\mu = \mu' - j\mu'' \quad \text{und} \quad \epsilon = \epsilon' - j\epsilon''$$

und die Verlustfaktoren

$$\tan \delta_m = \frac{\mu''}{\mu'} \quad \text{und} \quad \tan \delta_e = \frac{\epsilon''}{\epsilon'}$$

berücksichtigt.

Die Ausbreitungskonstante im Hohlleiter ist bei geringen Verlusten des Füllmaterials durch

$$\gamma^2 = \beta^2 [1 - j(\delta_m + \delta_e)] \tag{3.39}$$

gegeben.

3.11. Der **Gütefaktor** eines **Resonators** mit der Halbwertsbandbreite δf ist durch

$$Q = 2\pi f_0 \cdot \frac{\text{gespeicherte Energie}}{\text{Verlustleistung}} = \frac{f_0}{\delta f} \qquad (3.40)$$

bestimmt. Der Resonator besteht aus einem Leitungs- oder Hohlleiterstück, das an beiden Enden kurzgeschlossen ist und dessen Länge ein ganzzahliges Vielfaches der halben Wellenlänge ist.

Aufgaben

3.1. Eine Streifenleitung kann als Parallelplattenleitung angesehen werden, deren Leiter zu beiden Seiten eines 2 mm dicken Dielektrikums aus PTFE mit der relativen Dielektrizitätskonstante von 2 angebracht sind. Es ist die höchste Frequenz zu berechnen, bis zu der man erwarten kann, daß sich nur die Leitungswelle ausbreitet.
[53 GHz]

3.2. Es ist ein Diagramm der Hohlleiterwellenlänge in Abhängigkeit von der Vakuumwellenlänge mit der Grenzwellenlänge als Parameter aus einigen berechneten Punkten zu zeichnen.

3.3. Es ist die Abhängigkeit der Phasen- und Gruppengeschwindigkeit von der Frequenz für die erste, in einer luftgefüllten Parallelplattenleitung auftretenden Hohlleiterwelle zu zeichnen (Plattenabstand = 2 cm).

3.4. Aus einer Überlegung mit Hilfe der Wellenfronten einer ebenen elektromagnetischen Welle (vgl. Bild 3.2) sind die Reflexions- und Brechungsgesetze für eine ebene Welle zu beweisen, die unter schrägem Winkel auf eine ebene Grenzfläche zwischen zwei Medien (vgl. Bild 3.5) einfällt.

3.5. Es ist der Welligkeitsfaktor in Luft für eine ebene Welle zu berechnen, die normal auf die ebene Oberfläche eines Dielektrikums mit der relativen Dielektrizitätskonstanten von 2 einfällt.

3.6. Der in Bild 3.5 gezeigte Übergang zwischen zwei Medien wird durch eine $\lambda/4$-Platte eines neuen Materials zwischen beiden Medien angepaßt. Es sind die Ausdrücke für die Materialeigenschaften des neuen Mediums abzuleiten.

3.7. Unter der Annahme, daß eine Welle mit kugelförmiger Wellenfront näherungsweise eine ebene Welle ist, ist ein Ausdruck für die Leistungsdichte (W/m^2) in einem Abstand von einer isotropen Leistungsquelle zu finden, die eine Mikrowellenstrahlung von 1 kW abgibt. Daraus sind die Feldstärken in der Entfernung von 1 m und 1 km von der Quelle zu berechnen.
[173 V/m; 0,173 V/m]

3.8. Unter der Annahme, daß die Induktivität einer Spule direkt proportional der Permeabilität des von der Spule umschlossenen Kerns ist, ist ein Ausdruck für die Spulenimpedanz zu finden, wenn die Permeabilitätskonstante des Kernmaterials $\mu' - j\mu''$ ist. Wird die Spule ohne Kern ausgemessen, so ist ihre Impedanz $R + j\omega L$. Es ist zu beweisen, daß der Imagninärteil der Permeabilitätskonstante einen reellen Anteil der Impedanz verursacht.

3.9. Eine verlustlose Leitung ($\alpha = 0$) sei an den Stellen $z = 25$ cm und $z = 40$ cm ihrer Länge kurzgeschlossen. Mit Hilfe des Ausdrucks für die Spannung auf einer Leitung (Gl. (1.17)) ist die niedrigste Frequenz zu bestimmen, bei der eine elektromagnetische Welle zwischen den beiden Kurzschlüssen auf der Leitung existieren kann. Gibt es noch andere Frequenzen, bei denen Spannungen auf der Leitung auftreten können? Wenn ja, so ist ein Ausdruck für diese Frequenzen abzuleiten.
[1 GHz]

3.10. Betrachtet man einen Rechteckhohlleiter als einen Parallelplattenleitungs-Resonator mit einem Kurzschluß an jedem Ende, so kann man einen Ausdruck für die Grenzfrequenz eines rechteckigen Hohlleiters mit den Dimensionen a x b ableiten. Wie lautet er? [Siehe Gl. (4.22).]

4. Rechteckhohlleiter

4.1. Rohr mit rechteckigem Querschnitt

In Kapitel 2 wurden Überlegungen zur Lösung der Maxwellschen Gleichungen angestellt, um eine elektromagnetische Welle im unendlich ausgedehnten, isotropen Medium zu beschreiben. In Kapitel 3 erfolgte eine allgemeine Diskussion einiger Eigenschaften geführter elektromagnetischer Wellen, wobei die ausführliche mathematische Untersuchung der Form der Wellen einem späteren Kapitel überlassen wurde. Dieses und das nächste Kapitel enthalten die genaue mathematische Beschreibung der Ausbreitung leitungsgeführter Wellen. Die Lösung der Maxwellschen Gleichungen wird für die Ausbreitung in einem metallischen Hohlrohr angegeben. Die Abhängigkeit der Wellen von der Form und den Abmessungen des Rohres wird untersucht.

Die erste Annahme ist die, daß die Berandung durch ein Metallrohr mit rechteckigem Querschnitt gebildet wird. Die drei kartesischen Ortskoordinaten x, y und z werden für die mathematische Beschreibung der Ausbreitung der elektromagnetischen Welle im Inneren des Rechteckhohlleiters verwendet. Es ist günstig, das Koordinatensystem so zu wählen, daß die Wände parallel zu zwei der drei Koordinaten, wie in Bild 4.1 dargestellt, angeordnet sind. Das Rohr hat einen konstanten rechteckigen Querschnitt, der in der x-y-Ebene liegt, und erstreckt sich in z-Richtung bis ins Unendliche. Die z-Richtung ist also die Ausbreitungsrichtung der Welle. Um die Ausdrücke für die elektromagnetischen Felder innerhalb des Hohlleiters zu finden, müssen die Maxwell-Gleichungen unter Berücksichtigung der Randbedingungen gelöst werden. Die Lösungen werden den im Kapitel 2 für eine ebene Welle angegebenen ähnlich sein.

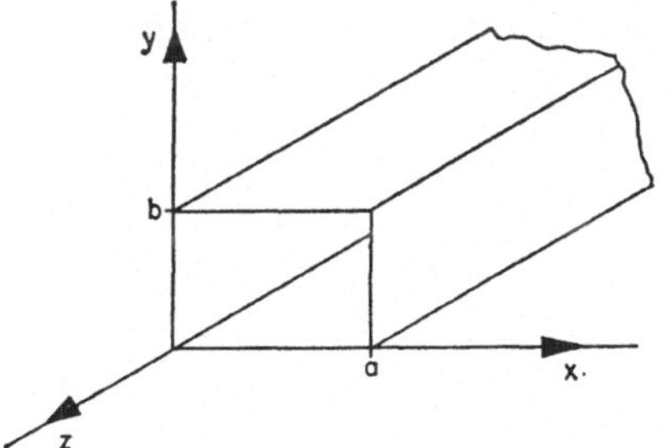

Bild 4.1

Rechteckhohlleiter der Dimensionen a x b. Die Seiten des Hohlleiters fallen mit den Koordinaten des verwendeten Koordinatensystems zusammen.

4.2. Lösung der Wellengleichung

Die Berechnung geht von den Gln. (2.12) und (2.13) aus. Diese Ausdrücke wurden als Lösungen der Maxwellschen Gleichungen für ein nichtleitendes Medium erhalten. Sie sind für alle elektromagnetischen Probleme in einem nichtleitenden Medium gültig und werden auch hier für die Untersuchungen der Wellenausbreitung in einem aus einem

Metallrohr bestehenden Wellenleiter verwendet. Der Vollständigkeit halber seien die beiden
Gleichungen nochmals angeschrieben:

$$\nabla^2 \mathbf{E} + \omega^2 \mu\epsilon \mathbf{E} = 0 \tag{2.12}$$

$$\nabla^2 \mathbf{H} + \omega^2 \mu\epsilon \mathbf{H} = 0 \,. \tag{2.13}$$

Im Abschnitt 2.3 ist der skalare Laplace-Operator explizit angegeben worden, den wir
hier noch brauchen werden. In einem kartesischen Koordinatensystem kann der vektorielle
Laplace-Operator in den oben angeführten Gleichungen in drei weitere Gleichungen zerlegt
werden, von denen jede nur je eine der Komponenten des Feldes enthält. Die in ihrer Komponenten zerlegte Wellengleichung hat daher die Form

$$\nabla^2 E_x + \omega^2 \mu\epsilon E_x = 0 \,.$$

Es gibt daher drei Gleichungen für die Komponenten des elektrischen Feldes und drei
ähnliche Gleichungen für die Komponenten des magnetischen Feldes. Verwendet man die
Beziehungen (2.1) und (2.2), nämlich $\mathbf{B} = \mu\mathbf{H}$ und $\mathbf{D} = \epsilon\mathbf{E}$, in denen μ und ϵ Konstante
sind, so zeigt sich, daß auch jede Komponente von $\mathbf{B}$ und $\mathbf{D}$ ähnlichen Wellengleichungen
genügen. Es gibt also insgesamt 12 ähnliche Gleichungen, von denen jede je eine der Komponenten der verschiedenen Felder definiert. Es ist nun möglich, Lösungen für jede dieser
Gleichungen zu finden, die endgültige Form des Feldes wird aber durch die Randbedingungen bestimmt. Hat man einmal eine Form für eine der zwölf Komponenten der Felder festgelegt so ist anzunehmen, daß auch alle anderen Komponenten bestimmt sind, da sie über
die Maxwellschen Gleichungen und die Materialkonstanten entsprechend den Gln. (2.1) bis
(2.7) in Zusammenhang stehen. Obwohl man mögliche Lösungen ausgehend von irgendeiner
der 12 Komponenten finden könnte, hat die Erfahrung gezeigt, daß die Resultate am einfachsten zu handhaben sind, wenn man mit der Suche nach Lösungen für die z-Komponenten der elektrischen und magnetischen Felder beginnt. Die Gleichungen für diese Komponenten lauten

$$\frac{\partial^2 E_z}{\partial x^2} + \frac{\partial^2 E_z}{\partial y^2} + \frac{\partial^2 E_z}{\partial z^2} = -\omega^2 \mu\epsilon E_z \tag{4.1}$$

$$\frac{\partial^2 H_z}{\partial x^2} + \frac{\partial^2 H_z}{\partial y^2} + \frac{\partial^2 H_z}{\partial z^2} = -\omega^2 \mu\epsilon H_z \,. \tag{4.2}$$

Wir wollen zuerst eine Lösung für Gl. (4.1) suchen. Die E_z-Komponente wird im allgemeinen eine Funktion aller drei Raumkoordinaten sein. Da aber die Ortskoordinaten unabhängige Variable sind, nehmen wir an, daß E_z von je einer unabhängigen Funktion je einer
der Variablen abhängt. E_z soll das Produkt einer Funktion von x, einer Funktion von y
und einer Funktion von z sein. Werden diese Funktionen mit $f_1(x)$, $f_2(y)$ und $f_3(z)$ bezeichnet, so lautet E_z

$$E_z = f_1(x)\,f_2(y)\,f_3(z) \,. \tag{4.3}$$

Damit wird

$$\frac{\partial^2 E_z}{\partial x^2} = f_1''(x)\,f_2(y)\,f_3(z)$$

und es gibt zwei ähnliche Beziehungen für y und z. Setzt man diese Gleichungen in Gl. (4.1) ein, so ergibt sich

$$f_1''(x)\,f_2(y)\,f_3(z) + f_1(x)\,f_2''(y)\,f_3(z) + f_1(x)\,f_2(y)\,f_3''(z) = -\omega^2\mu\epsilon f_1(x)\,f_2(y)\,f_3(z).$$

$$(4.4)$$

Dividiert man diese Gleichung durch E_z nach Gl. (4.3), so bekommt man

$$\frac{f_1''(x)}{f_1(x)} + \frac{f_2''(y)}{f_2(y)} + \frac{f_3''(z)}{f_3(z)} = -\omega^2\mu\epsilon = -k^2 \tag{4.5}$$

Man sieht, daß jeder Summand auf der linken Seite von Gl. (4.5) eine Funktion von nur einer Ortskoordinate ist; ihre Summe jedoch ist eine Konstante, die wir mit $(-k^2)$ bezeichnet haben. Die Gleichung kann aber nur dann identisch erfüllt sein, wenn jeder der Summanden auf der linken Seite der Gleichung konstant ist. Daher definieren wir

$$\frac{f_1''(x)}{f_1(x)} = k_x^2 ; \qquad \frac{f_2''(y)}{f_2(y)} = k_y^2 ; \qquad \frac{f_3''(z)}{f_3(z)} = k_z^2 ; \tag{4.6}$$

k_x, k_y und k_z sind Konstanten, die komplex sein können und die über

$$k_x^2 + k_y^2 + k_z^2 = -k^2 \tag{4.7}$$

in Zusammenhang stehen. Da die z-Richtung als Ausbreitungsrichtung gewählt wurde, wird zwischen k_z und den anderen beiden Konstanten eine Unterscheidung getroffen. k_x und k_y können zu einer anderen Konstante zusammengefaßt werden, die den Einfluß des Querschnitts des Hohlleiters berücksichtigt. Wie wir sehen werden, definiert sie die Grenzwellenlänge des Hohlleiters und wird mit dem Index c versehen:

$$k_x^2 + k_y^2 = -k_c^2 . \tag{4.8}$$

Eingesetzt in Gl. (4.7) erhält man

$$k_z = \pm\sqrt{k_c^2 - k^2} \; ;$$

somit kann man für die z-Komponente von Gl. (4.6)

$$\frac{\partial^2 E_z}{\partial z^2} = k_z^2 E_z$$

schreiben. Diese Gleichung hat dieselbe Form wie die Gl. (2.16), (2.17) oder (2.18), und daher ist ihre z-Abhängigkeit von derselben Form, wie sie in Gl. (2.21) angegeben wurde:

$$E_z = E_0 \exp(j\omega t - \gamma z) .$$

Die Phasenkonstante für die Wellenausbreitung im Hohlleiter ist durch

$$\gamma^2 = k_z^2 = -\beta_{ij}^2$$

definiert, und daher gilt

$$\beta = jk_z = \pm j\sqrt{k_c^2 - k^2} = \pm\sqrt{k^2 - k_c^2}. \qquad (4.9)$$

Die Lösung der Gl. (4.1) wird also von der Form

$$E_z = f_1(x)\,f_2(y)\,\exp j(\omega t - \beta z) \qquad (4.10)$$

sein.

4.3. Grenzfrequenz

Für reelles β ist Gl. (4.10) eine Gleichung für das Feld einer fortschreitenden Welle, die ähnlich einer ebenen Welle ist, d.h. zumindest ist die Änderung der Feldstärke mit der Zeit in Ausbreitungsrichtung dieselbe wie die einer ebenen Welle. Ist β imaginär, so ist Gl. (4.10) die Gleichung einer verlustbehafteten Welle und es tritt ein exponentieller Abfall in z-Richtung auf. Verlustlose Ausbreitung kann hier nicht auftreten und die Konstante k_z wird zur Dämpfungskonstante. Hier sehen wir analytisch, was in Abschnitt 3.4 schon anschaulich beschrieben wurde, nämlich, daß die Bedingungen für die Ausbreitung einer geführten Welle nicht immer gegeben sind, wie es bei einer ebenen Welle der Fall ist. Eine einschränkende Bedingung ist durch die den Querschnitt berücksichtigende Konstante k_c gegeben. Die Grenzbedingung zwischen möglicher Ausbreitung und Dämpfung ist

$$\beta_{ij}^2 = 0,$$

das heißt

$$k^2 = k_c^2$$

oder

$$k_c = \omega\sqrt{\mu\epsilon}.$$

Die zu dieser Grenzbedingung gehörige Frequenz wird die *Grenzfrequenz* genannt.

Es gilt

$$\omega_c = \frac{k_c}{\sqrt{\mu\epsilon}}$$

$$f_c = \frac{k_c}{2\pi\sqrt{\mu\epsilon}} \qquad (4.11)$$

und

$$\lambda_c = \frac{2\pi}{k_c}. \qquad (4.12)$$

Eine fortschreitende Welle weist eine Wellenlänge auf, die von der der ebenen Welle verschieden ist. Es ist die *Hohlleiterwellenlänge*

$$\lambda_h = \frac{2\pi}{\beta} \, .$$ (4.13)

In Gl. (2.30) ist die Wellenlänge der ebenen Welle mit

$$\lambda = \frac{2\pi}{\omega\sqrt{\mu\epsilon}} = \frac{2\pi}{k}$$ (4.14)

angegeben. Setzt man daher die Gln. (4.12) und (4.14) in Gl. (4.9) ein, so erhält man die Beziehung

$$\frac{1}{\lambda_c^2} + \frac{1}{\lambda_h^2} = \frac{1}{\lambda^2} \, .$$ (4.15)

Ist der Hohlleiter mit Luft gefüllt, was eine sehr gute Näherung für den evakuierten Hohlleiter darstellt, dann ist mit $\mu = \mu_0$ und $\epsilon = \epsilon_0$

$$\lambda = \lambda_0$$

und aus Gl. (4.15) wird

$$\frac{1}{\lambda_c^2} + \frac{1}{\lambda_h^2} = \frac{1}{\lambda_0^2}$$ (4.16)

oder — in eine Form gebracht, die für einige Mikrowellentechniker vertrauter ist —

$$\lambda_h = \frac{\lambda_0}{\sqrt{1 - \left(\frac{\lambda_0}{\lambda_c}\right)^2}} \, .$$ (3.4)

4.4. Randbedingungen

Der Hohlleiter gibt ideal leitende Flächen als Randbedingungen vor. Die Welle breitet sich innerhalb dieser Berandung aus und bleibt durch alle Vorgänge außerhalb unbeeinflußt. In der Praxis besteht die Begrenzung aus einem hochleitenden Metall wie Kupfer oder Silber, manchmal wird auch Aluminium oder Messing verwendet. Der Rechteckhohlleiter besteht aus einem Rohr nach Bild 4.1 mit den Innenabmessungen a × b. Die Achsen des kartesischen Koordinatensystems werden so, wie es in Bild 4.1 dargestellt ist, in den Hohlleiter hineingelegt. Die Abbildung zeigt nur die Innenflächen des Hohlleiters, auch sind nur die Innenabmessungen bezeichnet, weil ja alles, was außerhalb dieser Flächen liegt, die Welle im Inneren des Hohlleiters nicht beeinflußt.

Gl. (4.6) zeigt, daß die x- und y-Abhängigkeit der Felder von der gleichen Form ist wie die z-Abhängigkeit, so daß es möglich wäre, eine exponentielle Abhängigkeit der Felder in x- und y-Richtung vorauszusetzen. Andererseits können auch Sinus- und Kosinusfunktionen für den Lösungsansatz verwendet werden; die mögliche Lösung besteht dann aus Linearkombinationen dieser trigonometrischen Funktionen. Setzen wir also

$$f_1(x) = A \sin(jk_x x) + B \cos(jk_x x) \tag{4.17}$$

$$f_2(y) = C \sin(jk_y y) + D \cos(jk_y y) \tag{4.18}$$

an, wobei A, B, C und D beliebige Konstante sind.

Der Hohlleiter enthält eine ideal leitende Wand bei $x = 0$ und eine weitere bei $x = a$. An einer ideal leitenden Wand muß die Komponente des elektrischen Feldes parallel zur Wand verschwinden. Die x-Abhängigkeit dieser Komponente muß daher so sein, daß die Komponente an den Wänden Null ist. Eine geeignete Lösung für Gl. (4.17) ergibt sich mit

$$jk_x = \frac{m\pi}{a} \qquad \text{oder} \qquad k_x = -\frac{jm\pi}{a}. \tag{4.19}$$

In dieser Gleichung ist m eine ganze Zahl und $B = 0$.

Ähnlich erhält man aus Gl. (4.18) für die Wände bei $y = 0$ und $y = b$

$$jk_y = \frac{n\pi}{b} \qquad \text{oder} \qquad k_y = -\frac{jn\pi}{b}. \tag{4.20}$$

Hier ist n eine ganze Zahl und $D = 0$.

Infolgedessen lautet die Gesamtlösung für die z-Komponente des elektrischen Feldes

$$E_z = E_0 \sin \frac{m\pi x}{a} \sin \frac{n\pi y}{b} \exp j(\omega t - \beta z). \tag{4.21}$$

In dieser Gleichung wurden die Konstanten A und C zu E_0 vereinigt.

Setzt man für k_x und k_y in Gl. (4.8) aus den Gln. (4.19) und (4.20) ein, so erhält man die Grenzbedingung für diese Eigenwelle im rechteckigen Hohlleiter

$$k_c = \sqrt{\left(\frac{m\pi}{a}\right)^2 + \left(\frac{n\pi}{b}\right)^2} \tag{4.21}$$

und daher die Grenzwellenlänge

$$\lambda_c = \frac{1}{\sqrt{\left(\frac{m}{2a}\right)^2 + \left(\frac{n}{2b}\right)^2}}. \tag{4.22}$$

m und n sind ganze Zahlen, die jeden Wert annehmen können. Jede beliebige Kombination von m und n führt auf eine eigene Lösung der Maxwellschen Gleichungen für die vorgegebenen Randbedingungen. Man sagt, jede Lösung beschreibt eine andere Eigenwelle im Hohlleiter. Eine Diskussion der Eigenwellen des Hohlleiters wird in Abschnitt 4.8 durchgeführt, nachdem die Ausdrücke für die anderen Feldkomponenten im Hohlleiter abgeleitet worden sind. Wir werden nämlich dann in der Lage sein, die Eigenschaften der Eigenwellen genauer besprechen zu können.

4.5. Gleichungen der Feldkomponenten

Um die Beziehungen zwischen den verschiedenen Komponenten der Felder zu finden, muß man auf die Maxwellschen Rotorgleichungen zurückgreifen und sie in ihrer Komponentenschreibweise untersuchen. Diese Gleichungen sind in (2.24) und (2.25) angegeben worden. Wir können aber auch gleich die z-Abhängigkeit der Welle in diese Gleichungen einsetzen, die lautet

$$\frac{\partial \cdots}{\partial z} = -j\beta \cdots$$

Damit ergibt sich

$$\frac{\partial E_z}{\partial y} + j\beta E_y = -j\omega\mu H_x \tag{4.23}$$

$$-j\beta E_x - \frac{\partial E_z}{\partial x} = -j\omega\mu H_y \tag{4.24}$$

$$\frac{\partial E_y}{\partial x} - \frac{\partial E_x}{\partial y} = -j\omega\mu H_z \tag{4.25}$$

$$\frac{\partial H_z}{\partial y} + j\beta H_y = j\omega\epsilon E_x \tag{4.26}$$

$$j\beta H_x - \frac{\partial H_z}{\partial x} = j\omega\epsilon E_y \tag{4.27}$$

$$\frac{\partial H_y}{\partial x} - \frac{\partial H_x}{\partial y} = j\omega\epsilon E_z . \tag{4.28}$$

Betrachtet man diese Gleichungen, so sieht man, daß die Gln. (4.23), (4.24), (4.26) und (4.27) zwei Paare von Gleichungen für E_y und H_x bzw. für E_x und H_y bilden. Daher wird es möglich, die x- und y-Komponenten des elektrischen und des magnetischen Feldes durch die Ableitungen der z-Komponenten dieser Felder darzustellen.

Vereinfacht man die Gleichungen und schreibt man sie paarweise an, dann erhält man

$$\beta E_y + \omega\mu H_x = j\frac{\partial E_z}{\partial y} \tag{4.23a}$$

$$\omega\epsilon E_y + \beta H_x = j\frac{\partial H_z}{\partial x} \tag{4.27a}$$

$$\beta E_x - \omega\mu H_y = j\frac{\partial E_z}{\partial x} \tag{4.24a}$$

$$\omega\epsilon E_x - \beta H_y = -j\frac{\partial H_z}{\partial y} . \tag{4.26a}$$

Verwendet man die Beziehung

$$\omega^2 \mu\epsilon - \beta^2 = k_c^2 \, ,$$

so erhält man als Lösung der Gleichungspaare

$$E_y = \frac{j}{k_c^2} \left(\mp \beta \frac{\partial E_z}{\partial y} + \omega\mu \frac{\partial H_z}{\partial x} \right) \tag{4.29}$$

$$H_x = \frac{j}{k_c^2} \left(\omega\epsilon \frac{\partial E_z}{\partial y} \mp \beta \frac{\partial H_z}{\partial x} \right) \tag{4.30}$$

$$E_x = \frac{-j}{k_c^2} \left(\pm \beta \frac{\partial E_z}{\partial x} + \omega\mu \frac{\partial H_z}{\partial y} \right) \tag{4.31}$$

$$H_y = \frac{-j}{k_c^2} \left(\omega\epsilon \frac{\partial E_z}{\partial x} \mp \beta \frac{\partial H_z}{\partial y} \right) . \tag{4.32}$$

Die Komponenten der Felder, wie sie durch die Gln. (4.29) bis (4.32) beschrieben werden, sind Funktionen von E_z und H_z, die in diesen Gleichungen als unabhängige Variable aufscheinen. Die Maxwellsche Gleichungen liefern keinen anderen Zusammenhang zwischen E_z und H_z; sie sind also tatsächlich unabhängige Variable. Daher ergeben die Gln. (4.29) bis (4.32) zwei voneinander unabhängige Systeme von Feldkomponenten an. Ein System ist eine Funktion von E_z, das andere eine Funktion von H_z. Es wurde schon früher gezeigt, daß man für die Wellengleichung (Gl. 4.1) oder (4.2)) Lösungen erhält, wenn man von einem Ausdruck für eine beliebige der zwölf möglichen Feldkomponenten ausgeht. Es wurde nun gezeigt, daß man Ausdrücke für alle anderen Feldkomponenten bekommt, wenn man mögliche Lösungen von E_z oder H_z annimmt. So wie bereits gezeigt wurde, daß es eine unendliche Anzahl verschiedener möglicher Lösungen der Maxwellsche Gleichungen gibt, die sich aus dem Ausdruck für E_z ergeben, wobei jede Lösung für eine verschiedene Eigenwelle im Hohlleiter verantwortlich war, wollen wir weiter fordern, daß H_z nicht aufzutreten braucht. Das heißt, wir werden die Eigenwellen weiter unterteilen in solche, bei denen E_z auftritt, aber $H_z = 0$ ist. Jene Eigenwellen, bei denen $H_z = 0$ ist, werden transversal-magnetische oder TM-Wellen bzw. E-Wellen (weil E_z auftritt) genannt. In ähnlicher Weise werden die anderen möglichen Wellen, bei denen H_z auftritt, aber $E_z = 0$ ist, transversal-elektrische oder TE-Wellen bzw. H-Wellen genannt.

4.6. E-Wellen

Setzt man in den Gln. (4.29) bis (4.32) $H_z = 0$ und verwendet man Gl. (4.21), so ergeben sich die vollständigen Feldgleichungen der E-Wellen im Rechteckhohlleiter.

Sie lauten

$$E_x = -\frac{j\beta E_0}{k_c^2}\frac{m\pi}{a}\cos\frac{m\pi x}{a}\sin\frac{n\pi y}{b}\exp j(\omega t - \beta z)$$

$$E_y = -\frac{j\beta E_0}{k_c^2}\frac{n\pi}{b}\sin\frac{m\pi x}{a}\cos\frac{n\pi y}{b}\exp j(\omega t - \beta z)$$

$$E_z = E_0\sin\frac{m\pi x}{a}\sin\frac{n\pi y}{b}\exp j(\omega t - \beta z) \qquad\qquad (4.33)$$

$$H_x = \frac{j\omega\epsilon E_0}{k_c^2}\frac{n\pi}{b}\sin\frac{m\pi x}{a}\cos\frac{n\pi y}{b}\exp j(\omega t - \beta z)$$

$$H_y = -\frac{j\omega\epsilon E_0}{k_c^2}\frac{m\pi}{a}\cos\frac{m\pi x}{a}\sin\frac{n\pi y}{b}\exp j(\omega t - \beta z)$$

$$H_z = 0$$

Die Darstellung der Feldverteilungen mit Hilfe von Feldlinien sind für einige E-Wellen im Rechteckhohlleiter in Bild 4.2 angegeben. Das Verhältnis der Hohlleiterabmessungen a/b ist 2,25, die Frequenz ist so gewählt, daß λ_h/a = 1,4 ist. Die Feldbilder auf der linken Seite der Abbildung zeigen die elektrischen und magnetischen Feldlinien im Quer- bzw. im Längsschnitt des Hohlleiters. Auf der rechten Seite sind das Magnetfeld und die Stromlinien an den Innenflächen der oberen und der Seitenwand des Hohlleiters dargestellt.

4.7. H-Wellen

Wurden vorher die Ausdrücke für die Feldkomponenten der Eigenwellen mit H_z = 0 aufgestellt, so wollen wir jetzt die der Eigenwellen mit E_z = 0 ableiten. Die Randbedingung ist die, daß das elektrische Feld parallel zu den Wänden an den Wänden verschwindet. Da wir einen Ausdruck für H_z aufstellen müssen, um daraus alle anderen Feldkomponenten herzuleiten, müssen wir die Randbedingungen in bezug auf H_z formulieren. Die Randbedingung besagt aber nur, daß die *elektrische* Feldstärke an der Wand verschwinden muß. Es gibt auch keine Methode, die Randbedingungen direkt bezüglich H_z aufzustellen. Für die H-Wellen ist es daher notwendig, die Randbedingungen mit den vorhandenen, das sind die rein transversalen, Komponenten des elektrischen Feldes zu erfüllen. Für den Rechteckhohlleiter lauten sie: E_y muß für x = 0 und x = a sowie E_x für y = 0 und y = b verschwinden.

Für eine H-Welle ergibt sich aus Gl. (4.29) und E_z = 0, daß für E_y = 0 gelten muß

$$\frac{\partial H_z}{\partial x} = 0\,.$$

Daher ist die Randbedingung für die x-Abhängigkeit von H_z bei H-Wellen

$$\frac{\partial H_z}{\partial x} = 0 \quad \text{für} \quad x = 0 \quad \text{und} \quad x = a\,.$$

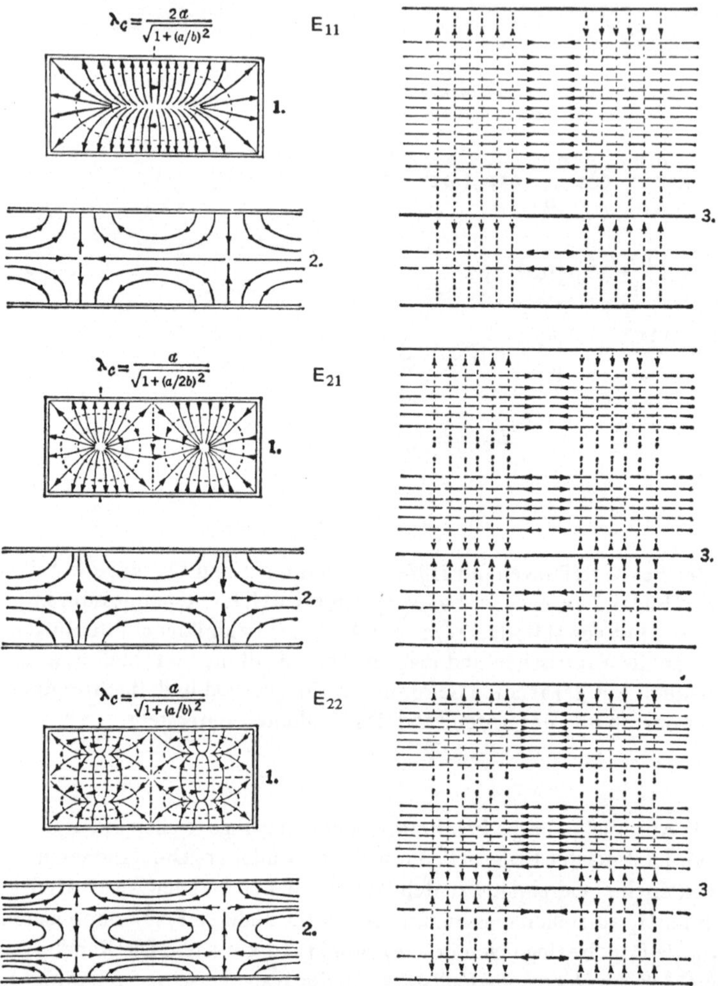

Bild 4.2. Darstellung der Feldverteilung einiger E-Wellen im Rechteckhohlleiter (Breitseite: a, Schmalseite: b) mit Hilfe von Feldlinien.

1. Ansicht im Querschnitt
2. Ansicht im Längschnitt
3. Ansicht der Oberfläche:

– – – Strom; ——— elektrisches Feld; – – – – – Magnetfeld

(Nach Waveguide Handbook, Herausgeber N. Marcuvitz. McGraw-Hill 1951. Reproduktion mit Genehmigung der McGraw-Hill Book Co. Inc.)

Ähnlich ergeben sich die Randbedingungen für die y-Abhängigkeit von H_z aus Gl. (4.31)
mit

$$\frac{\partial H_z}{\partial y} = 0 \quad \text{für} \quad y = 0 \quad \text{und} \quad y = b \,.$$

Führen wir ein ähnliches Argument wie schon einmal zum Auffinden der Lösung
von Gl. (4.1) an, dann können wir eine allgemeine Form des Ausdrucks für H_z als eine
Lösung der Gl. (4.2) aufstellen:

$$H_z = [A \sin (jk_x x) + B \cos (jk_x x)] \, [(\sin(jk_y y) + D \cos(jk_y y)] \exp j(\omega t - \beta z). \quad (4.34)$$

Durch geeignetes Differenzieren von Gl. (4.34) und Anwendung der Randbedingungen
findet man, daß die Gln. (4.19) und (4.20) auch für die H-Wellen gültig sind und die beiden
Konstanten A und C Null sind. Faßt man die zwei verbleibenden Konstanten zu der Konstante II_0 zusammen und setzt man die Gln. (4.19) und (4.20) in Gl. (4.34) ein, so ergibt
sich der Ausdruck für H_z, der eine Lösung der Gl. (4.2) darstellt:

$$H_z = H_0 \cos \frac{m \pi x}{a} \cos \frac{n \pi y}{b} \exp j(\omega t - \beta z) \,. \qquad (4.35)$$

Setzt man diesen Ausdruck für H_z in die Gln. (4.29) bis (4.32) ein und berücksichtigt
man $E_z = 0$, dann ergeben sich die vollständigen Feldgleichungen für H-Wellen im Rechteckhohlleiter mit

$$\left.\begin{aligned}
E_x &= \frac{j\omega\mu H_0}{k_c^2} \frac{n\pi}{b} \cos \frac{m\pi x}{a} \sin \frac{n\pi y}{b} \exp j(\omega t - \beta z) \\[2mm]
E_y &= -\frac{j\omega\mu H_0}{k_c^2} \frac{m\pi}{a} \sin \frac{m\pi x}{a} \cos \frac{n\pi y}{b} \exp j(\omega t - \beta z) \\[2mm]
E_z &= 0 \\[2mm]
H_x &= \frac{j\beta H_0}{k_c^2} \frac{m\pi}{a} \sin \frac{m\pi x}{a} \cos \frac{n\pi y}{b} \exp j(\omega t - \beta z) \\[2mm]
H_y &= \frac{j\beta H_0}{k_c^2} \frac{n\pi}{b} \cos \frac{m\pi x}{a} \sin \frac{n\pi y}{b} \exp j(\omega t - \beta z) \\[2mm]
H_z &= H_0 \cos \frac{m\pi x}{a} \cos \frac{n\pi y}{b} \exp j(\omega t - \beta t) \,.
\end{aligned}\right\} \qquad (4.36)$$

Die Feldbilder einiger H-Wellen im Rechteckhohlleiter sind in Bild 4.3 dargestellt.
Wie in Bild 4.2 ist auch hier $a/b = 2{,}25$ und $\lambda_h/a = 1{,}4$. Wieder stellen die linken Bilder
die Feldverteilung im Hohlleiter und die rechten die Stromverteilung an der Innenseite der
Hohlleiterwände dar.

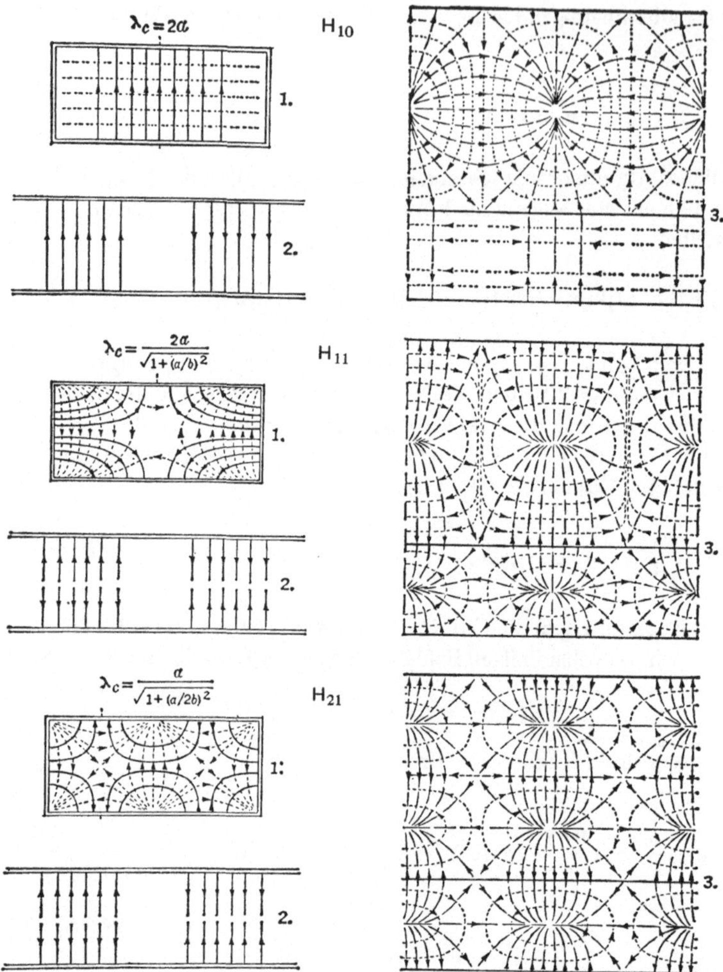

Bild 4.3. Darstellung der Feldverteilung einiger H-Wellen im Rechteckhohlleiter (Breitseite: a, Schmalseite: b) mit Hilfe von Feldlinien.

1. Ansicht im Querschnitt
2. Ansicht im Längsschnitt
3. Ansicht der Oberfläche:

− − − Strom; ——— elektrisches Feld; − − − − − Magnetfeld

(Nach Waveguide Handbook, Herausgeber N. Marcuvitz. McGraw-Hill 1951. Reproduktion mit Genehmigung der McGraw-Hill Book Co. Inc.)

4.8. Bezeichnung der Eigenwellen

Bisher haben wir von E- bzw. H-Wellen gesprochen, ohne den Vorgang für die Bezeichnung der Wellen festzulegen. Die grundsätzliche Einteilung der Eigenwellen im Hohlleiter erfolgt mit Bezug auf die im Hohlleiter auftretenden Felder, wenn sich die entsprechende Eigenwelle ausbreitet. Betrachten wir zunächst einmal eine sich im freien Raum ausbreitende ebene Welle, die uns die Wellenbezeichnung im Hohlleiter verstehen helfen soll, obwohl die ebene Welle streng genommen keine Hohlleiterwelle ist. Wir können dann sagen, daß diese Welle keine *longitudinalen* Komponenten der Felder aufweist. Ihre Felder wirken ausschließlich in einer Ebene transversal zur Ausbreitungsrichtung; sie werden als vollkommen *transversale* Felder bezeichnet. Eine solche Welle, die nur transversale Komponenten sowohl des elektrischen als auch des magnetischen Feldes besitzt, nennt man eine *transversal-elektromagnetische* oder TEM-Welle. Eine ebene Welle ist ein Beispiel für eine TEM-Welle, obwohl sie sich im Hohlleiter nicht ausbreiten kann. Die TEM-Welle ist deswegen wichtig, weil sie die Grundwelle darstellt, die sich bei allen Frequenzen auf einer Doppelleitung ausbreiten kann. Sie wird daher auch *Leitungswelle* bzw. *L-Welle* genannt. Es ist der Typ der ebenen Welle, die sich bei allen Frequenzen in einer Parallelplattenleitung ausbreitet. Sie wird noch in Abschnitt 5.8 ausführlicher besprochen werden.

Es wurde bereits gezeigt, daß es keine in einem Hohlleiter ausbreitungsfähige Welle mit ausschließlich transversalen Feldern gibt. Ein longitudinales elektrisches oder magnetisches Feld ist für jede sich im Hohlleiter ausbreitende Welle notwendig. In Hohlleitern, die mit Luft oder einem anderen homogenen dielektrischen Material gefüllt sind, treten Wellen auf, welche rein transversale elektrische oder rein transversale magnetische Felder aufweisen. Es gibt einige Fälle von Hohlleitern mit einer Füllung aus einem inhomogenen Dielektrikum oder einem anisotropen Material, bei denen die Hohlleiterwellen sowohl longitudinale elektrische als auch longitudinale magnetische Felder aufweisen. Die Erörterung dieser Wellen und ihre Bezeichnung würde über den Rahmen des Buches hinausgehen. Die einfachen Hohlleiterwellen werden in *transversal-elektrische* oder *transversal-magnetische,* also in TE- bzw. TM-Wellen eingeteilt. Manchmal werden die TE-Wellen auch als H-Wellen, die TM-Wellen als E-Wellen bezeichnet. Die beiden Hauptgruppen der Eigenwellen werden durch gewählte Werte für die ganzen Zahlen m und n in den Ausdrücken für die Feldkomponenten weiter unterteilt. Die Gln. (4.33) geben die Ausdrücke für die Feldkomponenten der TM_{mn}-(oder E_{mn}-)Welle und die Gln. (4.36) die der TE_{mn}-(oder H_{mn}-)Welle an. Gl. (4.22) zeigt, daß die verschiedenen Eigenwellen verschiedene Grenzfrequenzen aufweisen, unterhalb denen Wellenausbreitung nicht möglich ist. Weiter zeigt sie, daß diese Grenzfrequenz eine Funktion von m und n ist. Daher kann sich die Welle mit den kleinstmöglichen Werten von m und n bei der niedrigsten Frequenz ausbreiten und es gibt ein Frequenzband, in dem diese und nur diese Eigenwelle ausbreitungsfähig ist. Diese Welle wird die *Haupt-* oder *Grundwelle* genannt. Normalerweise werden Rechteckhohlleiter in einem Frequenzbereich betrieben, in dem nur die Grundwelle ausbreitungsfähig ist. Man erkennt an den Gln. (4.33), daß keine E-Welle auftreten kann, wenn entweder m oder n Null ist. Dann ist nämlich $E_z = 0$ und die Maxwell-Gleichungen sind nicht erfüllt. Daher ist die niedrigste E-Welle die E_{11}-Welle. Die Gln. (4.36) zeigen jedoch, daß die H_{10}- oder die H_{01}-Welle existieren kann. Unter der Annahme, daß a die größere Abmessung des Hohlleiterquerschnitts ist, stellt die H_{10}-Welle die Grundwelle im Rechteckhohlleiter dar.

Die meisten Mikrowellentechniker würden sich wünschen, daß alle genormten Hohlleiter das Seitenverhältnis 2 : 1, also a = 2b, aufweisen. Leider ist das aber nicht immer der Fall, weil sich für einige der gebräuchlichsten Größen — vermutlich einige der ersten, die genormt wurden — das Verhältnis 2 : 1 auf die Außenabmessungen und nicht auf die Innenabmessungen bezieht. (In Tabelle 10.1 sind die normierten Größen für Rechteckhohlleiter angeführt.) Wir wollen jedoch annehmen, daß alle gebräuchlichen Hohlleiter ein Verhältnis der Innenabmessungen von etwa 2 : 1 besitzen. Treffen wir nun die Annahme, daß a = 2b ist, so finden wir die Grenzwellenlänge der H_{10}-Welle mit λ_c = 2a, während für die H_{20}-Welle λ_c = a bzw. für die H_{11}- und die E_{11}-Welle λ_c = $2a/\sqrt{5}$ ist. Es gibt also eine ganze Frequenz-Oktave, in der die Grundwelle die einzige ausbreitungsfähige Welle im Hohlleiter ist. Das empfohlene Frequenzband für die genormten Hohlleiter ist aber nur ungefähr $1 : 1\frac{1}{2}$, weil für Frequenzen nahe der Grenzfrequenz die Hohlleiterwellenlänge sehr groß wird.

4.9. H_{10}-Welle

Da in den meisten Fällen die Grundwelle die einzige Welle ist, die im Hohlleiter existiert, werden wir die H_{10}-Welle etwas näher untersuchen. Einsetzen der Bedingungen m = 1 und n = 0 in die Gln. (4.36) und Vereinfachen des Amplitudenfaktors mit λ_c = 2a liefert

$$
\left.
\begin{aligned}
E_x &= 0 \\[2mm]
E_y &= -j\,\frac{\lambda_c}{\lambda_0}\,\eta\,H_0 \sin\frac{\pi x}{a}\,\exp j(\omega t - \beta z) \\[2mm]
E_z &= 0 \\[2mm]
H_x &= j\,\frac{\lambda_c}{\lambda_h}\,H_0 \sin\frac{\pi x}{a}\,\exp j(\omega t - \beta z) \\[2mm]
H_y &= 0 \\[2mm]
H_z &= H_0 \cos\frac{\pi x}{a}\,\exp j(\omega t - \beta z).
\end{aligned}
\right\}
\qquad (4.37)
$$

Diese Welle ist nicht nur die Grundwelle, sie ist auch eine äußerst einfache Welle, soweit es die Feldverteilung betrifft. Das elektrische Feld wirkt nur in y-Richtung, das magnetische Feld in der x-z-Ebene. Die Feldverteilung ist in Bild 4.3 dargestellt. Bei der H_{10}-Welle gibt es keine Variation der Feldstärke in y-Richtung, in x-Richtung ist die Variation sinusförmig. Es gibt eine ebenfalls sinusförmige Abhängigkeit in z-Richtung und die Feldkonfiguration erweckt den Anschein, als würde sie sich starr mit der Geschwindigkeit

$$
v_p = \frac{\omega}{\beta} = f\lambda_h
$$

in z-Richtung fortbewegen, wobei v_p die *Phasengeschwindigkeit* ist. Die elektrischen Feldlinien gehen von elektrischen Ladungen aus, die sich in den Wänden des Hohlleiters befinden. Ströme in den Hohlleiterwänden sorgen für die Umverteilung dieser Ladungen, wenn die Welle entlang des Hohlleiters fortschreitet, so daß das elektrische Feld immer von der richtigen Ladungsverteilung ausgeht.

4.10. Wandströme

Für die Aufstellung der elektromagnetischen Feldgleichungen im Hohlleiter wurden die Wände ideal leitend angenommen. Das bedeutet, daß die in ihnen auftretenden Ströme auf eine unendlich dünne Schicht beschränkt, aber unendlich groß waren. In Wirklichkeit weisen die Hohlleiterwände eine endliche Leitfähigkeit auf, so daß die Wandströme von endlicher Größe sind. Für die exakte Auswertung der Stromdichte in den Wänden wäre ein Vorgehen ähnlich dem von Kapitel 6 notwendig. Hier wird nicht so vorgegangen, weil wir mehr an den Beziehungen zwischen den verschiedenen Strömen in den einzelnen Teilen der Wand als an den Absolutwerten dieser Ströme interessiert sind. Die Ströme kann man aus Gl. (2.7) erhalten, die hier in ihrer Komponentenschreibweise angeführt ist:

$$J_x = \frac{\partial H_z}{\partial y} - \frac{\partial H_y}{\partial z} - j\omega\epsilon E_x \tag{4.38}$$

$$J_y = \frac{\partial H_x}{\partial z} - \frac{\partial H_z}{\partial x} - j\omega\epsilon E_y \tag{4.39}$$

$$J_z = \frac{\partial H_y}{\partial x} - \frac{\partial H_x}{\partial y} - j\omega\epsilon E_z . \tag{4.40}$$

Die Gln. (4.38) bis (4.40) stellen die allgemeinen Beziehungen dar, die auf jeden beliebigen Hohlleiter angewendet werden können. Wir sind einzig und allein an den Strömen interessiert, die tangential zu den Wandflächen fließen, wobei wir schon früher angenommen haben, daß das elektrische Feld in diesen Ebenen Null ist. Das bedeutet, daß die Wandströme ausschließlich durch das Magnetfeld hervorgerufen werden. Die räumliche Änderung des Feldes, die diese Ströme hervorruft, ist nicht die Änderung des Feldes im Inneren des Hohlleiters, sondern die plötzliche Abnahme der Magnetfelder an den Wänden. Der Einfachheit halber werden wir nur für die H_{10}-Welle eine Abschätzung der Wandströme vornehmen. Für die anderen Wellentypen erhält man die Wandströme mit einer ähnlichen Vorgangsweise.

Da uns nur Ströme interessieren, die tangential zur Wandebene fließen, muß man nach Ausdrücken für die Ströme J_x und J_z bei $y = 0$ und $y = b$ für die breiteren Wände, sowie für J_y und J_z bei $x = 0$ und $x = a$ für die schmäleren Wände suchen. Das elektrische Feld parallel zur Wandebene ist an der Wand gleich Null. Daher gilt in den breiten Wänden an den Stellen $y = 0$ und $y = b$ für die H_{10}-Welle ($H_y = 0$)

$$J_x = \frac{\partial H_z}{\partial y} \tag{4.41}$$

$$J_z = -\frac{\partial H_x}{\partial v}, \tag{4.42}$$

während in den schmalen Wänden an den Stellen $x = 0$ und $x = a$ $(H_x = 0)$

$$J_y = -\frac{\partial H_z}{\partial x} \qquad (4.43)$$

$$J_z = \frac{\partial H_y}{\partial x} = 0 \qquad (4.44)$$

gilt.

Die Abnahme des Feldes bei Eindringen in das Metall der Hohlleiterwand ist eine Funktion der Leitfähigkeit des Metalls und der Frequenz, ist aber unabhängig von der im Inneren des Hohlleiters auftretenden Feldkonfiguration. Das bedeutet, daß die Berechnung der Differentiale in den Gln. (4.41) bis (4.44) in allen Fällen gleich ist; es ist daher möglich, einen direkten Zusammenhang zwischen den Wandströmen und dem an der Wand auftretenden Magnetfeld anzugeben. In der breiten Wandseite ist J_x proportional zu H_z und J_z zu H_x, während in der Schmalseite J_y proportional H_z und $J_z = 0$ ist. Bei einem idealen Leiter sind dies die Felder und Ströme, die auf beiden Seiten der Begrenzung auftreten. Die Flächenstromdichte, die in einer unendlich dünnen Schicht im Metall der Hohlleiterwand auftritt, ist proportional der entsprechenden Komponente des Magnetfeldes, das im Hohlleiter unmittelbar an der Wand auftritt. Auf diese Weise erhält man die in Bild 4.3 gezeigten Stromlinien. Es sei darauf hingewiesen, daß in den Bildern für die Feldverteilung die Stromlinien nicht durch die elektrischen Feldlinien geschlossen werden. Der Strom bewegt die Ladungen so, daß sie imstande sind, das elektrische Feld innerhalb des Hohlleiters eine halbe Periode später aufrechtzuerhalten. Es tritt auch die maximale zeitliche Änderung des elektrischen Feldes an derselben Stelle auf, an der sich die Knoten des elektrischen Stromes befinden, so daß der Verschiebungsstrom im Inneren des Hohlleiters die Stromlinien in den Hohlleiterwänden schließt.

4.11. Feldwellenwiderstand im Hohlleiter

Der Feldwellenwiderstand im Hohlleiter ist durch Gl. (3.27) mit

$$Z_F = \frac{E_t}{H_t}$$

gegeben. Eine Untersuchung der Gln. (4.33) und (4.36) zeigt, daß für die üblichen Eigenwellen im Hohlleiter die transversalen Komponenten der Felder paarweise das gleiche Amplitudenverhältnis aufweisen. Daher ist

$$\frac{E_x}{H_y} = -\frac{E_y}{H_x}. \qquad (4.45)$$

Das gesamte transversale Feld ist die Vektorsumme der beiden transversalen Komponenten, also

$$E_t = \sqrt{E_x^2 + E_y^2}$$

und

$$Z_F = \frac{\sqrt{E_x^2 + E_y^2}}{\sqrt{H_x^2 + H_y^2}}. \qquad (4.46)$$

Setzt man aus Gl. (4.45) in Gl. (4.46) ein, so zeigt sich, daß

$$Z_F = \frac{E_t}{H_t} = \frac{E_x}{H_y} = -\frac{E_y}{H_x} \tag{4.47}$$

ist. Es sei dem Leser als Übungsaufgabe überlassen, durch Einsetzen der Werte aus den Gln. (4.33) und (4.36) in Gl. (4.47) die in Gl. (4.48) angegebenen Werte für Z_F zu bestätigen. Man findet, daß für Rechteckhohlleiter der Feldwellenwiderstand über den gesamten Hohlleiterquerschnitt eine Konstante ist. Weiter zeigen die Gln. (4.29) bis (4.32), daß dies immer der Fall ist, wenn die Welle rein transversal-magnetisch oder rein transversal-elektrisch ist. Der Feldwellenwiderstand ist

$$\text{für E-Wellen} \quad Z_{FE} = \frac{\beta_H}{\omega\epsilon} = \eta\,\frac{\lambda_0}{\lambda_h} < \eta \text{ bzw.}$$

$$\text{für H-Wellen} \quad Z_{FH} = \frac{\omega\mu}{\beta_H} = \eta\,\frac{\lambda_h}{\lambda_0} . > \eta \tag{4.48}$$

Man sieht, daß für $\lambda_h = \lambda_0$ der Feldwellenwiderstand gleich dem Feldwellenwiderstand des Mediums für eine TEM-Welle ist.

4.12. Hohlleiterdämpfung

Die Dämpfung bei Mikrowellenausbreitung in einem aus einem Metallrohr bestehenden Wellenleiter wird durch die Verluste zufolge der endlichen Leitfähigkeit der Hohlleiterwände verursacht. Die für die mathematische Untersuchung in diesem Kapitel bisher getroffene Annahme war, daß die Hohlleiterwände aus idealen Leitern bestehen, so daß unendliche Stromdichten in einer unendlich dünnen Schicht an der Oberfläche des Leiters auftreten. Die üblicherweise für Hohlleiter verwendeten Materialien sind ausgezeichnete Leiter, aber sie weisen noch immer eine endliche Leitfähigkeit auf. Dieser Abschnitt wird zeigen, wie man eine endliche Leitfähigkeit des Hohlleitermaterials und damit ein geringes Eindringen des Feldes in das Wandmaterial berücksichtigt.

Bereits in Abschnitt 4.10 wurde gezeigt, daß die Wandströme dem tangentialen Magnetfeld an der Wand proportional sind. Wenn man nun annehmen kann, daß sich das tangentiale Magnetfeld beim Eindringen in die Wand wie eine ebene Welle verhält, dann weist die gesamte Oberflächenstromdichte den gleichen Zahlenwert auf wie das tangentiale Magnetfeld an der Oberfläche, wie in Abschnitt 6.5 gezeigt werden wird. Daher gilt an jedem Punkt der Oberfläche

$$\text{Verlustleistung} = \tfrac{1}{2}\,R_s H_t^2 , \tag{4.49}$$

wobei H_t in diesem Fall der Wert des Magnetfeldes, das *tangential zur Wand* des Hohlleiters auftritt, und R_s der äquivalente Oberflächenwiderstand des Wandmaterials bei der entsprechenden Betriebsfrequenz ist. Wenn wir zu der in Abschnitt 6.5 angegebenen Theorie vorgreifen, so ist R_s per definitionem gegeben durch

$$R_s = \frac{\text{spezifischer Widerstand}}{\text{Eindringtiefe}} . \tag{4.50}$$

Nach der Definition des Poyntingschen Vektors in Gl. (3.34) ist der Leistungsfluß durch den Hohlleiter proportional dem Vektorprodukt des transversalen elektrischen
und des transversalen magnetischen Feldes. Nachdem aber das magnetische Feld dem elektrischen Feld proportional ist, ist der Leistungsfluß proportional dem Quadrat des elektrischen Feldes und die übertragene Leistung ist durch

$$W = KE_t^2$$

gegeben, wobei in diesem Fall E_t das transversale elektrische Feld und K eine Proportionalitätskonstante ist. Daher ist die Verlustleistung durch

$$\frac{dW}{dz} = 2KE_t\,\frac{dE_t}{dz}$$

gegeben. Da die Ortsabhängigkeit der Amplitude aller Feldgrößen $\exp(-\alpha z)$ ist, kann man
schreiben

$$\frac{dE_t}{dz} = -\alpha E_t \ .$$

Daher ist

$$\frac{dW}{dz} = -2K\alpha E_t^2 = -2\alpha W$$

und die Dämpfungskonstante ist durch

$$\alpha = \frac{1}{2}\left(\frac{dW}{dz}\right)\Big/ W = \frac{1}{2}\,\frac{\text{Verlustleistung}}{\text{übertragene Leistung}} \tag{4.51}$$

bestimmt. Die gesamte Verlustleistung erhält man durch Integration des Ausdrucks in
Gl. (4.49) über den Umfang des Hohlleiterquerschnitts. Durch Integration des Poyntingschen Vektors über die Fläche des Querschnitts erhält man den Leistungsfluß. Setzt man
diese Ausdrücke in Gl. (4.51) ein, so erhält man die üblicherweise angeführte Form der
Dämpfungskonstanten eines leeren Hohlleiters:

$$\alpha = \frac{R_s}{2}\,\frac{\oint H_t^2\,dl}{\iint E \times H \cdot da} \ . \tag{4.52}$$

Das Integral im Zähler von Gl. (4.52) erstreckt sich über den Umfang und das im Nenner
über die Querschnittsfläche des Hohlleiters.

Bei einem Hohlleiter, der mit einem Material mit geringen Verlusten gefüllt ist, werden
in der Dämpfungskonstante Beiträge sowohl von den Verlusten in den Hohlleiterwänden
als auch von den Verlusten im Füllmaterial auftreten. In erster Näherung können die Dämpfungskonstanten für beide Effekte getrennt berechnet und nachträglich zur gesammten
Dämpfungskonstante aufsummiert werden. Sehr häufig sind die Verluste zufolge des Füllmaterials, wenn ein solches im Hohlleiter verwendet wird, um eine Größenordnung größer
als die zufolge der Wände, so daß in diesem Fall die Wandverluste vernachlässigt werden
können. Andererseits können, wenn der Hohlleiter mit Luft gefüllt ist, die Verluste zufolge
der Luft gegenüber den Wandverlusten vernachlässigt werden.

4.13. Hohlraumresonator

Wir werden nun einen Mikrowellenresonator untersuchen, der aus einem geschlossenen Quader besteht. Wie beim Hohlleiter sind nur die innere Form und die inneren Abmessungen von Bedeutung. Da die Wandverluste den Gütefaktor des Resonators herabsetzen, ist es von großer Wichtigkeit, den Mikrowellenresonator mit Wänden aus hochleitendem Material herzustellen. Der vom Metall umschlossene Raum, der als Mikrowellenresonator verwendet wird, wird häufig als Hohlraumresonator bezeichnet. In diesem Abschnitt behandeln wir quaderförmige Hohlraumresonatoren und ihren Zusammenhang mit der Theorie des Rechteckhohlleiters. In Bild 4.4 ist ein quaderförmiger Resonator und das zugehörige kartesische Koordinatensystem schematisch dargestellt. Da im Hohlraum in keiner Richtung eine Wellenausbreitung stattfinden kann, ist das System in mathematischer Hinsicht symmetrisch und Gl. (4.7) kann in der Form

$$\omega^2 \mu\epsilon = k^2 = -k_x^2 - k_y^2 - k_z^2$$

geschrieben werden. Die Resonanzfrequenz des Resonators ist dann

$$2\pi f_0 = \sqrt{\frac{-k_x^2 - k_y^2 - k_z^2}{\mu\epsilon}} \, . \tag{4.53}$$

Geht man von Gl. (4.53) aus und verwendet man ein ähnliches Argument wie in Abschnitt 4.3, dann kommt man zu einem Ausdruck für die Resonanzfrequenz eines quaderförmigen Hohlraumresonators mit den Dimensionen a, b und c entsprechend Bild 4.4. m, n und p sind ganze Zahlen, die das Feldbild im Inneren des Resonators charakterisieren. Die Resonanzfrequenz ist

$$f_0 = \frac{1}{2}\sqrt{\frac{\left(\dfrac{m}{a}\right)^2 + \left(\dfrac{n}{b}\right)^2 + \left(\dfrac{p}{c}\right)^2}{\mu\epsilon}} \tag{4.54}$$

und die Eigenschwingung des Hohlraumresonators wird mit H_{mnp} oder E_{mnp} bezeichnet.

Der Hohlraumresonator kann auch als ein Stück eines auf beiden Seiten kurzgeschlossenen Hohlleiters angesehen werden. Zwischen beiden Enden tritt eine sinusförmige Feldverteilung auf, die die Form

$$E = f(x, y) \sin \frac{p\pi z}{c}$$

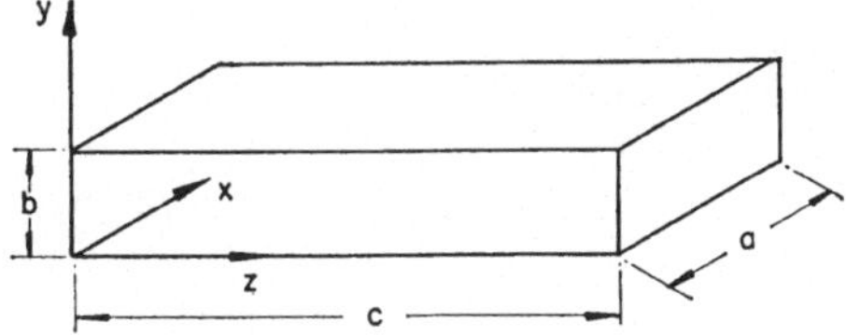

Bild 4.4

Quaderförmiger Hohlraumresonator mit dem dazugehörigen Koordinatensystem

hat. Dies kann man als eine stehende Welle verstehen, die aus zwei gleichen, gegeneinander-
laufenden Wellen entstanden ist, da

$$\sin \frac{p\pi z}{c} = \frac{1}{2}\exp\left(j\,\frac{p\pi z}{c}\right) - \frac{1}{2}\exp\left(-j\,\frac{p\pi z}{c}\right)$$

ist. Die Phasenkonstante dieser Wellen wäre dann

$$\beta_i = \pm\,\frac{p\pi}{c}$$

und daher

$$\lambda_h = \frac{2c}{p}\,.$$

Man kann sich daher den Hohlraumresonator als einen Hohlleiter vorstellen, der eine ganze
Zahl von halben Wellenlängen lang ist und der eine stehende Welle enthält. Man kann sich
auch vorstellen, daß die beiden in entgegengesetzter Richtung laufenden Wellen fortlaufend
an den beiden abschließenden Wänden ideal reflektiert werden.

4.14. Zusammenfassung

4.1. Die Berandung ist ein **Metallrohr mit rechteckigem Querschnitt.** Die Wände
sind ideal leitend und die elektromagnetische Welle breitet sich innerhalb des Rohres aus.

4.2. Die Lösung der Maxwell-Gleichungen im kartesischen Koordinatensystem ergibt

$$\frac{\partial^2 E_z}{\partial x^2} + \frac{\partial^2 E_z}{\partial y^2} + \frac{\partial^2 E_z}{\partial z^2} = -\omega^2\mu\epsilon E_z \tag{4.1}$$

$$\frac{\partial^2 H_z}{\partial x^2} + \frac{\partial^2 H_z}{\partial y^2} + \frac{\partial^2 H_z}{\partial z^2} = -\omega^2\mu\epsilon H_z \tag{4.2}$$

$$k^2 = \omega^2\mu\epsilon \tag{4.5}$$

$$\beta = \pm\sqrt{k^2 - k_c^2}\,. \tag{4.9}$$

4.3. Die **Grenzfrequenz** tritt auf, wenn $k_c = \omega\sqrt{\mu\epsilon}$ ist, die **Hohlleiterwellenlänge**
ist durch

$$\frac{1}{\lambda_h^2} + \frac{1}{\lambda_c^2} = \frac{1}{\lambda_0^2} \tag{4.16}$$

gegeben.

4.4. Die Randbedingungen des Rechteckhohlleiters führen auf

$$\lambda_c = \frac{1}{\sqrt{\left(\dfrac{m}{2a}\right)^2 + \left(\dfrac{n}{2b}\right)^2}}\,, \tag{4.22}$$

wobei a und b die Querabmessungen des Hohlleiters und m und n ganze Zahlen sind.

Die z-Komponente des elektrischen Feldes ist

$$E_z = E_0 \sin \frac{m\pi x}{a} \sin \frac{n\pi y}{b} \exp j(\omega t - \beta z) \tag{4.21}$$

4.5. Alle anderen Komponenten des elektrischen und magnetischen Feldes können mit Hilfe räumlicher Ableitungen der beiden longitudinalen Komponenten dargestellt werden.

4.6. Die Feldgleichungen der E_{mn}-Wellen sind in Gl. (4.33) angegeben, ihre Feldbilder sind in Bild 4.2 dargestellt.

4.7. Die z-Komponente des magnetischen Feldes ist

$$H_z = H_0 \cos \frac{m\pi x}{a} \cos \frac{n\pi y}{b} \exp j(\omega t - \beta z) \tag{4.35}$$

Die Feldgleichungen der H_{mn}-Wellen sind in Gl. (4.36) angegeben, ihre Feldbilder sind in Bild 4.3 dargestellt.

4.8. Die Eigenwellen werden unterteilt in

transversal-elektromagnetische Ellen, auch TEM- oder L-Wellen genannt (ebene Wellen und Wellen in mehrfach zusammenhängenden Leitungsquerschnitten),

transversal-magnetische (TM- oder E-) Wellen,
transversal-elektrische (TE- oder H-) Wellen.

Im Rechteckhohlleiter ist die H_{10}-Welle die Grundwelle.

4.9. Die Feldgleichungen der H_{10}-Welle lauten

$$\left.\begin{aligned}
E_y &= -j\frac{\lambda_c}{\lambda_0}\eta H_0 \sin \frac{\pi x}{a} \exp j(\omega t - \beta z) \\[2mm]
H_x &= j\frac{\lambda_c}{\lambda_h} H_0 \sin \frac{\pi x}{a} \exp j(\omega t - \beta z) \\[2mm]
H_z &= H_0 \cos \frac{\pi x}{a} \exp j(\omega t - \beta z) \\[2mm]
E_x &= E_z = H_y = 0 .
\end{aligned}\right\} \tag{4.37}$$

4.10. Die **Wandströme des Hohlleiters** sind eine Funktion der magnetischen Felder im Inneren des Hohlleiters, die parallel zu seinen Wänden verlaufen.

Für die H_{10}-Welle sind die Wandströme in der breiten Wand

$$J_x \propto H_z ; \quad J_z \propto -H_x$$

und in der schmalen Wand

$$J_y \propto H_z ; \quad J_z = 0,$$

wobei die Proportionalitätskonstante in allen Fällen gleich groß ist.

4.11. Feldwellenwiderstand des Hohlleiters

$$\text{für E-Wellen} \quad Z_{FE} = \eta \frac{\lambda_0}{\lambda_h}$$

$$\text{für H-Wellen} \quad Z_{FE} = \eta \frac{\lambda_h}{\lambda_0} \tag{4.48}$$

4.12. Hohlleiterdämpfung

$$\alpha = \frac{1}{2} \frac{\text{Verlustleistung}}{\text{übertragene Leistung}} . \tag{4.51}$$

Für den leeren Hohlleiter mit einem äquivalenten Oberflächenwiderstand R_s gilt

$$\alpha = \frac{R_s}{2} \frac{\oint H_t^2 \, dl}{\iint E \times H \cdot da} . \tag{4.52}$$

4.13. Bei einem quaderförmigen Resonator mit den Abmessungen $a \times b \times c$ ist die Resonanzfrequenz

$$f_0 = \frac{1}{2} \sqrt{\frac{\left(\dfrac{m}{a}\right)^2 + \left(\dfrac{n}{b}\right)^2 + \left(\dfrac{p}{c}\right)^2}{\mu\epsilon}} \tag{4.54}$$

für die H_{mnp}- oder E_{mnp}-Eigenschwingung.

Aufgaben

4.1.   a) Es ist die Grenzfrequenz folgender Wellen in einem Rechteckhohlleiter mit den Innenabmessungen 2 cm x 1 cm zu berechnen: H_{10}-, E_{11}-, H_{01}-, E_{21}-, H_{22}-Welle.
[7,5; 16,7; 15; 21,2; 33,5 GHz]

   b) Die Aufgabe ist für einen quadratischen Hohlleiter mit den Innenabmessungen 4 cm x 4 cm zu wiederholen.
[3,75; 5,3; 3,75; 8,4; 10,6 GHz]

4.2.   Aus einigen berechneten Punkten ist der Zusammenhang zwischen Frequenz und Hohlleiterwellenlänge für die Grundwelle im Rechteckhohlleiter zu zeichnen.

4.3.   Ein für 10 GHz verwendeter Hohlleiter besitzt die Innenabmessungen 0,9 Zoll x 0,4 Zoll. Es ist der Frequenzbereich, in dem sich nur die Grundwelle allein ausbreiten kann, zu berechnen. Anhand des Diagramms aus Aufgabe 4.2 ist zu erklären, warum als Betriebsbereich 8,2 bis 12,5 GHz empfohlen wird.

4.4. Es ist zu diskutieren, ob die Gln. (4.29) bis (4.32) allgemein gültig sind oder ob ihre Anwendung nur innerhalb eines Rechteckhohlleiters gerechtfertigt ist.

4.5. Eine Parallelplattenleitung (siehe Bild 3.1) kann als Rechteckhohlleiter betrachtet werden, der unendlich breit ist. Es sind die Ausdrücke für die Grenzfrequenz und die Feldgleichungen im Inneren dieses Hohlleiters abzuleiten.

4.6. Die Richtigkeit der Gln. (4.33) und (4.36) ist durch tatsächliches Einsetzen und Berechnen der Differentialausdrücke zu überprüfen.

4.7. a) Es sind die Amplituden der verschiedenen Feldkomponenten der H_{10}-Welle in Abhängigkeit vom Ort innerhalb des Hohlleiters zu skizzieren.

b) Es sind die Amplituden der Komponenten der Wandströme der H_{10}-Welle in Abhängigkeit vom Ort im Hohlleiter zu skizzieren.

4.8. Welche der in Bild 4.5 gezeigten geschlitzten Hohlleiterstücke strahlen, wenn in ihnen die Grundwelle erregt wird? Es ist das Prinzip anzuwenden, daß dünne Schlitze dann nicht strahlen, wenn sie keine Wandstromlinien schneiden. Welche Stücke strahlen nicht bei der H_{01}-Welle, wohl aber bei anderen Eigenwellen?
[a, b, d, e; a]

4.9. Es ist der Querschnitt eines $\lambda/4$-Hohlleiterstücks zu berechnen, das zur Anpassung des Überganges von einem Rechteckhohlleiter mit den Abmessungen 2 cm x 1 cm auf einen anderen mit den Abmessungen 4 cm x 1 cm bei 10 GHz dient. Bei welcher Frequenz können Eigenwellen höherer Ordnung stören?
[2,42 cm x 1 cm; 7,5 GHz]

4.10. Es sind einige Resonanzfrequenzen eines Hohlraumresonators zu berechnen, der von einem Hohlleiterstück mit den Abmessungen 2 cm x 1 cm x 3 cm gebildet wird. Die Schwingungstypen, die zu den einzelnen Frequenzen gehören, sind festzustellen.
[9,0; 12,5; 15,8; 17,5 GHz]

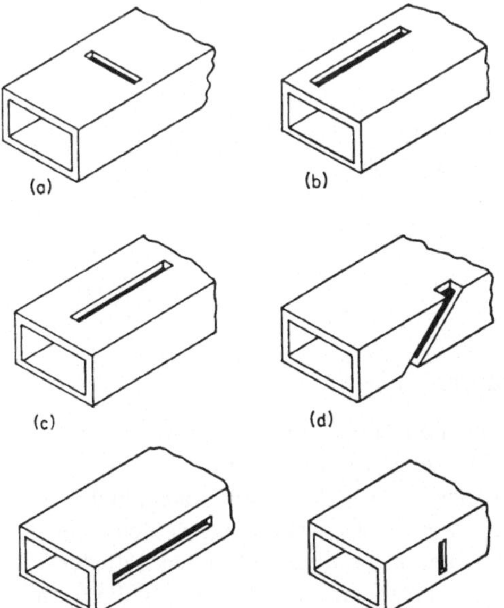

Bild 4.5

5. Kreishohlleiter

5.1. Rohr mit Kreisquerschnitt

Im vorhergehenden Kapitel wurden Ausdrücke für die elektromagnetischen Feldgrößen im Rechteckhohlleiter in kartesischen Koordinaten erhalten. In diesem Kapitel werden Ausdrücke für die Feldkomponenten innerhalb eines Kreishohlleiters abgeleitet, d.h. innerhalb eines homogenen Metallrohrs mit Kreisquerschnitt. Obwohl der Kreishohlleiter einfach zu sein scheint, ist die Richtung der Felder bei den meisten Eigenwellen nicht eindeutig festgelegt, so daß der Rechteckhohlleiter die bevorzugte Form für die meisten Anwendungsfälle ist. Da aber der Kreishohlleiter doch manchmal verwendet wird, ist es notwendig, die elektromagnetischen Felder innerhalb einer kreiszylindrischen Begrenzung zu untersuchen. Da die Begrenzung des Querschnitts in der Querschnittsebene kreisförmig ist, wird in diesem Abschnitt die Berechnung im Zylinderkoordinatensystem mit den Koordinaten r, θ und z vorgenommen. Die z-Achse wird so angenommen, daß sie mit der Achse des Kreishohlleiters zusammenfällt und gleichzeitig die Ausbreitungsrichtung darstellt (Bild 5.1).

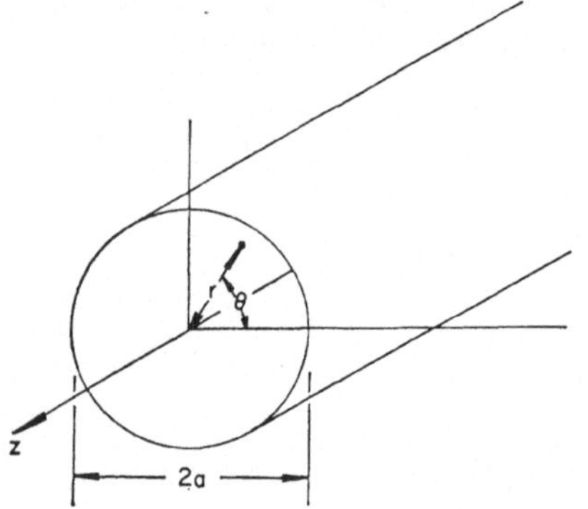

Bild 5.1
Kreishohlleiter mit dem Radius a und dem dazugehörigen Zylinderkoordinatensystem

5.2. Wellengleichung in Zylinderkoordinaten

Wie bereits in Kapitel 2 gezeigt wurde, können die Maxwellschen Gleichungen auf zwei Gleichungen, nämlich Gln. (2.12) und (2.13) reduziert werden. Für den Rechteckhohlleiter können alle Feldkomponenten in Abhängigkeit von den z-Komponenten des magnetischen und elektrischen Feldes ausgedrückt werden. Es wird gezeigt werden, daß das ebenfalls möglich ist, wenn die Felder durch Komponenten parallel zu den Zylinderkoordinaten beschrieben werden. In diesem Fall kann man natürlich nicht sagen, die Komponenten wären alle parallel zu den Achsen. Nur die z-Komponente ist parallel zur z-Achse.

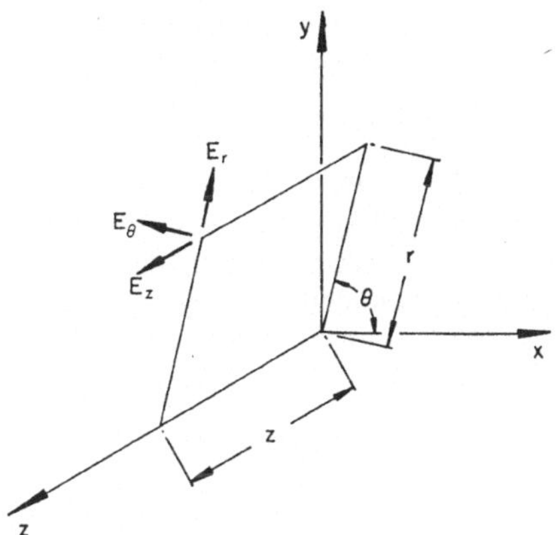

Bild 5.2
Die elektrischen Feldkomponenten im Punkt (r, Θ, z) in bezug auf das Zylinderkoordinatensystem und der Zusammenhang mit den Achsen des kartesischen Koordinatensystems

Die r-Komponente ist jene Komponente, die radial von der z-Achse weg weist und senkrecht zu dieser Achse steht, während die θ-Komponente in einem gegebenen Punkt senkrecht zu den beiden anderen Komponenten steht. Zum Unterschied vom kartesischen Koordinatensystem sind die r- und die θ-Komponenten nicht alle parallel zueinander, außer in einer Ebene konstanten Winkels θ. Die Komponenten eines Feldes in einem Raumpunkt sind zusammen mit den Koordinaten dieses Punktes in Bild 5.2 dargestellt.

Der Laplace-Operator in der vektoriellen Wellengleichung (Gln. (2.12) und (2.13)) kann im Zylinderkoordinatensystem in eine Gleichung, die den Laplace-Operator für die longitudinale Komponente des Vektors, und in eine Gleichung, die die transversalen Komponenten des Vektors beinhaltet, aufgelöst werden. Hier ist es nicht möglich, eine einfache Auftrennung der transversalen Komponenten des Vektors vorzunehmen, wie es im kartesischen Koordinatensystem möglich war. Die longitudinale oder z-Komponente des Vektorfeldes in Gl. (2.12) kann jedoch abgetrennt werden und gibt

$$\nabla^2 E_z = -\omega^2 \mu \epsilon E_z \; ;$$

ähnlich erhält man aus Gl. (2.13)

$$\nabla^2 H_z = -\omega^2 \mu \epsilon H_z \, .$$

Wird der skalare Laplace-Operator entwickelt, wie es in Abschnitt 2.3 gezeigt wurde, so werden diese Gleichungen zu

$$\frac{\partial^2 E_z}{\partial r^2} + \frac{1}{r} \frac{\partial E_z}{\partial r} + \frac{1}{r^2} \frac{\partial^2 E_z}{\partial \theta^2} + \frac{\partial^2 E_z}{\partial z^2} = -\omega^2 \mu \epsilon E_z \tag{5.1}$$

$$\frac{\partial^2 H_z}{\partial^2 r} + \frac{1}{r} \frac{\partial H_z}{\partial r} + \frac{1}{r^2} \frac{\partial^2 H_z}{\partial \theta^2} + \frac{\partial^2 H_z}{\partial z^2} = -\omega^2 \mu \epsilon H_z \, . \tag{5.2}$$

Wir haben bereits angenommen, daß die Ausbreitungsrichtung die z-Richtung ist, weil die z-Achse mit der Achse des Hohlleiters zusammenfällt. Bezeichnet man die Phasenkonstante der Welle mit β, so ist die z-Abhängigkeit des Feldes $\exp(-j\beta z)$. Da der Hohlleiter innen leer ist, müssen die Felder stetig sein und das Feldbild muß sich wiederholen, wenn man um einen Winkel $\theta = 2\pi$ dreht. Es ist daher wahrscheinlich, daß eine sinusförmige Verteilung des Feldes in Umfangsrichtung auftreten wird. So wie eine zeitliche sinusförmige Änderung mathematisch durch eine Exponentialfunktion dargestellt wird, kann auch die θ-Abhängigkeit der Felder mit $\exp(-jn\theta)$ angenommen werden, wobei n eine positive oder negative ganze Zahl ist. Daher werden die Differentialoperatoren in Bezug auf θ und z zu

$$\frac{\partial^2}{\partial\theta^2} = -n^2 \quad \text{und} \quad \frac{\partial^2}{\partial z^2} = -\beta^2 \,.$$

Setzt man diese Werte in Gl. (5.1) ein, so ergibt sich

$$\frac{\partial^2 E_z}{\partial r^2} + \frac{1}{r}\frac{\partial E_z}{\partial r} - \frac{n^2}{r^2}E_z - \beta^2 E_z = -\omega^2\mu\epsilon E_z \,. \tag{5.3}$$

Definiert man k_c in Anlehnung an Gl. (4.9) mit

$$k_c^2 = k^2 - \beta^2$$

oder, mit Hilfe $k^2 = \omega^2\mu\epsilon$ (Gl. (4.5)),

$$k_c^2 = \omega^2\mu\epsilon - \beta^2 ,$$

dann wird aus Gl. (5.3)

$$\frac{\partial^2 E_z}{\partial r^2} + \frac{1}{r}\frac{\partial E_z}{\partial r} + \left(k_c^2 - \frac{n^2}{r^2}\right)E_z = 0 \,. \tag{5.4}$$

Gl. (5.4) besitzt keine analytische Lösung, sie ist aber von einer Form, die sehr häufig bei der Untersuchung wissenschaftlicher Probleme auftritt, weswegen ihre Lösungen tabelliert sind. Es ist eine Form der sogenannten Besselschen Differentialgleichung und die Lösung ist

$$E_z = A\,J_n(k_c r) + B\,Y_n(k_c r), \tag{5.5}$$

wobei A und B beliebige Integrationskonstante sind, deren Werte durch die Randbedingungen bestimmt werden, während J_n und Y_n die *Zylinderfunktionen* erster und zweiter Art und Ordnung n sind [1]. Einige Eigenschaften der verschiedenen Zylinderfunktionen sind in Tabelle 5.1 angegeben.

---

[1] J_n heißt auch Bessel-Funktion n-ter Ordnung, während Y_n gelegentlich mit N_n bezeichnet und Neumann-Funktion n-ter Ordnung genannt wird.

Tabelle 5.1: Besselsche Differentialgleichungen und ihre Lösungen

Gleichung	Lösungen
$x^2 \dfrac{d^2y}{dx^2} + x \dfrac{dy}{dx} + (x^2 - n^2)y = 0$	$J_n(x),\ Y_n(x)$
$x^2 \dfrac{d^2y}{dx^2} + x \dfrac{dy}{dx} - (x^2 + n^2)y = 0$	$I_n(x),\ K_n(x).\ \left[I_n(x) = j^{-n}J_n(jx)\right]$
$x^2 \dfrac{d^2y}{dx^2} + x \dfrac{dy}{dx} - jx^2 y = 0$	$J_0(j^{3/2}x),\ Y_0(j^{3/2}x).$ $\left[J_0(j^{3/2}x) = \text{ber } x + j \text{ bei } x\right]$
$x^2 \dfrac{d^2y}{dx^2} + x\,(1 - 2a)\,\dfrac{dy}{dx}$ $\ \left[(pqx^q)^2 + a^2 - n^2q^2\right]y = 0$	$x^a J_n(px^q),\ x^a Y_n(px^q)$

Es gibt auch noch andere Zylinderfunktionen als die erster und zweiter Art, aber diese sind für die Untersuchung der elektromagnetischen Wellenausbreitung innerhalb eines luftgefüllten, runden Rohres nicht erforderlich. Da wir hauptsächlich in den Eigenwellen niedriger Ordnung mit n = 0 oder 1 interessiert sind, sind die Funktionen $J_0(x)$, $Y_0(x)$, $J_1(x)$ und $Y_1(x)$ in Bild 5.3 dargestellt. Die Bessel- und Neumann-Funktionen haben für das Argument null ganz bestimmte Eigenschaften. Diese sind

$$J_0(0) = 1$$

$$J_n(0) = 0 \qquad n > 0 \qquad (n = 1, 2, 3 \text{ etc.})$$

$$Y_n(0) = -\infty \qquad n \geqslant 0 \qquad (n = 0, 1, 2 \text{ etc.}).$$

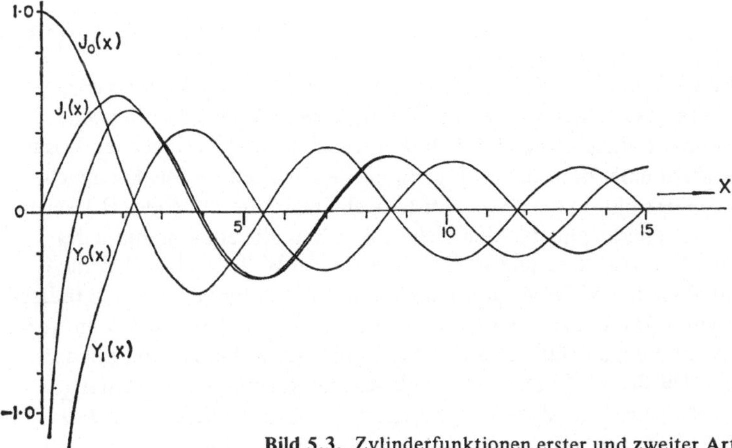

Bild 5.3. Zylinderfunktionen erster und zweiter Art der Ordnung 0 und 1

Für größere Argumente sind diese Zylinderfunktionen einer gedämpften Sinuswelle ähnlich; ihre Werte sind stets kleiner als eins mit Ausnahme der Neumann-Funktionen, die in der Nähe von Null auch Werte größer als eins einnehmen können.

Gl. (5.5) stellt eine Lösung der Gl. (5.4) dar, die aber eine vereinfachte Form der Gl. (5.1) ist, so daß die komplette Lösung von Gl. (5.1) lautet

$$E_z = [A\,J_n(k_c\,r) + B\,Y_n(k_c\,r)]\,\exp j(\omega t - n\theta - \beta z)\,. \qquad (5.6)$$

Die Bedingung für das Auftreten der Grenzfrequenz wird dieselbe sein, wie sie im vorangegangenen Kapitel im Zusammenhang mit dem Rechteckhohlleiter besprochen wurde. Der tatsächliche Wert der Konstante k_c wird durch die Dimension des Hohlleiters festgelegt; er bestimmt die Grenzfrequenz in diesem Hohlleiter.

5.3. Randbedingungen

Bild 5.1 zeigt den Hohlleiter und das Koordinatensystem, das für diesen Teil der Untersuchung gewählt wird. Man sieht, daß die Randbedingung darin besteht, daß sich die Hohlleiterwand für beliebiges z bei r = a befindet. Da die Begrenzung eine ideal leitende Wand ist, muß die Tangentialkomponente des elektrischen Feldes an der Wand Null sein. Sowohl die θ-Komponente als auch die z-Komponente des elektrischen Feldes sind tangential zur Wand gerichtet, so daß E_θ und E_z für r = a verschwinden müssen. Für Eigenwellen mit einem longitudinalen elektrischen Feld ergibt Gl. (5.6) die Randbedingung zu

$$A\,J_n(k_c\,a) + B\,Y_n(k_c\,a) = 0\,. \qquad (5.7)$$

Das elektrische Feld muß in der Achse des Hohlleiters stetig und endlich sein, so daß der Ausdruck mit $Y_n(x)$ in Gl. (5.6) nicht erlaubt ist. Daraus folgt B = 0 und die Randbedingung wird zu

$$J_n(k_c\,a) = 0\,. \qquad (5.8)$$

Man sieht aus Bild 5.3, daß es eine unendliche Anzahl von Nullstellen der Bessel-Funktion $J_n(x)$ gibt. Diese Nullstellen werden numeriert, wobei mit eins die Nullstelle mit dem kleinsten Argument ungleich null bezeichnet wird. Jede der verschiedenen Lösungen von Gl. (5.8) entspricht einer bestimmten Eigenwelle des Hohlleiters. Die Eigenwellen werden in zwei Klassen eingeteilt, in die TM- (oder E-)Wellen und die TE- (oder H-)Wellen. Bis jetzt haben wir die Randbedingung für eine Welle angegeben, die ein longitudinales elektrisches Feld aufweist. Wir werden zeigen, daß dies eine TM-Welle ist. Die einzelnen Eigenwellen werden in ähnlicher Weise wie die Wellen im Rechteckhohlleiter durch Indizes voneinander unterschieden. Die Indizes sind n und m. n ist die ganze Zahl, die in den Ausdrücken für das elektrische Feld auftrat. Sie gibt die Ordnung der Zylinderfunktionen in Gl. (5.6) an und ist ein Maß für die Änderung der Feldverteilung entlang dem Umfang. m gibt an, die wievielte Nullstelle der Zylinderfunktion n-ter Ordnung betrachtet wird und ist daher ein Maß für die radiale Änderung der Feldverteilung. Daher stellt Gl. (5.6) den Ausdruck für das Feld der TM_{nm}- (oder E_{nm}-)Welle dar, während Gl. (5.8) den zugehörigen Wert für k_c beschreibt. Eine Diskussion der Randbedingungen für die H-Wellen wird solange aufgeschoben, bis wir Ausdrücke für die verschiedenen Feldkomponenten gefunden haben.

5.4. Gleichungen der Feldkomponenten

Um die Beziehungen zwischen den verschiedenen Komponenten der Felder innerhalb des Hohlleiters zu finden, muß man auf die Maxwellschen Rotorgleichungen zurückgreifen. Schreibt man diese in ihrer Komponentenform in Zylinderkoordinaten an, so wird aus Gl. (2.11)

$$\frac{1}{r}\frac{\partial H_z}{\partial \theta} - \frac{\partial H_\theta}{\partial z} = j\omega\epsilon E_r \tag{5.9}$$

$$\frac{\partial H_r}{\partial z} - \frac{\partial H_z}{\partial r} = j\omega\epsilon E_\theta \tag{5.10}$$

$$\frac{1}{r}H_\theta + \frac{\partial H_\theta}{\partial r} - \frac{1}{r}\frac{\partial H_r}{\partial \theta} = j\omega\epsilon E_z \tag{5.11}$$

und aus Gl. (2.10)

$$\frac{1}{r}\frac{\partial E_z}{\partial \theta} - \frac{\partial E_\theta}{\partial z} = -j\omega\mu H_r \tag{5.12}$$

$$\frac{\partial E_r}{\partial z} - \frac{\partial E_z}{\partial r} = -j\omega\mu H_\theta \tag{5.13}$$

$$\frac{1}{r}E_\theta + \frac{\partial E_\theta}{\partial r} - \frac{1}{r}\frac{\partial E_r}{\partial \theta} = -j\omega\mu H_z . \tag{5.14}$$

Bei der Ableitung von Gl. (5.3) wurde bereits eine bestimmte z-, θ- und t-Abhängigkeit angenommen. Die Zeitabhängigkeit wurde bereits in die Gln. (2.10) und (2.11) eingesetzt. Die z- und θ-Abhängigkeit der Form $\exp j(-n\theta - \beta z)$ führt auf

$$\frac{\partial}{\partial z} = -j\beta; \quad \frac{\partial}{\partial \theta} = -jn .$$

Setzt man diese Differentialoperatoren in die Gln. (5.9) bis (5.14) ein, so ergibt sich

$$-\frac{jn}{r}H_z + j\beta H_\theta = j\omega\epsilon E_r \tag{5.15}$$

$$-j\beta H_r - \frac{\partial H_z}{\partial r} = j\omega\epsilon E_\theta \tag{5.16}$$

$$\frac{1}{r}H_\theta + \frac{\partial H_\theta}{\partial r} + \frac{jn}{r}H_r = j\omega\epsilon E_z \tag{5.17}$$

$$-\frac{jn}{r}\,E_z + j\beta E_\theta \;=\; -j\omega\mu H_r \tag{5.18}$$

$$-j\beta E_r - \frac{\partial E_z}{\partial r} \;=\; -j\omega\mu H_\theta \tag{5.19}$$

$$\frac{1}{r}\,E_\theta + \frac{\partial E_\theta}{\partial r} + \frac{jn}{r}\,E_r \;=\; -j\omega\mu H_z \,. \tag{5.20}$$

Betrachtet man die Gln. (5.15) bis (5.20), so zeigt sich, daß die Gln. (5.15), (5.16), (5.18) und (5.19) zwei Paare von Gleichungen in E_r und H_θ bzw. in E_θ und H_r darstellen. Wie man erwarten kann, ist diese Beziehung ähnlich derjenigen, die man für kartesische Koordinaten erhalten hat. Die Lösungen lauten

$$E_r = \frac{1}{k_c^2}\left(-\frac{\omega\mu n}{r}\,H_z - j\beta\,\frac{\partial E_z}{\partial r}\right) \tag{5.21}$$

$$H_\theta = \frac{1}{k_c^2}\left(-\frac{\beta n}{r}\,H_z - j\omega\epsilon\,\frac{\partial E_z}{\partial r}\right) \tag{5.22}$$

$$E_\theta = \frac{1}{k_c^2}\left(j\omega\mu\,\frac{\partial H_z}{\partial r} - \frac{\beta n}{r}\,E_z\right) \tag{5.23}$$

$$H_r = \frac{1}{k_c^2}\left(-j\beta\,\frac{\partial H_z}{\partial r} + \frac{\omega\epsilon n}{r}\,E_z\right). \tag{5.24}$$

Man sieht aus diesen Gleichungen, daß ein System von Feldern einer Eigenwelle entweder in Abhängigkeit von einem longitudinalen elektrischen Feld oder einem longitudinalen magnetischen Feld erhalten werden kann. Aus diesem Grunde gibt es, wie schon früher festgestellt wurde, TM- (oder E-)Wellen und TE- (oder H-)Wellen. Die Gln. (5.21) bis (5.24) zeigen, daß einige der Feldkomponenten durch Differentiation der longitudinalen Komponente nach r hervorgehen. Da aller Wahrscheinlichkeit nach die longitudinale Komponente eine r-Abhängigkeit in Form einer Bessel-Funktion enthalten wird, werden wir die Differentiation der Bessel-Funktionen benötigen. Es sei

$$J_n'(x) \;=\; \frac{dJ_n(x)}{dx}\,.$$

Diese Differentiation kann man mit Hilfe der Rekursionsformeln

$$J_n'(kr) \;=\; kJ_{n-1}(kr) - \frac{n}{r}J_n(kr)$$

$$J_n'(kr) \;=\; \frac{n}{r}J_n(kr) - kJ_{n+1}(kr)$$

$$J_{n+1}(kr) \;=\; \frac{2n}{kr}J_n(kr) - J_{n-1}(kr)$$

durchführen.

5.5. E-Wellen

Gl. (5.6) liefert einen Ausdruck für die E_z-Komponente des Feldes. Für E-Wellen ist H_z = 0 und die beliebige Konstante B in Gl. (5.6) gleich Null. Die beliebige Konstante A wollen wir durch eine die Amplitude des Feldes kennzeichnende Größe ersetzen und zwar $A = E_0$. Setzt man diese Werte in die Gln. (5.21) bis (5.24) ein, so ergeben sich die Feldgleichungen der E_{nm}-Welle im Kreishohlleiter

$$E_r = -\frac{j\beta}{k_c} E_0 J'_n(k_c r)\, \exp j(\omega t - n\theta - \beta z)$$

$$E_\theta = -\frac{\beta n}{k_c^2} E_0\, \frac{1}{r} J_n(k_c r)\, \exp j(\omega t - n\theta - \beta z)$$

$$E_z = E_0 J_n(k_c r)\, \exp j(\omega t - n\theta - \beta z)$$

$$H_r = \frac{\omega \epsilon n}{k_c^2} E_0\, \frac{1}{r} J_n(k_c r)\, \exp j(\omega t - n\theta - \beta z) \tag{5.25}$$

$$H_\theta = -\frac{j\omega \epsilon}{k_c} E_0 J'_n(k_c r)\, \exp j(\omega t - n\theta - \beta z)$$

$$H_z = 0$$

Die Feldbilder einiger E-Wellen im Kreishohlleiter sind in Bild 5.4 gezeigt. Die Frequenz ist so gewählt, daß λ_h/a = 4,2 ist. Die Feldverteilungen auf der linken Seite der Abbildung stellen das elektrische und das magnetische Feld in Querschnitts- bzw. Längsschnittsebenen dar, in denen das radiale elektrische Feld ein Maximum ist. Auf der rechten Seite sind das magnetische Feld und die Wandstromlinien an der Innenfläche des halben Hohlleiterumfangs dargestellt.

5.6. H-Wellen

Nachdem wir im vorigen Abschnitt die Feldgleichungen für die E-Wellen im Kreishohlleiter abgeleitet haben, ist es nun notwendig, die Randbedingungen für die H-Wellen im Kreishohlleiter zu untersuchen. Es gilt wieder die gleiche Überlegung, die bei den E-Wellen gemacht wurde, nämlich, daß die tangentialen Komponenten des elektrischen Feldes an den Hohlleiterwänden Null sein müssen. E_θ und E_z sind beide Null für r = a. Für H-Wellen ist aber E_z im gesamten Hohlleiter Null. Die Randbedingungen sind daher durch E_θ = 0 für r = a gegeben. Wie man schon in Abschnitt 4.7 gesehen hat, ist es unmöglich, direkt auf die Randbedingungen für die longitudinale Komponente des Magnetfeldes H_z zu schließen. Man muß daher von der Bedingung E_θ = 0 ausgehen. Damit ergibt sich die Randbedingung aus Gl. (5.23) mit

$$\frac{\partial H_z}{\partial r} = 0.$$

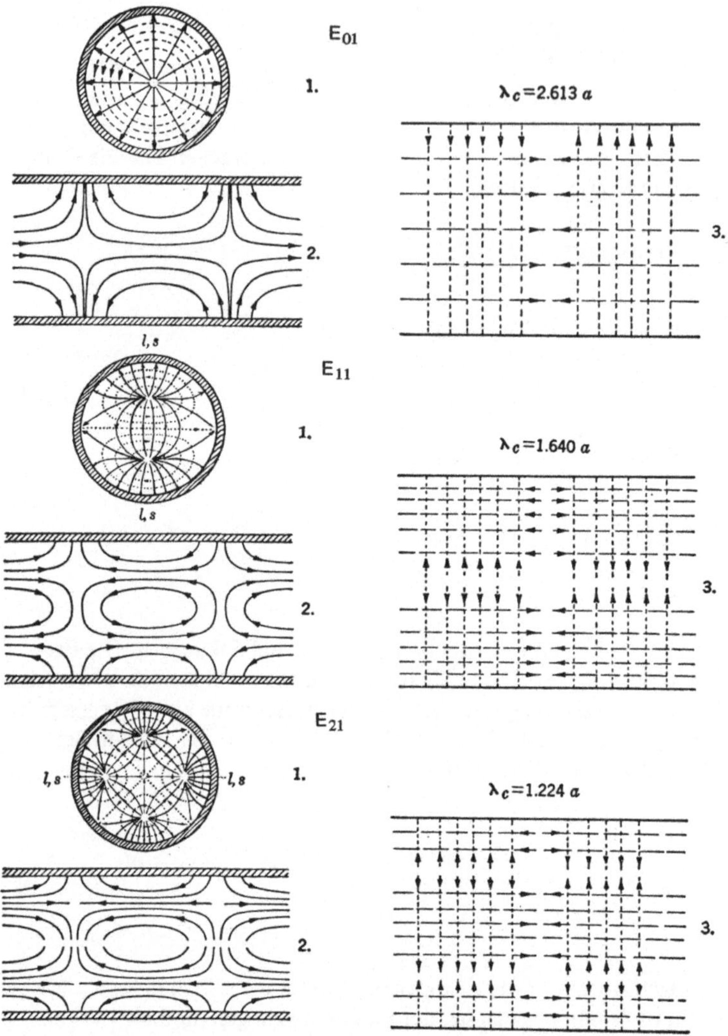

Bild 5.4. Darstellung der Feldverteilung einiger E-Wellen im Kreishohlleiter mit dem Radius a.

1. Ansicht im Querschnitt
2. Ansicht im Längsschnitt $l{-}l$
3. Ansicht der Oberfläche von s–s.

– – – Strom; ——— elektrisches Feld; - – – – – Magnetfeld

(Nach Waveguide Handbook, Herausgeber N. Marcuvitz. McGraw-Hill 1951. Reproduktion mit Genehmigung der McGraw-Hill Book Co. Inc.)

Einen Ausdruck für die longitudinale Komponente des Magnetfeldes erhält man aus einer Lösung der Gl. (5.2). Diese Lösung kann man durch ein ähnliches Verfahren erhalten, wie es zur Lösung der Gl. (5.6) angewendet wurde. Die Lösung lautet

$$H_z = [A\,J_n(k_c\,r) + BY_n(k_c\,r)]\,\exp j(\omega t - n\theta - \beta z).$$

(5.26)

Da das Feld in der Achse des Hohlleiters, also für $r = 0$, endlich sein muß, folgt daß die Konstante B gleich Null sein muß. Daher lautet die Randbedingung

$$J_n'(k_c\,a) = 0.$$

Die Ableitung der Bessel-Funktion ist ebenfalls eine oszillierende Funktion mit einer unendlichen Zahl von Nullstellen. Die Bezeichnung der H-Wellen ist ähnlich der der E-Wellen. Der zweite Index gibt an, die wievielte Nullstelle der Funktion $J_n'(x)$ betrachtet wird.

Setzt man nun $E_z = 0$ und H_z aus Gl. (5.26) mit der Konstante $A = H_0$ in die Gln. (5.21) bis (5.24) ein, so ergeben sich die Feldgleichungen für die H_{nm}-Welle im Kreishohlleiter. Sie lauten

$$\left.\begin{aligned}
E_r &= -\frac{\omega\mu n}{k_c^2}H_0\,\frac{1}{r}J_n(k_c\,r)\,\exp j(\omega t - n\theta - \beta z) \\[2mm]
E_\theta &= \frac{j\omega\mu}{k_c}H_0 J_n'(k_c\,r)\,\exp j(\omega t - n\theta - \beta z) \\[2mm]
E_z &= 0 \\[2mm]
H_r &= -\frac{j\beta}{k_c}H_0 J_n'(k_c\,r)\,\exp j(\omega t - n\theta - \beta z) \\[2mm]
H_\theta &= -\frac{\beta n}{k_c^2}H_0\,\frac{1}{r}J_n(k_c\,r)\,\exp j(\omega t - n\theta - \beta z) \\[2mm]
H_z &= H_0 J_n(k_c\,r)\,\exp j(\omega t - n\theta - \beta z)
\end{aligned}\right\}$$

(5.27)

Für einige H-Wellen im Kreishohlleiter sind die Feldbilder in Bild 5.5 dargestellt. Wie in Bild 5.4 ist die Frequenz so gewählt, daß $\lambda_h/a = 4{,}2$ ist. Die transversale und longitudinale Ansicht ist wieder in einer Ebene mit maximalem elektrischen Feld dargestellt. Die Bilder auf der rechten Seite zeigen das Magnetfeld und die Stromverteilung auf dem halben Umfang des Hohlleiters. Es ist bemerkenswert, daß die H_{11}-Welle im Kreishohlleiter eine ähnliche Feldverteilung hat wie die H_{10}-Welle im Rechteckhohlleiter (vgl. Bild 4.3) und daß beide die Grundwelle im jeweiligen Hohlleiter sind.

In Tabelle 5.2 sind die Argumente der Bessel-Funktionen angeführt, die die ersten 15 Nullstellen ergeben. Diese Nullstellen entsprechen den ersten 15 Eigenwellen im Kreis-

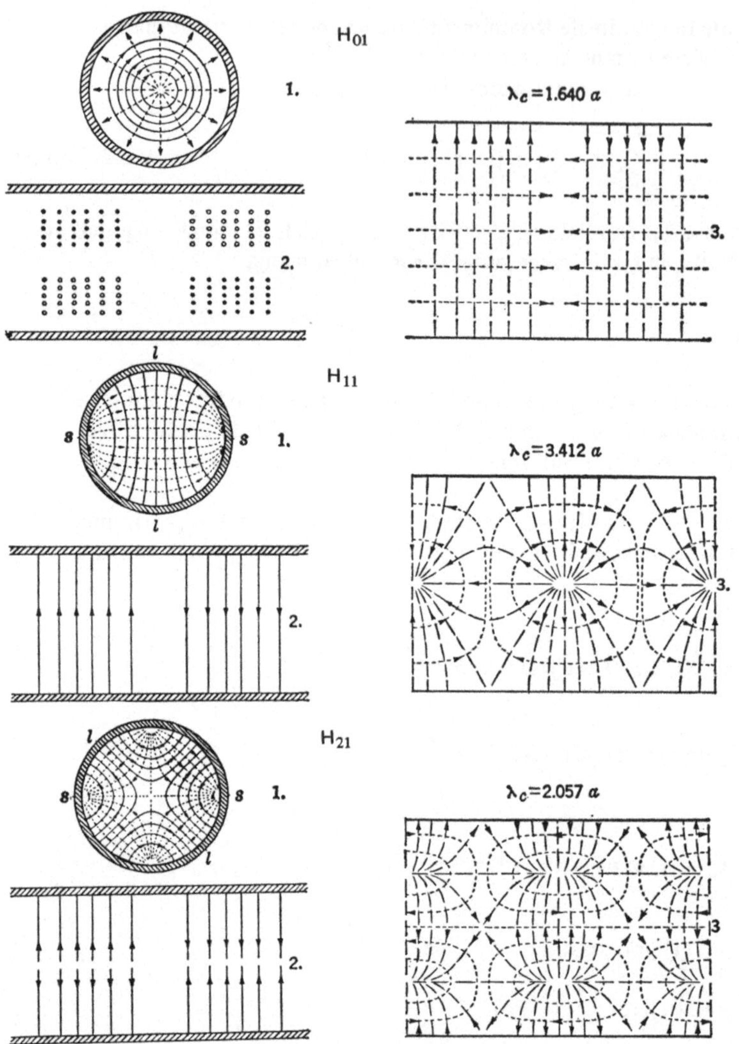

Bild 5.5. Darstellung der Feldverteilung einiger H-Wellen im Kreishohlleiter mit dem Radius a.

1. Ansicht im Querschnitt
2. Ansicht im Längsschnitt l–l
3. Ansicht der Oberfläche von s–s.

– – – Strom; ——— elektrisches Feld; – – – – – Magnetfeld

(Nach Waveguide Handbook, Herausgeber N. Marcuvitz. McGraw-Hill 1951. Reproduktion mit Genehmigung der McGraw-Hill Book Co. Inc.)

hohlleiter. Bezeichnet man den Wert des Arguments mit x und den Hohlleiterradius mit a, so tritt die Grenzfrequenz bei

$$k_c = x/a$$

bzw. bei (Gl. (4.12))

$$\lambda_c = \frac{2\pi a}{x}$$

auf.

Man sieht, daß im Vergleich zum Rechteckhohlleiter genormter Größe der Abstand zwischen der Grenzfrequenz der Grundwelle und der der nächsten Welle viel kleiner ist, so daß im Kreishohlleiter ein viel schmäleres Frequenzband als beim Rechteckhohlleiter zur Verfügung steht, in dem nur eine einzige Eigenwelle auftritt.

Tabelle 5.2: Nullstellen der Zylinderfunktionen $J_n(x)$ und $J_n'(x)$

Wellentyp	m-te Null-stelle	von	Argument
H_{11}	1	$J_1'(x)$	$1 \cdot 84$
E_{01}	1	$J_0(x)$	$2 \cdot 40$
H_{21}	1	$J_2'(x)$	$3 \cdot 05$
E_{11}	1	$J_1(x)$	$3 \cdot 83$
H_{01}	1	$J_0'(x)$	$3 \cdot 83$
H_{31}	1	$J_3'(x)$	$4 \cdot 20$
E_{21}	1	$J_2(x)$	$5 \cdot 14$
H_{41}	1	$J_4'(x)$	$5 \cdot 32$
H_{12}	2	$J_1'(x)$	$5 \cdot 33$
E_{02}	2	$J_0(x)$	$5 \cdot 52$
E_{31}	1	$J_3(x)$	$6 \cdot 38$
H_{51}	1	$J_5'(x)$	$6 \cdot 42$
H_{22}	2	$J_2'(x)$	$6 \cdot 71$
E_{12}	2	$J_1(x)$	$7 \cdot 02$
H_{02}	2	$J_0'(x)$	$7 \cdot 02$

5.7. Polarisation

Die Winkelabhängigkeit der Wellen im Kreishohlleiter wird durch $\exp(-jn\theta)$ dargestellt, wobei n eine ganze Zahl ist. Das bedeutet, daß die gesamte Feldverteilung um die z-Achse rotiert, wenn die Welle im Raum fortschreitet. Betrachten wir die Grundwelle, die H_{11}-Welle. Die Richtung des maximalen elektrischen Feldes beschreibt zu jedem beliebigen Zeitpunkt eine Schraubenlinie im Raum. Diese Schraubenlinie ist in Bild 5.6 bildlich dargestellt. Eine solche Welle könnte „schraubenförmig" genannt werden, obwohl sie im allgemeinen als *zirkular polarisierte Welle* bezeichnet wird.

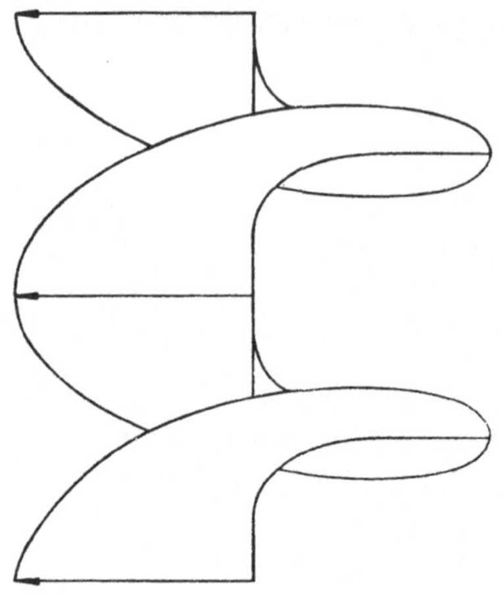

Bild 5.6
Ortskurve des elektrischen Feldvektors einer
„schraubenförmigen" Welle (zwei Wellenlängen)

Hätte man einen Detektor zur Verfügung, der nur die Komponente des elektrischen
Feldes in einer einzigen Richtung anzeigt, so würde das Feld den Anschein erwecken, als
ob es während seiner Ausbreitung eine gewöhnliche sinusförmige Änderung erfährt. Die
exponentielle Winkelabhängigkeit kann man in zwei, um $90°$ gegeneinander verschobene
Komponenten zerlegen:

$$\exp(-\mathrm{j}n\theta) = \cos n\theta - \mathrm{j}\sin n\theta .$$

Für die Grundwelle ist n = 1; das bedeutet, daß die zwei Komponenten aufeinander normal stehen. Man kann also die zirkular polarisierte Welle in eine Welle, deren Feldkomponenten in x-Richtung liegen, und in eine Welle gleicher Amplitude, deren Komponenten in
y-Richtung liegen, zerlegen. Vom mathematischen Standpunkt aus gibt es keinen Grund,
warum n nur eine positive ganze Zahl sein kann. Wenn n eine negative ganze Zahl ist, dann
dreht sich die zirkular polarisierte Welle in entgegengesetzter Richtung zu der mit positivem
n. Daher liegt die Definition einer *positiv* und *negativ zirkular polarisierten Welle* auf der
Hand. Diese Definition ist mit den speziellen Annahmen für das Zylinderkoordinatensystem verbunden und eignet sich ausgezeichnet für jede in sich geschlossene Betrachtungs-
weise. Bei der Verständigung mit anderen benötigt man jedoch eine strengere Definition
zur Kennzeichnung der Zirkularpolarisation. Eine *rechts zirkular polarisierte Welle* besitzt
ein positives n in einem Rechtssystem von Zylinderkoordinaten. Eine *links zirkular polarisierte Welle* besitzt ein negatives n in einem Rechtssystem von Zylinderkoordinaten und
einen positiven Wert von n in einem linksgerichteten Koordinatensystem. Das Koordinatensystem, das in Bild 5.1 definiert wurde, ist ein Rechtssystem. Da Gl. (5.4) nur n^2 enthält,
ist die Ordnung der Bessel-Funktion $|n|$; in den Gln. (5.25) und (5.27) sind stets positive
– aber mit dem richtigen Vorzeichen versehene – Werte von n zu verwenden.

Man kann sich die Definition einer rechts zirkular polarisierten Welle so veranschau-
lichen: bei festgehaltener Zeit beschreibt der Ort des Maximums des elektrischen Feldes

eine Schraube im Raum, deren Drehrichtung entgegengesetzt dem Uhrzeigersinn ist. Andererseits dreht sich das Maximum des elektrischen Feldes im Uhrzeigersinn, wenn der Beobachter an einem fixen Ort bleibt, z also konstant ist.

Die in Abschnitt 2.8 beschriebene ebene Welle besitzt ein elektrisches Feld, das immer nur in einer Richtung im Raum orientiert ist. Eine solche Welle nennt man eine *linear polarisierte Welle* und die Ebene, in der der Vektor des elektrischen Feldes liegt, wird die *Polarisationsebene* genannt. Betrachtet man die Komponenten des elektrischen Feldes im Zylinderkoordinatensystem, wie es in Bild 5.2 gezeigt ist, so sieht man, daß die Komponenten im kartesischen Koordinatensystem auf die im Zylinderkoordinatensystem mit Hilfe der Beziehungen

$$E_r = E_x \cos\theta + E_y \sin\theta$$

$$E_\theta = E_y \cos\theta - E_x \sin\theta$$

zurückgeführt werden können. Schreibt man die durch die Gln. (2.20) und (2.28) definierte ebene Welle in Zylinderkoordinaten an, so erhält man

$$\left. \begin{aligned}
E_r &= E_0 \cos\theta \, \exp j(\omega t - \beta z) \\
E_\theta &= E_0 \sin\theta \, \exp j(\omega t - \beta z) \\
\eta H_r &= E_0 \sin\theta \, \exp j(\omega t - \beta z) \\
\eta H_\theta &= E_0 \cos\theta \, \exp j(\omega t - \beta z).
\end{aligned} \right\} \qquad (5.28)$$

Man kann die Winkelabhängigkeit der Gl. (5.28) herausheben und eine der Eigenschaften der Linearpolarisation zeigen:

$$E_0 \cos\theta = \tfrac{1}{2} E_0 \exp j\theta + \tfrac{1}{2} E_0 \exp(-j\theta).$$

Man kann also eine linear polarisierte Welle in zwei gleiche, aber entgegengesetzt zirkular polarisierte Wellen zerlegen. In ähnlicher Weise haben wir bereits gezeigt, daß eine zirkular polarisierte Welle in zwei gleiche, linear polarisierte Wellen zerlegt werden kann, die normal aufeinander stehen und einen Phasenunterschied von 90° aufweisen. Die Berechnungen in diesem Kapitel haben gezeigt, daß in mathematischer Hinsicht kein Unterschied besteht, ob man die elektromagnetischen Felder im Zylinderkoordinatensystem unter Verwendung zirkularer oder linearer Polarisation betrachtet, um irgendeine Welle zu beschreiben. Welcher Beschreibung der Vorzug gegeben wird, hängt von dem physikalischen System ab, das gerade untersucht wird. Wenn wir eine linear polarisierte ebene Welle beschreiben, dann werden wir sie entweder mit Hilfe kartesischer Koordinaten oder mit Hilfe „linear polarisierter" Zylinderkoordinaten wie in Gl. (5.28) beschreiben.

Die *Polarisationsebene* einer linear polarisierten ebenen Welle ist jene Ebene, die durch die Ausbreitungsrichtung und die Richtung des maximalen elektrischen Feldes aufgespannt wird. Für die Wellen im Kreishohlleiter ist die Polarisationsebene jene Ebene, die das Maximum des elektrischen Feldes in der Achse des Hohlleiters enthält. Diese Beschreibung gilt streng nur für die Grundwelle, die sich in der Achse des Hohlleiters in ihrem Verhalten einer ebenen Welle nähert. Die Grundwelle im Kreishohlleiter, die direkt durch die

Grundwelle eines Rechteckhohlleiters angeregt wird, ist linear polarisiert und man sollte die Beschreibung der Linearpolarisation im Inneren des Hohlleiters verwenden. In Kapitel 7 untersuchen wir ein System, in dem die Beschreibung durch zirkular polarisierte Feldgrößen die einzige mathematisch sinnvolle ist. Deshalb wurde diese Beschreibung auch in den Gln. (5.25) und (5.27) verwendet.

5.8. TEM-Wellen in Zylinderkoordinaten

Eine sich im unbegrenzten Medium ausbreitende ebene Welle besitzt weder longitudinale Komponenten des elektrischen noch longitudinale Komponenten des magnetischen Feldes. Wir wollen nun mathematisch die Bedingungen untersuchen, unter denen eine solche Welle in Zylinderkoordinaten beschrieben werden kann. Wir wollen die gleiche Winkel-, Zeit- und Ortsabhängigkeit der Feldkomponenten wie in Gl. (5.6) annehmen. Setzt man $H_z = 0$ und $E_z = 0$ in den Gln. (5.15) und (5.20) ein und vereinfacht sie, so ergibt sich

$$\beta H_\theta = \omega \epsilon E_r \tag{5.29}$$

$$\beta H_r = -\omega \epsilon E_\theta \tag{5.30}$$

$$\frac{1}{r} H_\theta + \frac{\partial H_\theta}{\partial r} + j \frac{n}{r} H_r = 0 \tag{5.31}$$

$$\beta E_\theta = -\omega \mu H_r \tag{5.32}$$

$$\beta E_r = \omega \mu H_\theta \tag{5.33}$$

$$\frac{1}{r} E_\theta + \frac{\partial E_\theta}{\partial r} + j \frac{n}{r} E_r = 0 . \tag{5.34}$$

Man sieht, daß die Gln. (5.29) und (5.33) sowie die Gln. (5.30) und (5.32) unabhängige Paare von Gleichungen bilden. Die Lösung dieser Paare ergibt

$$\beta^2 = \omega^2 \mu \epsilon . \tag{5.35}$$

Diese Lösung zeigt, daß jede Welle, die durch die Gln. (5.29) bis (5.34) beschrieben wird, die gleiche Ausbreitungskonstante wie eine ebene Welle besitzt. Diese Welle ist eine TEM-Welle. Wenn man sich daran erinnert, daß jn einer Drehung um 90° im Raum äquivalent ist, dann verändert dieses Glied $\cos\theta$ zu $\sin\theta$ und umgekehrt, so daß Gl. (5.28) die obigen Gleichungen erfüllt und eine Lösung in Form einer ebenen Welle darstellt.

$$\left. \begin{array}{l} E_r = E_0 \cos\theta \, \exp j(\omega t - \beta z) \\[2mm] E_\theta = E_0 \sin\theta \, \exp j(\omega t - \beta z) \\[2mm] \eta H_r = E_0 \sin\theta \, \exp j(\omega t - \beta z) \\[2mm] \eta H_\theta = E_0 \cos\theta \, \exp j(\omega t - \beta z) \end{array} \right\} \tag{5.28}$$

Für eine ebene Welle ist n = 1 und es gibt keine Änderung in bezug auf r, so daß die Gln. (5.31) und (5.34) zu

$$\left. \begin{array}{l} \dfrac{1}{r}\,H_\theta \;=\; -j\,\dfrac{1}{r}\,H_r \\[2ex] \dfrac{1}{r}\,E_\theta \;=\; -j\,\dfrac{1}{r}\,E_r \end{array} \right\} \qquad (5.36)$$

werden. Erinnert man sich wieder daran, daß in diesen Gleichungen der Faktor j eine Drehung im Raum um 90° und keine Phasendifferenz bedeutet, dann findet man, daß die Gl. (5.28) auch Gl. (5.36) erfüllt.

Es gibt auch eine Lösung der Gln. (5.29) bis (5.34), die die Randbedingungen des Kreishohlleiters erfüllt. Es soll aber noch immer eine TEM-Welle auftreten, die Ausbreitungsbedingung also durch die Lösung der Gln. (5.29), (5.30), (5.32) und (5.33) gegeben sein. Machen wir n = 0 und lassen eine radiale Änderung der Felder zu, so werden die Gln. (5.31) und (5.34) zu

$$\left. \begin{array}{l} \dfrac{1}{r}\,H_\theta \;+\; \dfrac{\partial H_\theta}{\partial r} \;=\; 0 \\[2ex] \dfrac{1}{r}\,E_\theta \;+\; \dfrac{\partial E_\theta}{\partial r} \;=\; 0 \end{array} \right\} \qquad (5.37)$$

Die Lösung von Gl. (5.37) lautet:

$$\left. \begin{array}{l} H_\theta \;=\; \dfrac{1}{r}\,H_0 \, \exp j(\omega t - \beta z) \\[2ex] E_\theta \;=\; \dfrac{1}{r}\,E_0 \, \exp j(\omega t - \beta z) \end{array} \right\} \qquad (5.38)$$

Die Felder nach Gl. (5.38) wachsen im Ursprung über alle Grenzen, so daß ihre Existenz nicht zugelassen werden kann. Daher ist eine Randbedingung die, daß sich ein Leiter im Ursprung, also bei r = 0, befinden muß. Daher sind dies die Felder, die einen Draht umgeben, entlang dem sich eine elektromagnetische Welle ausbreitet. Der zylindrische Leiter gibt außerdem die Randbedingung vor, daß E_θ = 0 an jeder Stelle seiner Oberfläche sein muß. Also ist E_θ gleich Null und die einzig möglichen Felder, die den Leiter umgeben, sind

$$H_\theta \;=\; \frac{1}{r}\,H_0 \, \exp j(\omega t - \beta z) \qquad (5.39)$$

$$E_r \;=\; \eta\,\frac{1}{r}\,H_0 \, \exp j(\omega t - \beta z) \qquad (5.40)$$

$$E_\theta \;=\; E_z \;=\; H_r \;=\; H_z \;=\; 0 .$$

Dieses Feld muß durch einen äußeren Leiter, der den inneren kreiszylindrischen Leiter konzentrisch umgibt, eingeschlossen werden, so wie es Bild 5.7 zeigt. Dies ist eine koaxiale Leitung, die näherungsweise durch ein Koaxialkabel realisiert wird. Es gibt keinerlei Grenzfrequenzen die sich aus den Gln. (5.39) und (5.40) ergeben könnten, weil die Ausbreitungs-

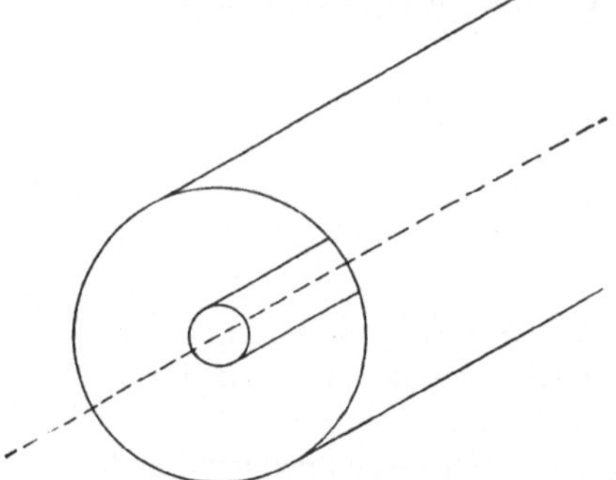

Bild 5.7
Koaxialleitung

konstante nach Gl. (5.35) die einer ebenen Welle ist. Die eben besprochene Eigenwelle
kann sich bei allen beliebig tiefen Frequenzen bis zum Gleichstrom ausbreiten. Es sei
darauf hingewiesen, daß die Feldabhängigkeit die gleiche ist, wie die zufolge eines Gleichstroms und eines elektrostatischen Potentials zwischen den Leitern. Der einzige Unterschied
ist der, daß damit zeitlich veränderliche Felder verbunden sind. Die TEM-Welle ist die
Grundwelle im koaxialen Wellenleiter, aber sie ist nicht die einzig mögliche Welle. Es gibt
auch Eigenwellen höherer Ordnung, die eine Grenzfrequenz aufweisen und Hohlleiterwellen genannt werden.

5.9. Hohlleiterwellen in der Koaxialleitung

Wir wollen annehmen, daß zumindest eines der beiden Felder, das elektrische oder
das magnetische, eine longitudinale Komponente besitzt. Für eine E-Welle ist die Wellengleichung in Gl. (5.1) gegeben, die eine allgemeine Lösung nach Gl. (5.6) besitzt. Besteht
der Wellenleiter aus einem kreiszylindrischen Metallrohr mit dem Innenradius a und, innerhalb davon, aus einem konzentrischen, kreiszylindrischen Metallstab mit dem Radius b, so
lauten die Randbedingungen E_z = 0 für r = a und r = b für den Fall, daß die Metall-
wände ideal leitend sind. Für diese beiden Randbedingungen ergeben sich die Gleichungen

$$A J_n(k_c a) + B Y_n(k_c a) = 0 \tag{5.41}$$

$$A J_n(k_c b) + B Y_n(k_c b) = 0. \tag{5.42}$$

Die Konstante B muß nicht notwendigerweise Null sein, da keine Felder im Ursprung des
Koordinatensystems, d.h. in der Achse des Wellenleiters existieren. Das homogene Gleichungs-
system bestehend aus den Gln. (5.41) und (5.42), kann in Matrizenform angeschrieben werden

$$\begin{pmatrix} A \\ B \end{pmatrix} \begin{pmatrix} J_n(k_c a) & Y_n(k_c a) \\ J_n(k_c b) & Y_n(k_c b) \end{pmatrix} = 0 \, .$$

Da $\begin{pmatrix} A \\ B \end{pmatrix}$ = 0 eine triviale Lösung dieser Gleichung darstellt, folgt die brauchbare Lösung aus dem Nullsetzen der Determinante der Matrix

$$\begin{pmatrix} J_n(k_c a) & Y_n(k_c a) \\ J_n(k_c b) & Y_n(k_c b) \end{pmatrix},$$

also

$$\begin{vmatrix} J_n(k_c a) & Y_n(k_c a) \\ J_n(k_c b) & Y_n(k_c b) \end{vmatrix} = 0. \qquad (5.43)$$

Gl. (5.43) wird die charakteristische Gleichung dieses Hohlleiters genannt und gibt eine Beziehung zwischen k_c, a und b an. Die Lösungen der Gl. (5.43) sind bekannt und können nachgeschlagen werden.

In ähnlicher Weise ist für die H-Wellen die Gl. (5.26) eine allgemeine Lösung der Wellengleichung. Die Randbedingungen lauten

$$\frac{\partial H_z}{\partial r} = 0$$

für r = a und r = b, die die Gleichungen

$$A J_n'(k_c a) + B Y_n'(k_c a) = 0$$

$$A J_n'(k_c b) + B Y_n'(k_c b) = 0$$

ergeben. Daraus erhält man die charakteristische Gleichung

$$\begin{vmatrix} J_n'(k_c a) & Y_n'(k_c a) \\ J_n'(k_c b) & Y_n'(k_c b) \end{vmatrix} = 0. \qquad (5.44)$$

Gl. (5.43) stellt die charakteristische Gleichung für die E-Wellen und Gl. (5.44) die charakteristische Gleichung für die H-Wellen dar.

Hat man einmal die Eigenwerte von k_c gefunden, so lassen sich die Ausdrücke für die Feldkomponenten in Analogie zu den Gln. (5.25) und (5.27) bestimmen. Sie werden hier nicht angegeben, aber es wird dem Leser als Übung überlassen, diese Ausdrücke für die Felder anzuschreiben.

Die Feldbilder einiger E-Wellen in koaxialen Wellenleitern sind in Bild 5.8, die einiger H-Wellen in Bild 5.9 gezeigt. Das Verhältnis der Dimensionen des Wellenleiters ist a/b = 3, die Frequenz wurde so gewählt, daß λ_h/a = 4,24 ist. Die Feldbilder auf der linken Seite der Abbildungen stellen die elektrischen und magnetischen Feldlinien in transversalen und longitudinalen Ebenen dar, in denen die radiale elektrische Feldstärke ein Maximum ist. Die Bilder auf der rechten Seite zeigen das magnetische Feld und die Wandstromlinien an der Innenfläche des halben Umfangs des Außenleiters.

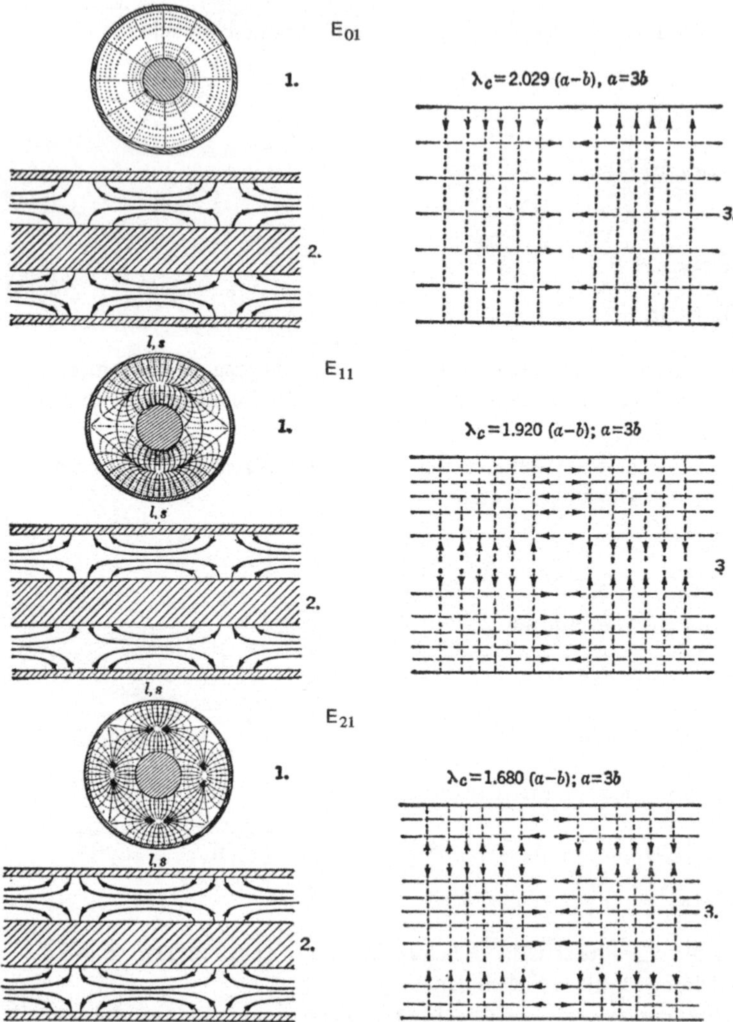

Bild 5.8. Darstellung der Feldverteilung einiger E-Wellen auf der Koaxialleitung (Radius des Außenleiters: a, Radius des Innenleiters: b).

1. Ansicht im Querschnitt
2. Ansicht im Längsschnitt *l−l*
3. Ansicht der Oberfläche von s−s

– – – Strom; ———— elektrisches Feld; – – – – – Magnetfeld

(Nach Waveguide Handbook, Herausgeber N. Marcuvitz. McGraw-Hill 1951. Reproduktion mit Genehmigung der McGraw-Hill Book Co. Inc.)

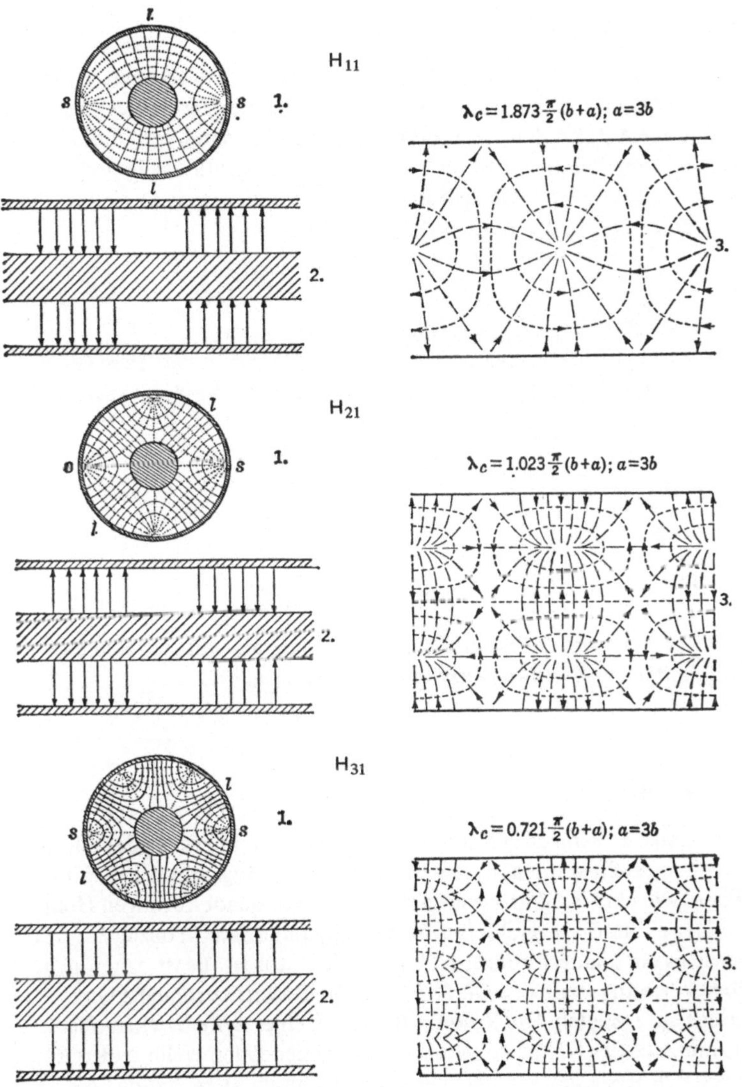

Bild 5.9. Darstellung der Feldverteilung einiger H-Wellen auf der Koaxialleitung (Radius des Außenleiters: a, Radius des Innenleiters: b).

1. Ansicht im Querschnitt
2. Ansicht im Längsschnitt $l-l$
3. Ansicht der Oberfläche von s—s

— — — Strom; ———— elektrisches Feld; — — — — Magnetfeld

(Nach Waveguide Handbook, Herausgeber N. Marcuvitz. McGraw-Hill 1951. Reproduktion mit Genehmigung der McGraw-Hill Book Co. Inc.)

5.10. Feldwellenwiderstand im Hohlleiter

Der Feldwellenwiderstand in einem Hohlleiter ist durch Gl. (3.27) gegeben. Es wurde bereits in Abschnitt 4.11 gezeigt, daß die transversalen Komponenten der Felder paarweise auftreten und ein konstantes Amplitudenverhältnis aufweisen. Betrachtet man die Gln. (5.21) bis (5.24), so sieht man, daß dies auch für geführte Wellen gilt, die im Zylinderkoordinatensystem dargestellt werden. Infolgedessen können wir zu einem Ausdruck für den Feldwellenwiderstand gelangen, der ähnlich Gl. (4.48) ist:

$$Z_F = \frac{E_t}{H_t} = \frac{E_r}{H_\theta} = -\frac{E_\theta}{H_r}. \tag{5.45}$$

Setzt man aus den Gln. (5.21) bis (5.24) in Gl. (5.45) ein, so sieht man, daß diese Gleichung für alle Fälle gilt, bei denen die Welle rein transversal-magnetisch oder transversalelektrisch ist:

$$\text{für E-Wellen} \quad Z_{FE} = \frac{\beta}{\omega\epsilon} = \eta \frac{\lambda_0}{\lambda_h}$$

$$\text{für H-Wellen} \quad Z_{FH} = \frac{\omega\mu}{\beta} = \eta \frac{\lambda_h}{\lambda_0}.$$

Der in Gl. (4.48) angegebene Ausdruck für den Feldwellenwiderstand gilt für Hohlleiterwellen im Rechteckhohlleiter, im Kreishohlleiter und im koaxialen Wellenleiter.

5.11. Hohlraumresonator

Ein Mikrowellenresonator kann aus einem Stück eines Kreishohlleiters oder eines koaxialen Wellenleiters hergestellt werden, das an beiden Enden kurzgeschlossen ist, in derselben Art und Weise, wie eine quaderförmige Schachtel einen quaderförmigen Hohlraumresonator bildet. Der zylindrische Hohlraum ist nicht symmetrisch in bezug auf das Koordinatensystem, wie es ein quaderförmiger Hohlraumresonator ist. Es ist daher nicht möglich, eine einfache Gleichung analog zu Gl. (4.54) für die Resonanzfrequenz eines zylindrischen Hohlraums aufzustellen. Die Resonanzfrequenz eines zylindrischen oder koaxialen Hohlraums muß aus der Grenzbedingung der entsprechenden Welle im Kreishohlleiter oder im koaxialen Wellenleiter berechnet werden. Um die Berechnung der Resonanzfrequenz eines kreiszylindrischen Hohlraumresonators zu vereinfachen und einen Behelf für den Entwurf eines solchen Resonators bereitzustellen, wurde eine sogenannte „Modenkarte" [1] aufgestellt, die die Resonanzfrequenz eines kreiszylindrischen Hohlraumresonators mit seinen Dimensionen in Beziehung setzt. Der Hohlraumresonator ist schematisch in Bild 5.10 dargestellt, die Modenkarte ist in Bild 5.11 angegeben. Der dritte Index bei der Bezeichnung der Eigenwellen bedeutet die Länge des Resonators, angegeben in

---

[1] Anm. d. Übers.: Im Englischen ist „mode" für Eigenwelle gebräuchlich.

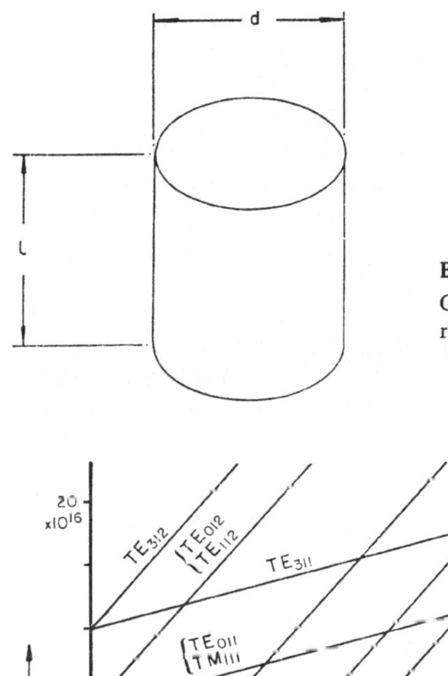

Bild 5.10

Gestalt und Dimensionen eines zylindrischen Hohlraumresonators

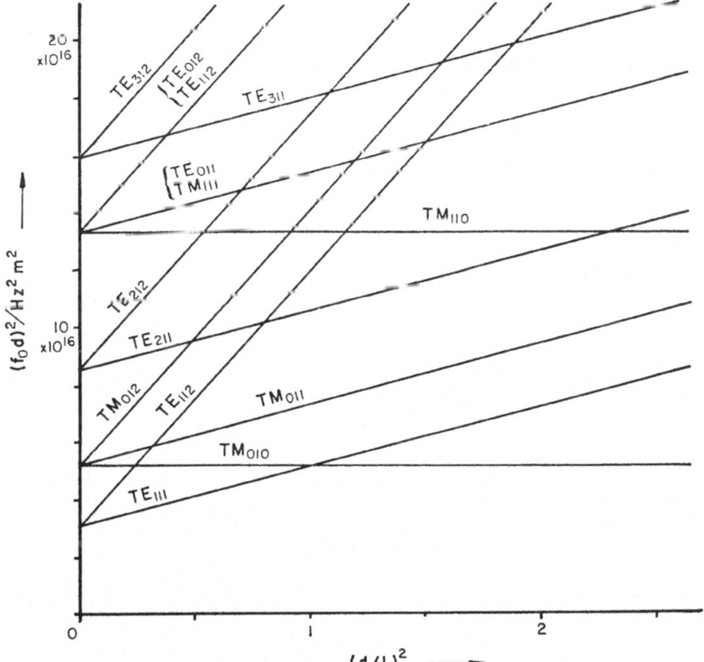

Bild 5.11. Modenkarte eines kreiszylindrischen Resonators mit dem Durchmesser d und der Länge l

halben Wellenlängen des äquivalenten Kreishohlleiters. Benützt man die gleiche Bezeichnungsweise wie für die Eigenwellen des Hohlleiters, dann heißen die Eigenschwing ungen
des zylindrischen Resonators entweder E_{nmp} oder H_{nmp}. Es sei darauf hingewi der , dar
es Eigenschwingungen vom H-Typ gibt, die keine Änderung der Felder entlang der Länge
des Resonators aufweisen.

Für den Entwurf eines Hohlraumresonators ist weiters von Bedeutung, daß man einen hohen Gütefaktor und eine genaue Kontrolle der Resonanzfrequenz erzielt. Die Verluste in einem Hohlraum, der keine Materialfüllung aufweist, werden ausschließlich von der spezifischen Leitfähigkeit des Wandmaterials bestimmmt. Da die Verlustleistung proportional der Fläche der Wände, die gespeicherte Energie aber proportional dem Volumen des Hohlraums ist, weisen große Hohlraumresonatoren einen hohen Gütefaktor auf. In großen Resonatoren treten jedoch eine Vielzahl von Eigenschwingungen verschiedener Frequenzen auf. Es ist daher notwendig, alle möglichen Resonanzfrequenzen jedes Hohlraums zu bestimmen. Zylindrische Hohlraumresonatoren werden häufig verwendet, da sie leicht und mit hoher Präzision herzustellen sind. Die in Bild 5.11 dargestellte Modenkarte ist sehr nützlich für die Bestimmung der Form und der Größe eines Hohlraumresonators, damit er in einem vorgeschriebenen Frequenzband nur eine einzige Eigenschwingung aufweist.

5.12. Zusammenfassung

5.1. Die Berandung ist ein **kreiszylindrisches metallisches Rohr** mit ideal leitenden Wänden.

5.2. Die Lösung der Maxwellschen Gleichungen in Zylinderkoordinaten ergibt

$$\frac{\partial^2 E_z}{\partial r^2} + \frac{1}{r} \frac{\partial E_z}{\partial r} + \frac{1}{r^2} \frac{\partial^2 E_z}{\partial \theta^2} + \frac{\partial^2 E_z}{\partial z^2} = -\omega^2 \mu \epsilon E_z \tag{5.1}$$

$$\frac{\partial^2 H_z}{\partial r^2} + \frac{1}{r} \frac{\partial H_z}{\partial r} + \frac{1}{r^2} \frac{\partial^2 H_z}{\partial \theta^2} + \frac{\partial^2 H_z}{\partial z^2} = -\omega^2 \mu \epsilon E_z . \tag{5.2}$$

Die Ortsabhängigkeit entlang der z-Achse ist $\exp(-j\beta z)$.
Die Winkelabhängigkeit ist $\exp(-jn\theta)$
und es gilt

$$k_c^2 = \omega^2 \mu \epsilon - \beta^2 .$$

Dies führt auf die **Besselsche Differentialgleichung**

$$\frac{\partial^2 E_z}{\partial r^2} + \frac{1}{r} \frac{\partial E_z}{\partial r} + \left(k_c^2 - \frac{n^2}{r^2} \right) E_z = 0 \tag{5.4}$$

mit der Lösung

$$E_z = [A J_n(k_c r) + B Y_n(k_c r)] \exp j(\omega t - n\theta - \beta z) . \tag{5.6}$$

5.3. Die Randbedingungen für den Kreishohlleiter werden durch die Lösung der Gleichungen

$$J_n(k_c a) = 0 \qquad \text{für E-Wellen}$$

$$J'_n(k_c a) = 0 \qquad \text{für H-Wellen} \tag{5.8}$$

vorgegeben.

5.4. Die anderen Komponenten des elektrischen und magnetischen Feldes können in Abhängigkeit von den Ableitungen der beiden longitudinalen Komponenten ausgedrückt werden.

5.5. Die Feldkomponenten der E_{nm}-Welle sind in Gl. (5.25) angegeben.

5.6. Die z-Komponente des magnetischen Feldes lautet

$$H_z = [A J_n(k_c r) + B Y_n(k_c r)]\, \exp j(\omega t - n\theta - \beta z). \tag{5.26}$$

Die Feldkomponenten der H_{nm}-Welle sind in Gl. (5.27) angegeben.

5.7. Zirkular polarisierte Welle — die Spitze des elektrischen Feldvektors beschreibt im Raum eine Schraube.

Linear polarisierte Welle — das Maximum des elektrischen Feldes liegt immer in einer Ebene, der Polarisationsebene.

Eine linear polarisierte Welle kann in zwei zirkular polarisierte Wellen gleicher Amplitude, aber entgegengesetzter Drehrichtung zerlegt werden.

Eine zirkular polarisierte Welle kann in zwei linear polarisierte Wellen zerlegt werden, die gleiche Amplitude besitzen, aber eine Phasenverschiebung um $90°$ aufweisen.

5.8. Auf einer koaxialen Leitung ist eine TEM-Welle ausbreitungsfähig. Ihre Feldkomponenten sind durch

$$H_\theta = \frac{1}{r} H_0 \exp j(\omega t - \beta z) \tag{5.39}$$

$$E_r = \eta \frac{1}{r} H_0 \exp j(\omega t - \beta z) \tag{5.40}$$

gegeben.

5.9. Die charakteristischen Gleichungen für Hohlleiterwellen in einer koaxialen Leitung sind

$$\begin{vmatrix} J_n(k_c a) & Y_n(k_c a) \\ J_n(k_c b) & Y_n(k_c b) \end{vmatrix} = 0 \qquad \text{für E-Wellen} \tag{5.43}$$

$$\begin{vmatrix} J'_n(k_c a) & Y'_n(k_c a) \\ J'_n(k_c b) & Y'_n(k_c b) \end{vmatrix} = 0 \qquad \text{für H-Wellen.} \tag{5.44}$$

5.10. Feldwellenwiderstand im Hohlleiter

$$\text{für E-Wellen} \quad Z_{FE} = \frac{\beta}{\omega \epsilon} = \eta \frac{\lambda_0}{\lambda_h}$$

$$\text{für H-Wellen} \quad Z_{FH} = \frac{\omega \mu}{\beta} = \eta \frac{\lambda_h}{\lambda_0}.$$

5.11. Die Resonanzfrequenz eines kreiszylindrischen Resonators erhält man aus der Modenkarte Bild 5.11.

Aufgaben

5.1. Es sind die Grenzfrequenzen für die im folgenden angegebenen Wellen in einem Kreishohlleiter zu berechnen, dessen Innendurchmesser 2 cm beträgt: E_{01}-Welle, H_{01}-Welle, H_{11}-Welle, E_{11}-Welle, E_{12}-Welle.
[11,4; 18,3; 8,8; 18,3; 33,6 GHz]

5.2. Es ist zu diskutieren, ob die Gln. (5.21) bis (5.24) allgemein gültig oder ob sie nur innerhalb eines Kreishohlleiters anwendbar sind. Vergleiche die Gln. (5.21) bis (5.24) mit den Gln. (4.29) bis (4.32).

5.3. Mit Hilfe der in Abschnitt 5.4 angegebenen Rekursionsformeln sind Ausdrücke für $J_1'(x)$, $J_0'(x)$, $J_3'(x)$ in Abhängigkeit von $J_0(x)$ und $J_1(x)$ anzugeben.

5.4. Durch Einsetzen der entsprechenden Gleichungen ist die Richtigkeit der Gln. (5.25) und (5.27) zu bestätigen.

5.5. Ein Zirkularpolarisator kann aus einem Material hergestellt werden, das richtungsabhängige elektrische Eigenschaften aufweist. In einer Ebene des Materials wirkt für eine elektromagnetische ebene Welle, deren elektrisches Feld parallel zu dieser Ebene im Material liegt, eine Dielektrizitätskonstante $\epsilon_t\,\epsilon_0$. Für eine elektromagnetische Welle, deren elektrisches Feld normal auf diese Ebene gerichtet ist, wirkt die Dielektrizitätskonstante ϵ_0. Es sind die Ausdrücke für die Feldkomponenten der ebenen Welle anzuschreiben, die als linear polarisierte Welle in das Material eintritt, wobei das elektrische Feld einen Winkel von 45° zu der oben erwähnten Ebene des Materials einschließt. Wie dick muß eine Platte aus diesem Material sein, damit am Ausgang eine zirkular polarisierte ebene Welle auftritt? Welche Welle tritt am Ausgang auf, wenn die Platte doppelt so dick ist? Welchen Effekt hat eine Änderung des Winkels zwischen der Polarisationsebene der einfallenden Welle und der erwähnten Ebene des Materials für diese (doppelte) Dicke?

5.6. Ausgehend von den Gln. (5.39) und (5.40) und den fundamentalen Feldbeziehungen sind Ausdrücke für den Strom und die Potentialdifferenz auf einer koaxialen Leitung abzuleiten.

5.7. Unter Verwendung der asymptotischen Ausdrücke für große Argumente

$$J_n(x) = \sqrt{\frac{2}{\pi x}}\cos\left(x - \frac{1}{2}n\pi - \frac{1}{4}\pi\right)$$

$$Y_n(x) = \sqrt{\frac{2}{\pi x}}\sin\left(x - \frac{1}{2}n\pi - \frac{1}{4}\pi\right)$$

ist zu zeigen, daß die Bedingungen für das Auftreten von Grenzfrequenzen beim koaxialen Wellenleiter mit großem Durchmesser, aber konstantem radialen Abstand zwischen den Leitern, die gleichen sind wie die bei einer Parallelplattenleitung mit gleichem Abstand zwischen den Leitern.

5.8.   Die ersten drei Wurzeln der Gleichung

$$J_1(x)\, Y_1(10x) - Y_1(x)\, J_1(10x) = 0$$

sind $x_1 = 0{,}394$; $x_2 = 0{,}733$; $x_3 = 1{,}075$.

Es sind die Grenzfrequenzen der Eigenwellen auf einem Koaxialkabel zu berechnen, die zu diesen Wurzeln gehören. Die Dimensionen des Koaxialkabels sind: Außenabmessung des inneren Leiters = 1 mm; Innenabmessung des äußeren Leiters = 1 cm. Die einzelnen Eigenwellen sind mit den entsprechenden Indizes zu versehen.
[37,6; 70,2; 102,8 GHz]

5.9.   Die Ausdrücke für die Feldkomponenten der Hohlleiterwellen auf einer koaxialen Leitung sind explizit anzuschreiben.

5.10. Es ist ein zylindrischer Hohlraumresonator zu entwerfen, der zwei Resonanzfrequenzen aufweist, wobei die eine doppelt so groß ist wie die andere. Es sind Näherungswerte für d/l und $f\,d$ vorzuschlagen und die Eigenschwingungen zu identifizieren, die diese Bedingung erfüllen.

6. Leitende Medien

6.1. Einleitung

In einem idealen Leiter wird die Leitfähigkeit unendlich groß angenommen; jede elektromagnetische Strahlung wird an der Oberfläche des idealen Leiters vollkommen reflektiert. Bei vielen Problemen der Mikrowellentechnik können die Metalle als ideale Leiter angenommen werden, aber es gibt auch solche Probleme, bei denen eine endliche Leitfähigkeit des leitenden Materials in Betracht gezogen werden muß. In diesem Kapitel wird die Ausbreitung elektromagnetischer Strahlung in einem leitenden Medium untersucht. Obwohl einige der in diesem Kapitel angestellten Überlegungen eher für niedrigere Frequenzen als für Mikrowellenfrequenzen geeignet sind, werden sie hier aus Vollständigkeitsgründen in die Behandlung der elektromagnetischen Strahlung eingeschlossen.

In einem Medium endlicher Leitfähigkeit gilt nach Gl. (2.3)

$$J = \sigma E$$

und aus Gl. (2.7) wird

$$\nabla \times H = \sigma E + j\omega\epsilon E = (\sigma + j\omega\epsilon)E. \tag{6.1}$$

Man sieht, daß der Klammerausdruck in Gl. (6.1) als eine einzige Konstante angesehen werden kann. Man kann eine effektive Dielektrizitätskonstante definieren und damit direkt eine Lösung der Maxwellschen Gleichungen in Abhängigkeit von dieser Dielektrizitätskonstante finden. Wir wollen die effektive Dielektrizitätskonstante oder die komplexe Dielektrizitätskonstante, wie sie auch genannt wird, mit

$$\epsilon_{eff} = \epsilon - j\frac{\sigma}{\omega} \tag{6.2}$$

definieren.

Man sieht, daß die effektive Dielektrizitätskonstante einen Real- und einen Imaginärteil aufweist. Der Realteil ist die Dielektrizitätskonstante des entsprechenden nichtleitenden oder verlustlosen Materials. Der Imaginärteil stellt den Einfluß der Leitfähigkeit des Materials auf die Dielektrizitätskonstante dar. Da ein Leitungsstrom die Leistung der elektromagnetischen Welle in Wärme innerhalb des Materials umsetzt, ist der Imaginärteil der effektiven Dielektrizitätskonstante ein Maß für die Verluste des Materials. Infolgedessen kann, wie wir schon in Abschnitt 3.10 gesehen haben, jedes Material, das eine Dämpfung einer elektromagnetischen Welle verursacht, mit Hilfe einer komplexen Dielektrizitätskonstante beschrieben werden. Der Imaginärteil der komplexen Dielektrizitätskonstante ist ein Maß für die Leistung, die die Welle an das Material abgibt. Im allgemeinen Fall weist ein Material mit komplexer Dielektrizitätskonstante

$$\epsilon = \epsilon' - j\epsilon''$$

auch Verluste auf, die nicht seiner Leitfähigkeit zugeschrieben werden können. Die effektive Dielektrizitätskonstante lautet in diesem Fall

$$\epsilon_{eff} = \epsilon'_{eff} - j\,\epsilon''_{eff} = \epsilon' - j\left(\epsilon'' + \frac{\sigma}{\omega}\right). \qquad (6.3)$$

Wir werden sehen, daß für alle denkbaren Fälle die gesamten Mikrowellenverluste irgendeines Materials entweder in einer scheinbaren Leitfähigkeit oder im Imaginärteil der komplexen Dielektrizitätskonstante zusammengefaßt werden können. Es gibt keine Möglichkeit der Unterscheidung zwischen den verschiedenen Verlustmechanismen für eine elektromagnetische Welle. In vielen Aufstellungen, in denen die Ergebnisse von Messungen der Mikrowelleneigenschaften verschiedener Materialien veröffentlicht sind, wird der Imaginärteil der komplexen Dielektrizitätskonstante in Form eines Verlustfaktors (Tangens des Verlustwinkels) angegeben, der durch

$$\tan \delta = \frac{\epsilon''}{\epsilon'}$$

definiert ist.

6.2. Ebene Welle

Nimmt man eine ebene Welle an, die sich durch ein ideal leitendes Medium ausbreitet, so wird in den Maxwellschen Gln. (2.8) bis (2.11) einfach ϵ durch ϵ_{eff} zu ersetzen sein. Die Lösung der Maxwellschen Gleichungen hat die Form

$$H_y = H_0 \exp(j\omega t - \gamma z),$$

wobei

$$\gamma^2 = -\omega^2\mu\left(\epsilon - j\frac{\sigma}{\omega}\right) \qquad (6.4)$$

ist. Trennt man die Ausbreitungskonstante nach Real- und Imaginärteil

$$\gamma = \alpha + j\beta$$

und setzt in Gl. (6.4) ein, dann ergibt sich

$$\left.\begin{aligned}
\alpha^2 &= \frac{1}{2}\,\omega^2\mu\epsilon\left(-1 + \sqrt{1 + \left(\frac{\sigma}{\omega\epsilon}\right)^2}\right) \\[2ex]
\beta^2 &= \frac{1}{2}\,\omega^2\mu\epsilon\left(1 + \sqrt{1 + \left(\frac{\sigma}{\omega\epsilon}\right)^2}\right)
\end{aligned}\right\} \qquad (6.5)$$

Man sieht, daß die Ausbreitungskonstante nun sowohl einen Real- als auch einen Imaginärteil aufweist. Das bedeutet, daß sich die Welle durch das Material mit einer Wellenlänge ausbreitet, die durch die endliche Leitfähigkeit verändert wird, und daß die Amplitude der Welle einen exponentiellen Abfall erleidet. Dies gilt ganz allgemein für jede elektromagnetische Welle, die sich in einem verlustbehafteten Medium ausbreitet. Es sei darauf hingewiesen, daß in einem verlustlosen Hohlleiter zwei Arten der Ausbreitung möglich sind.

Liegt die Frequenz oberhalb der Grenzfrequenz, dann kann sich die Welle in Form einer ungedämpften Schwingung ohne Verluste ausbreiten (das Hohlleiterfeld ist vom Wellentyp). Für Frequenzen unterhalb der Grenzfrequenz nimmt die Amplitude der Welle exponentiell mit der Entfernung rasch ab, die Welle ist eigentlich gar nicht ausbreitungsfähig (das Hohlleiterfeld ist vom Dämpfungstyp). Im leitenden Medium ist es jedoch eine ausbreitungsfähige Welle, die eine exponentielle Abnahme der Amplitude erfährt.

Wendet man die Bedingungen für eine ebene Welle in einem leitenden Medium auf die Maxwellschen Gleichungen an, so ergeben sich Resultate, die den Gln. (2.26) und (2.27) ähnlich sind. Es gilt daher

$$\gamma E_x = j\omega\mu H_y \qquad (6.7)$$

$$\gamma H_y = j\omega\epsilon_{\text{eff}} E_x \, . \qquad (6.8)$$

Ein Ausdruck für H_y wurde bereits angegeben, aber er soll hier vollständigkeithalber noch einmal, zusammen mit dem Ausdruck für die andere Feldkomponente, den man durch Einsetzen in Gl. (6.7) erhält, angeschrieben werden:

$$H_y = H_0 \exp(j\omega t - \alpha z - j\beta z) \qquad (6.9)$$

$$E_x = \frac{j(\alpha - j\beta)}{\omega\epsilon \sqrt{1 + \left(\dfrac{\sigma}{\omega\epsilon}\right)^2}} H_0 \exp(j\omega t - \alpha z - j\beta z) \, . \qquad (6.10)$$

Dabei sind α und β durch Gl. (6.5) bestimmt. Man kann feststellen, daß diese ebene Welle zahlreiche Eigenschaften einer ebenen Welle aufweist, die sich in einem nichtleitenden Medium ausbreitet. Die Welle besteht nach wie vor aus nur zwei Feldkomponenten, die beide normal auf die Ausbreitungsrichtung und normal aufeinander stehen, jedoch sind die beiden Felder nicht miteinander in Phase. Es tritt zwischen ihnen ein bestimmter Phasenwinkel auf.

6.3. Ebener Leiter

Es ist offensichtlich unrealistisch, die Ausbreitung einer ebenen Welle in einem unbegrenzten leitenden Medium zu betrachten, da entweder die Verluste zufolge der Leitfähigkeit so klein sein müssen, daß sie vernachlässigt werden können, oder die Amplitude der Welle so klein wird, daß sie bedeutungslos wird. Es gibt keine Fälle, die auch nur angenähert der Ausbreitung einer ebenen Welle in einem unbegrenzten leitenden Medium entsprechen. Die Ergebnisse für die ebene Welle können jedoch dazu benützt werden, die Ströme zu untersuchen, die nahe der Oberfläche eines Blocks leitenden Materials fließen, der einen gesamten Halbraum bis ins Unendliche einnimmt. Das Koordinatensystem und die Richtung der Feldkomponenten sind in Bild 6.1 angegeben. Das elektrische Feld besitzt in jeder Ebene parallel zur Oberfläche die gleiche Phase; dieses elektrische Feld hat einen Strom

$$J_x = \sigma E_x$$

zur Folge. Man kann daher den Strom als eine Stromschicht parallel zur Oberfläche ansehen.

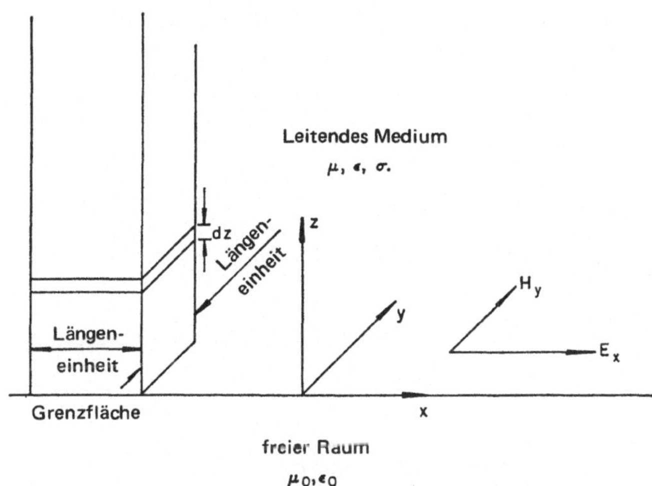

Bild 6.1. Grenzschicht zwischen einem unendlich ausgedehnten Block aus leitendem Material und dem freien Raum. Das Koordinatensystem und die Form des Einheitselementes zur Berechnung des Stromflusses und der Verlustleistung ist schematisch dargestellt.

Diese Stromschicht wird entweder durch einen relativ niederfrequenten Strom, der in einem hochleitenden Material fließt, oder durch eine ebene Welle, die normal auf die Oberfläche einfällt, hervorgerufen.

Die Komponenten des elektromagnetischen Feldes in einer bestimmten Tiefe innerhalb des Blocks sind durch die Gln. (6.9) und (6.10) gegeben. Der Strom, der durch ein Flächenelement mit den Abmessungen dz x Längeneinheit fließt, ist

$$dI = \sigma E_x dz \tag{6.11}$$

und der Gesamtstrom, der pro Längeneinheit der Oberfläche fließt, ist

$$I = \int_0^\infty \sigma E_x \, dz = \int_0^\infty \frac{j\sigma(\alpha - j\beta)}{\omega\epsilon \sqrt{\left[1 + \left(\frac{\sigma}{\omega\epsilon}\right)^2\right]}} H_0 \, e^{-(\alpha + j\beta)z} \, dz \exp j\omega t \tag{6.12}$$

$$I = \frac{\sigma(\sigma - j\omega\epsilon)}{(\sigma^2 + \omega^2\epsilon^2)} H_0 \exp j\omega t \,.$$

6.4. Hochleitendes Material

Für die meisten Leiter gilt, auch bei hohen Frequenzen,

$$\sigma \gg \omega\epsilon \,,$$

so daß die Gln. (6.5) bis (6.12) vereinfacht werden können. Die Bedingung ist nur für Halbleiter bei Mikrowellenfrequenzen nicht erfüllt. Physikalisch gibt diese Bedingung an, daß der Leitungsstrom in Gl. (2.7) überwiegt und daß der Verschiebungsstrom vernachlässigt werden kann. Infolgedessen erhalten wir die vereinfachten Ausdrücke

$$\alpha = \beta = \sqrt{\frac{\omega\mu\sigma}{2}} \tag{6.13}$$

$$E_x = (1+j)\sqrt{\frac{\omega\mu}{2\sigma}}\, H_0 \exp\{j\omega t - \alpha(1+j)z\}. \tag{6.14}$$

Wenn I_0 der Spitzenwert des Stromes I ist, also

$$I = I_0 \exp j\omega t,$$

dann erhält man aus Gl. (6.12)

$$I_0 = H_0 . \tag{6.15}$$

H ist die magnetische Feldstärke in Ampere/Meter und I ist die Oberflächenstromdichte, ebenfalls in Ampere/Meter.

6.5. Verlustleistung

Während die elektromagnetische Welle in den Block aus leitendem Material eindringt, nimmt die Amplitude der Felder ab und Leistung geht durch Erwärmung des Materials verloren. Die Verlustleistung entsteht durch den Stromfluß im Material. Infolgedessen ist die Verlustleistungsdichte

$$p = \frac{1}{2} E_x J_x^* = \frac{1}{2}\sigma E_x E_x^*$$

$$= \frac{1}{2}\sigma(1+j)\sqrt{\frac{\omega\mu}{2\sigma}}\, H_0 e^{-a(1+j)z} \cdot (1-j)\sqrt{\frac{\omega\mu}{2\sigma}}\, H_0 e^{-a(1-j)z}$$

$$= \frac{1}{2}\omega\mu H_0^2 e^{-2az} .$$

Die Verlustleistung in dem in Bild 6.1 gezeigten Volumselement der Dicke dz ist durch

$$dP = \frac{1}{2}\omega\mu H_0^2 e^{-2az}\, dz$$

gegeben, die gesamte Verlustleistung im Volumselement unendlicher Dicke erhält man durch Integration über z

$$P = \frac{1}{2}\int_0^\infty \omega\mu H_0^2 e^{-2az}\, dz = \frac{1}{2}\sqrt{\frac{\omega\mu}{2\sigma}}\, H_0^2 . \tag{6.16}$$

Setzt man aus Gl. (6.15) in Gl. (6.16) ein, so ergibt sich

$$P = \frac{1}{2} \sqrt{\frac{\omega\mu}{2\sigma}} I_0^2 \; .$$

(6.17)

6.6. Eindringtiefe

Schreibt man die Verlustleistung in der Form $\frac{1}{2} R I_0^2$ an, so kann man Gl. (6.17) in folgende Form bringen:

$$P = \frac{1}{2} \frac{1}{z_0 \sigma} I_0^2 \; ;$$

(6.18)

die Größe z_0 wird *Eindringtiefe* genannt. Man kann sich also die Verlustleistung so entstanden vorstellen, daß sie der gleichmäßig über die Dicke z_0 verteilt fließende, gleiche Gesamtstrom I_0 verursacht. Aus dem Ausdruck für die Felder ist es auch sofort klar, daß die Eindringtiefe jene Entfernung von der Oberfläche ist, in der die Feldstärke auf den 1/e-fachen Wert der Feldstärke an der Oberfläche abgesunken ist. Mit anderen Worten ist das jene Tiefe, unter der die Feldstärke für viele Zwecke vernachlässigt werden kann:

$$z_0 = \frac{1}{\alpha} = \sqrt{\frac{2}{\omega\mu\sigma}} \; .$$

(6.19)

Der Begriff der Eindringtiefe ist bei vielen verschiedenen Frequenzen nützlich. Für niedrige Frequenzen kann er dazu verwendet werden, die erforderliche Dicke von Transformatorblechen zu bestimmen, damit diese dünn sind gegenüber der Eindringtiefe, so daß das magnetische Feld die Bleche gut durchdringen kann. Die Eindringtiefe kann auch dazu benützt werden, den Wechselstromwiderstand eines Leiters zu berechnen, da zufolge des Skin-Effekts der Wechselstromwiderstand größer ist als der Gleichstromwiderstand desselben Leiters. Bis jetzt haben wir nur einen unendlich ausgedehnten ebenen Leiter betrachtet; es ist zweifelhaft, ob irgendein Leiter bei niedrigen Frequenzen durch unser Modell überhaupt angenähert werden kann. Im restlichen Teil dieses Kapitels werden Ausdrücke für die Verteilung des Wechselstroms in einem kreiszylindrischen Draht abgeleitet. Bei höheren Frequenzen ist die Eindringtiefe für die Bestimmung der erforderlichen Dicke einer Hohlleiterwand geeignet. Für manche Anwendungsfälle ist es notwendig, ein relativ niederfrequentes Magnetfeld innerhalb des Hohlleiters wirksam werden zu lassen. Unter diesen Umständen muß die Hohlleiterwand dünner sein als die Eindringtiefe für Frequenzen, die dem niederfrequenten Magnetfeld entsprechen, sie muß aber anderseits dicker sein als die Eindringtiefe der Mikrowellenfrequenz.

Die Wellenlänge innerhalb des Leiters ist durch

$$\lambda = 2\pi z_0$$

gegeben. Man sieht, daß diese Wellenlänge sehr viel kleiner ist als die Vakuumwellenlänge bei derselben Frequenz. Infolgedessen ist es durchaus vertretbar, die Näherung einer ebenen

Welle für die Berechnung der Ströme in den Hohlleiterwänden anzuwenden. Man kann daher einen äquivalenten Oberflächenwiderstand R_s der Hohlleiterwand annehmen. (Darüber wurde bereits in Abschnitt 4.12 gesprochen.) Nach Gl. (6.18) kann R_s definiert werden als

$$R_s = \frac{1}{z_0 \, \sigma} \, ,$$

was nur eine andere Schreibweise der Gl. (4.50) darstellt. Setzt man in Gl. (6.16) ein, so ergibt sich

$$P = \tfrac{1}{2} R_s H_0^2 \, ,$$

was eine andere Schreibweise der Gl. (4.49) darstellt.

6.7. Zylinderkoordinaten

Das Problem der Leitung entlang einem langen, geraden Draht bei einer hohen Frequenz wird mit Hilfe der Maxwellschen Gleichungen im Zylinderkoordinatensystem gelöst. Die Achse des Koordinatensystems wird so angenommen, daß sie mit der Achse des Drahtes identisch ist (Bild 6.2). Die Lösung der Maxwellschen Gleichungen ist die Wellengleichung in Zylinderkoordinaten. Diese Lösung (Gl. (5.4)) wird hier nochmals angeschrieben:

$$\frac{\partial^2 E_z}{\partial r^2} + \frac{1}{r} \frac{\partial E_z}{\partial r} + \left(k_c^2 - \frac{n^2}{r^2} \right) E_z = 0 \, . \tag{6.20}$$

k_c hat aber nun einen anderen Wert, nämlich

$$k_c^2 = \omega^2 \mu \epsilon - j \omega \mu \sigma - \beta^2 \, . \tag{6.21}$$

In dieser Gleichung ist k_c^2 komplex und man kann k_c in Real- und Imaginärteil zerlegen. Die Lösung von Gl. (6.20) ist nach wie vor

$$E_z = A J_n(k_c r) + B Y_n(k_c r) \, , \tag{6.22}$$

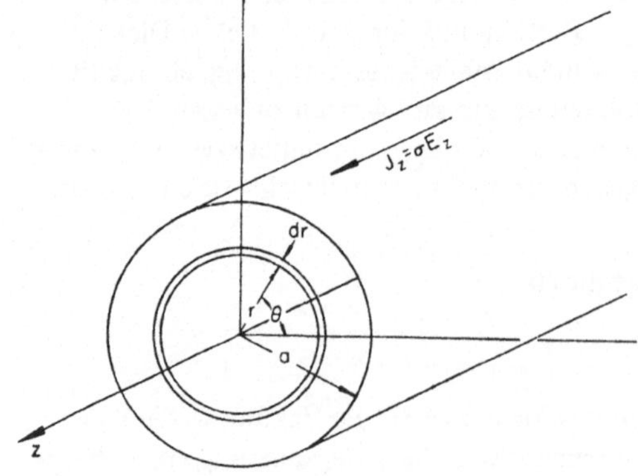

Bild 6.2

Kreiszylindrischer Draht mit dem Radius a und dem dazugehörigen Zylinderkoordinatensystem

mit der Ausnahme, daß in diesem Falle alle Glieder in Gl. (6.22) komplex sind. $J_n(x)$ und $Y_n(x)$ können in Reihen entwickelt werden, so daß die komplexen Zylinderfunktionen mit komplexen Argumenten ausgewertet werden könnten. Das Problem kann jedoch dadurch weiter vereinfacht werden, daß man einige naheliegenden Bedingungen auf einen kreiszylindrischen Draht anwendet, die zu Resultaten in Form einiger tabellierter komplexer Zylinderfunktionen führen.

6.8. Zylindersymmetrie

Für Leitungsphänomene entlang einem Metalldraht bei relativ niedrigen Frequenzen kann angenommen werden, daß keine Änderung der Ströme und Felder entlang dem Draht auftritt. Für Ströme hoher Frequenz wurde bereits gezeigt, daß die Änderung der Felder normal zu einer ebenen Oberfläche um soviel größer ist als die Änderung parallel zur Oberfläche, daß die letztere vernachlässigt werden kann. Ähnliches gilt für den Draht mit kreisförmigem Querschnitt, bei dem die Änderung der Felder in radialer Richtung soviel größer ist als die Änderung parallel zur Oberfläche, daß die letztere vernachlässigt werden kann; infolgedessen wird angenommen, daß keine Änderung der Felder in z-Richtung auftritt und $\beta = 0$ ist.

Es wird weiter vorausgesetzt, daß der Draht aus einem guten Leiter besteht, also

$$\omega\epsilon \ll \sigma,$$

wodurch sich Gl. (6.21) zu

$$k_c^2 = -j\omega\mu\sigma = j^3\omega\mu\sigma$$

vereinfacht. Setzt man

$$m = \sqrt{\omega\mu\sigma},$$

dann ist

$$k_c = j^{3/2}m.$$

Da wir einen kreiszylindrischen Draht betrachten, werden die Felder um den Draht symmetrisch sein und es wird keine Abhängigkeit der Felder vom Winkel θ auftreten. Daraus folgt $n = 0$. Ebenso müssen die Felder für $r = 0$ endlich oder Null sein, daher ist $B = 0$ und der Ausdruck für das elektrische Feld wird

$$E_z = A J_0(j^{3/2}mr). \tag{6.23}$$

Der Real- und der Imaginärteil der Bessel-Funktion in Gl. (6.23) werden *Kelvin-Funktionen* genannt. Sie sind tabelliert und werden mit ber (*bessel real*) und bei (*bessel imaginär*) bezeichnet, so daß wir aus der Definition erhalten

$$J_0(j^{3/2}x) = \mathrm{ber}(x) + j\,\mathrm{bei}(x).$$

Aus Gl. (6.23) wird

$$E_z = A[\mathrm{ber}(mr) + j\,\mathrm{bei}(mr)], \tag{6.24}$$

wobei A die Amplitude des Feldes ist und durch die Randbedingungen bestimmt wird. E_z ist die einzige Komponente des elektrischen Feldes, die auftritt. Ein Vergleich mit den Gln. (5.21) bis (5.24) zeigt, daß für $n = 0$ und $\beta = 0$ sowie unter der Voraussetzung, daß $H_z = 0$ ist, $E_r = E_\theta = H_r = 0$ und

$$H_\theta = -\frac{\sigma}{k_c^2}\frac{\partial E_z}{\partial r} \tag{6.25}$$

ist. Infolgedessen ist

$$H_\theta = -\frac{j\sigma A}{m}[\mathrm{ber}'(mr) + j\,\mathrm{bei}'(mr)]$$

oder

$$H_\theta = \frac{\sigma A}{m}[\mathrm{bei}'(mr) - j\,\mathrm{ber}'(mr)]. \tag{6.26}$$

6.9. Stromverteilung in einem kreiszylindrischen Draht

Die Stromdichte innerhalb des Drahtes in einem beliebigen Abstand von der Achse ist durch

$$J_z = \sigma E_z$$

gegeben. Daher ist der Gesamtstrom in einem Draht mit dem Radius a durch

$$I_0 = \int_0^a \sigma E_z \cdot 2\pi r\,dr = 2\pi A\sigma \int_0^a r\,J_0(j^{3/2}mr)\,dr$$

bestimmt. Die Integration einer Bessel-Funktion liefert

$$\int_0^z x\,J_0(x)dx = z\,J_1(z),$$

und die anderen notwendigen Beziehungen sind

$$J_1(z) = -J_0'(z)$$

bzw.

$$j^{3/2}\,J_0'(j^{3/2}z) = \mathrm{ber}'z + j\,\mathrm{bei}'z\,;$$

infolgedessen ist der Strom

$$I_0 = \frac{2\pi a\, A\sigma}{m}\left[\mathrm{bei}'(ma) - j\,\mathrm{ber}'(ma)\right].$$ (6.27)

Bezeichnet man mit H_0 die Amplitude des magnetischen Feldes an der Oberfläche des Drahtes, also den Wert von H_θ bei $r = a$, dann ergibt der Vergleich mit Gl. (6.26)

$$I_0 = 2\pi a\, H_0\,.$$

Einsetzen des Wertes von A nach Gl. (6.27) in Gl. (6.24) ergibt einen Ausdruck für die Stromdichte in beliebigem Abstand von der Achse

$$J_z = \frac{I_0 m}{2\pi a}\left[\frac{\mathrm{ber}(mr) + j\,\mathrm{bei}(mr)}{\mathrm{bei}'(ma) - j\,\mathrm{ber}'(ma)}\right]\cdot$$ (6.28)

6.10. Zusammenfassung

6.1. Die Berücksichtigung einer endlichen Leitfähigkeit $J = \sigma E$ führt auf eine effektive Dielektrizitätskonstante

$$\epsilon_{\mathrm{eff}} = \epsilon - j\,\frac{\sigma}{\omega}\,.$$ (6.2)

6.2. Eine ebene Welle besitzt die Ausbreitungskonstante

$$\gamma^2 = -\omega^2\mu\left(\epsilon - j\,\frac{\sigma}{\omega}\right).$$ (6.4)

Die ebene Welle besitzt nur zwei Feldkomponenten; sie stehen normal aufeinander, weisen aber eine Phasendifferenz auf.

6.4. Für einen guten Leiter ist $\sigma \gg \omega\epsilon$; für eine ebene Welle gilt

$$H_y = H_0\exp\{j\omega t - \alpha(1+j)z\}$$ (6.9)

$$E_x = (1+j)\frac{\alpha}{\sigma}H_0\exp\{j\omega t - \alpha(1+j)z\},$$ (6.14)

wobei gilt

$$\alpha = \sqrt{\frac{\omega\mu\sigma}{2}}\,.$$

Ist H_0 die Amplitude des Magnetfeldes an der ebenen Oberfläche eines Leiters, dann ist der Gesamtstrom, der parallel zu dieser Oberfläche fließt,

$$I_0 = H_0\,.$$ (6.15)

6.6. Verlustleistung im Leiter $= \dfrac{1}{2}\,\dfrac{1}{z_0\,\sigma}\,I_0^2$ (6.18)

Die **Eindringtiefe** ist

$$z_0 = \frac{1}{\alpha} = \sqrt{\frac{2}{\omega\mu\sigma}}. \tag{6.19}$$

Die Wellenlänge bei Ausbreitung in einem Leiter ist durch

$$\lambda = 2\pi z_0$$

gegeben.

Der äquivalente Oberflächenwiderstand des Leiters ist durch

$$R_s = \frac{1}{z_0\sigma}$$

gegeben.

6.8. Für einen kreiszylindrischen Draht treten in den Resultaten die Real- und Imaginärteile einer komplexen Zylinderfunktion auf:

$$E_z = A J_0(j^{3/2} mr) = A\left[\mathrm{ber}(mr) + j\,\mathrm{bei}(mr)\right], \tag{6.24}$$

wobei

$$m = \sqrt{\omega\mu\sigma}$$

ist.

$$H_\theta = \frac{\sigma A}{m}\left[\mathrm{bei}'(mr) - j\,\mathrm{ber}'(mr)\right]. \tag{6.26}$$

6.9. Die Stromverteilung in einem Draht mit dem Radius a ist

$$J_z = \frac{I_0 m}{2\pi a}\left[\frac{\mathrm{ber}(mr) + j\,\mathrm{bei}(mr)}{\mathrm{bei}'(ma) - j\,\mathrm{ber}'(ma)}\right]. \tag{6.28}$$

Aufgaben

Für Kupfer werden die folgenden Materialkonstanten angenommen: $\mu = \mu_0$, $\epsilon = \epsilon_0$, $\sigma = 5 \cdot 10^7\,\mathrm{S/m}$.

6.1. Aus einigen berechneten Punkten für die beiden Komponenten α und β der Ausbreitungskonstante einer ebenen Welle in Kupfer ist ein Diagramm in Abhängigkeit von der Frequenz zu zeichnen. Es ist ein großer Bereich der Frequenz zu wählen und zu zeigen, für welche Frequenzen die Annahmen des Abschnitts 6.4 nicht gelten.

6.2. Ausgehend von den Grundgleichungen (Maxwellsche Gleichungen) sind die Gln. (6.9) und (6.10) abzuleiten.

6.3. Es ist das Verhältnis der Vakuumwellenlänge einer elektromagnetischen Welle zur Wellenlänge einer ebenen Welle in Kupfer bei 1 kHz, 1 MHz, 1 GHz und 10 GHz zu berechnen.
$[2,12 \cdot 10^7; 6,7 \cdot 10^5; 2,12 \cdot 10^4; 6,7 \cdot 10^3]$

6.4. Es ist die Eindringtiefe in Kupfer bei folgenden Frequenzen zu berechnen: 1 kHz, 1 MHz, 1 GHz, 10 GHz.
[2,25 mm; 71 μm; 2,25 μm; 0,71 μm]

6.5. Ein variabler Ferritabschwächer besitzt eine Spule, die (außen) um den Hohlleiter gewickelt ist, um das Ferrit im Hohlleiter zu magnetisieren. Ist es möglich, das Magnetfeld im Ferrit mit einer Frequenz bis zu 1 MHz zu ändern, wenn die Frequenz des Mikrowellensignals im Hohlleiter 10 GHz ist? Die Hohlleiterwand stellt, außer wenn sie dünn ist, eine Kurzschlußwicklung für die Spule dar und schirmt das Ferrit innerhalb des Hohlleiters vom extern angelegten magnetischen Feld ab. Der Hohlleiter sei aus Kupfer hergestellt.

6.6. Es ist der in der Luft auftretende Welligkeitsfaktor einer ebenen Welle zu berechnen, die sich in Luft ausbreitet und normal auf die ebene Oberfläche eines Mediums mit der Leitfähigkeit σ auftrifft.

6.7. Es sind die ungefähren Abmessungen der folgenden Bauelemente unter Berücksichtigung der jeweiligen Eindringtiefe zu berechnen, wobei die entsprechenden Materialkonstanten wenn nötig geschätzt werden sollen:

lamellierte Transformatorkerne für Netzfrequenz;
lamellierte Transformatorkerne für hohe Frequenzen;
verkupferter Stahldraht bei hohen Frequenzen;
dünnwandiger Hohlleiter;
verkupferter Hohlleiter.

6.8. Gl. (6.20) ist aus den Grundgleichungen (Maxwellsche Gleichungen) abzuleiten.

6.9. Es ist die niedrigste Frequenz zu berechnen, für die die Näherung eines ebenen Leiters für einen Kupferdraht des Durchmessers (a) 1 mm und (b) 1 μm gilt.
[10 MHz; 10^{14} Hz]

6.10. Mit Hilfe einiger berechneter Punkte ist die Amplitude der Stromverteilung in einem Kupferdraht für die zwei Bedingungen ma = 1 und ma = 5 zu skizzieren. Einige Werte der Kelvin-Funktionen sind in Tabelle 6.1 angegeben. Es ist irgendein vernünftiger Drahtdurchmesser zu wählen und danach die Betriebsfrequenz festzulegen.

Tabelle 6.1: Kelvin-Funktionen

x	ber x	bei x
0,0	1,00	0,00
0,2	1,00	0,01
0,4	1,00	0,04
0,6	0,99	0,09
0,8	0,99	0,16
1,0	0,98	0,25
2,0	0,75	0,97
3,0	− 0,22	1,93
4,0	− 2,56	2,29
5,0	6,23	0,12

x	ber'x	bei'x
1,0	− 0,06	0,50
5,0	− 3,84	− 4,35

7. Ferrite

7.1. Magnetische Werkstoffe

Im allgemeinen breiten sich elektromagnetische Wellen in Medien aus, die man gewöhnlich unmagnetisch nennt. Die üblichen magnetischen Materialien sind die Metalle der Eisenfamilie und ihre Verbindungen; sie sind ferromagnetisch und haben eine relative Permeabilität in der Größe von 1000. Aufgrund ihrer guten Leitfähigkeit tritt nur eine geringe Wechselwirkung zwischen diesen magnetischen Werkstoffen und einer elektromagnetischen Welle auf. Es gibt jedoch einige Materialien, *Ferrite* genannt, die starke magnetische Eigenschaften aufweisen und auch isolierende Materialien sind. Diese Ferrite haben es ermöglicht, gewisse Eigenschaften des Ferromagnetismus auch bei Mikrowellenfrequenzen anzuwenden.

Zuerst wird eine Zusammenfassung der Eigenschaften magnetischer Werkstoffe gegeben. Sämtliche Elektronen benehmen sich so, als ob sie sich um ihre Achse drehende magnetische Kreisel wären. Die Rotation der elektrischen Ladung des Elektrons zufolge dieses Spins ruft ein zu jedem Elektron gehöriges magnetisches Moment hervor. Die Richtung des magnetischen Moments des Elektrons ist parallel zur Drehachse und hängt von der Drehrichtung ab. Die Drehachsen der Elektronen in jedem Atom sind zwar ausgerichtet, sie treten aber für gewöhnlich in antiparallelen Paaren auf, so daß der gesamte äußere Effekt eines Atoms Null ist. In den Atomen einiger Elemente gibt es jedoch eine Anzahl ungepaarter Elektronenspins, wodurch jedes Atom ein bestimmtes magnetisches Moment aufweist. Z.B. besitzen die Eisenionen Fe^{2+} ein magnetisches Spinmoment von 5 und die Ionen von Fe^{3+} eines von 6, während Nickel Ni^{2+} ein magnetisches Spinmoment von 3 aufweist. In diesen Materialien besteht im festen Zustand eine sehr starke Kopplung zwischen den einzelnen Atomen, um diese magnetische Spinmomente auszurichten, so daß der gesamte magnetische Effekt groß ist. In ferromagnetischen Substanzen, wie z.B. Eisen, wirken die magnetischen Spinmomente aller Atome zusammen und ergeben den maximal möglichen magnetischen Effekt. Das ist in Bild 7.1 schematisch dargestellt. Bei Ferriten jedoch wirkt sich die Kopplung so aus, daß die magnetischen Atome in zwei Gruppen geteilt werden, die entgegengesetzt orientierte Spins besitzen. Wenn die magnetischen Spinmomente in jeder Gruppe ungleich sind, dann wird zwar ein externes magnetisches Feld auftreten, das aber kleiner sein wird als bei den ferromagnetischen Substanzen. Diese

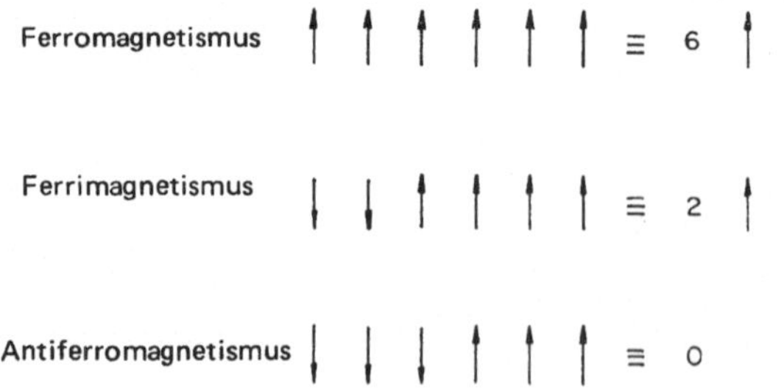

Bild 7.1

Verschiedene Arten der Orientierung der magnetischen Spinmomente

Materialien werden ferrimagnetische Materialien genannt. Man kann also sagen, daß in ferrimagnetischen Materialien die Kopplung die Elektronenspins in ungleicher Anzahl antiparallel ausrichtet, so daß daraus ein externes magnetisches Feld resultiert. Bei einigen Substanzen sind die magnetischen Spinmomente jeder Gruppe gleich groß und es gibt kein externes magnetisches Feld. Diese Materialien werden antiferromagnetisch genannt; das magnetische Moment hebt sich innerhalb des Materials auf, so daß außen kein magnetischer Effekt auftritt. Alle diese verschiedenen Arten des Ferromagnetismus sind in Bild 7.1 erläutert.

Es gibt aber noch eine andere Art eines magnetischen Effekts, der auf unkompensierten Elektronenspins im Atom beruht, und zwar den Paramagnetismus. Hier ist der magnetische Effekt schwach, weil in paramagnetischen Substanzen die Kopplung zwischen den Spins der einzelnen Atome so gering ist, daß sie vernachlässigt werden kann. Das magnetische Spinmoment jedes einzelnen Atoms richtet sich selbständig nach dem extern angelegten Magnetfeld aus, so daß eine sehr schwache interne Magnetisierung auftritt.

Ferrite sind ferrimagnetisch und verhalten sich wie Isolatoren. Sie stellen ein Medium dar, in dem eine Wechselwirkung zwischen den elektromagnetischen Feldern der Mikrowellen und dem ferromagnetischen Elektronenspin auftreten kann. Die Wechselwirkung, die in diesem Kapitel beschrieben wird, gilt für alle ferromagnetischen Materialien, weil sie nur von den Eigenschaften eines sich drehenden magnetischen Kreisels abhängt. Alle ferromagnetischen Materialien besitzen diese magnetischen Eigenschaften, aber normalerweise kann nur bei den Ferriten die erwünschte Wechselwirkung mit den elektromagnetischen Wellen erzielt werden.

7.2. Elementare Eigenschaften magnetischer Werkstoffe

Zur Beschreibung einiger Eigenschaften ferromagnetischer Materialien wird eine klassische Beschreibung des Magnetismus gewählt. Die Elektronen verhalten sich so, als wären sie negativ geladene Kugeln, die sich um ihre eigene Achse mit einem festen Drehmoment drehen. Die Rotation der Ladung verleiht den Elektronen ein magnetisches Dipolmoment, das eine Funktion der Ladung, der Winkelgeschwindigkeit und der Größe ist, so daß sich die Elektronen so verhalten, als wären sie sich drehende magnetische Kreisel, deren magnetisches Moment in der Drehachse liegt. Die Verhältnisse liegen also ähnlich wie bei einem sich drehenden mechanischen Kreisel, der in einem Punkt, der nicht sein Schwerpunkt ist, aufgehängt ist; der Unterschied besteht darin, daß die Elektronen, die sich wie Kreisel verhalten, ihre Bewegung unter dem Einfluß der magnetischen Kräfte durchführen, während ein mechanischer Kreisel unter dem Einfluß der Gravitationskräfte steht. Die auf das Elektron wirkenden Kräfte sind magnetischen Ursprungs und fallen mit dem angelegten Magnetfeld zusammen.

Bei Einwirken eines magnetischen Feldes auf das Elektron richtet sich das Elektron nach dem Feld so aus, daß es ein Minimum an potentieller Energie besitzt. Wird das Elektron in dieser Gleichgewichtslage gestört, so kehrt es nicht in die Lage der geringsten Energie zurück, sondern es präzessiert um die Achse des Magnetfeldes, wie es in Bild 7.2 dargestellt ist, wo der rotierende Kreisel mit der Richtung des Magnetfeldes einen Winkel θ einschließt. Wenn es keine Verluste gibt, dann ist die Bewegung im Gleichgewicht eine Präzession um die vertikale Achse mit der Winkelgeschwindigkeit ω.

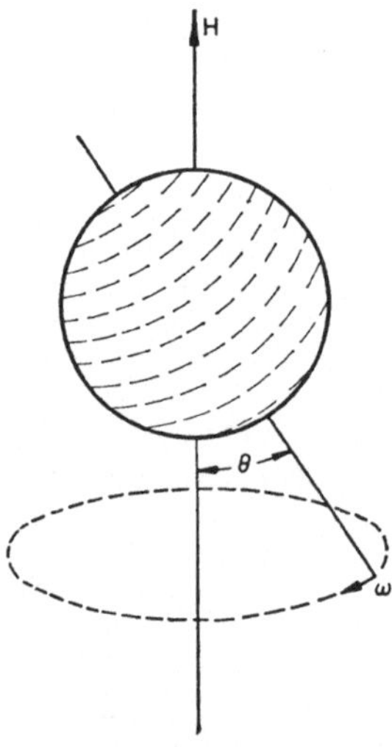

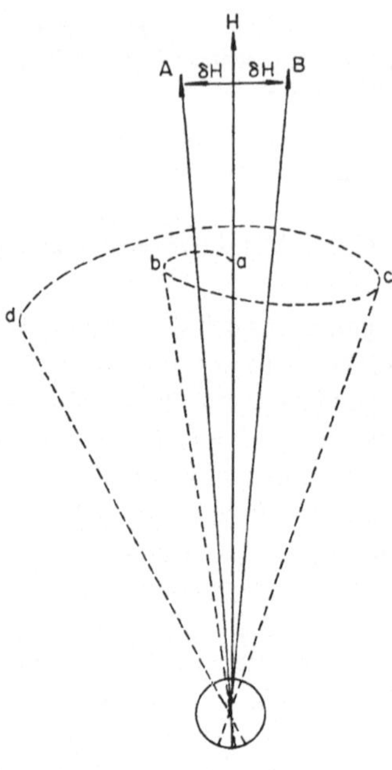

Bild 7.2
Schematische Darstellung eines Elektrons,
das sich um die eigene Achse dreht und
um die Richtung des Magnetfeldes H
präzessiert

Bild 7.3
Präzessionsbewegung eines sich drehenden
Elektrons in einem Magnetfeld, das
zwischen den Richtungen A und B
schwankt

Diese klassische Beschreibung des Magnetismus kann zur Beschreibung der Bewegung der Elektronen in einem Ferrit herangezogen werden. Das Ferrit soll durch das Feld H magnetisch gesättigt sein. Wirkt ein magnetisches Wechselfeld in einer Ebene normal zu H, so überlagern sich die Felder und der resultierende Feldvektor schwankt zwischen den beiden Richtungen A und B (Bild 7.3). Als Ausgangspunkt unserer Überlegungen nehmen wir den Kreisel so an, daß er unter der Einwirkung der Kraft H vertikal nach unten zeigt. Wird die Richtung der Kraft H plötzlich in die Richtung A verändert, dann wird der Kreisel entlang einer kreisförmigen Bahn a—b um die Achse A präzessieren. Wenn sich nun die Richtung der Kraft H in die Richtung B ändert, sobald der Kreisel die Position b erreicht hat, wird der Kreisel entlang einer neuen Kreisbahn b—c präzessieren. Wenn die Kraftrichtung wieder in Richtung A liegt, dann wird die Bahn des Kreisels in den Kreis c—d übergehen. Man sieht, daß der Radius der Kreisbahn des Kreisels bis ins Unendliche wächst, wenn die Richtungsänderung der Kraft H im Takt der Bewegung des Kreisels erfolgt. Es gibt jedoch in jedem Material auch andere Kräfte als die magnetischen Felder, die auf die Bewegung der Elektronenspinachse wirken, und zwar entgegen der Präzessionsbewegung der Elektronen. Im realen Fall wird jeder in Bewegung gesetzte Kreisel, der präzessiert, auf einer Spirale langsam in eine Gleichgewichtsbewegung übergehen. Die Verluste an

Präzessionsenergie beruhen auf der Reibung und anderen Verlustmechanismen in dem betrachteten System. In ähnlicher Weise gibt es auch Reibungsverluste und andere Dämpfungsmechanismen in einem ferromagnetischen Material, die die Präzessionsbewegung der Achse der sich drehenden Elektronen begrenzen. Offensichtlich kann der Radius der Kreisbahn des Kreisels, der in Bild 7.3 gezeigt ist, nicht unbeschränkt anwachsen und es wird sich eine Gleichgewichtslage einstellen, in der die Verluste im Material gerade den Effekt der wechselnden Kraft aufheben.

7.3. Resonanzabsorption

Wenn ein Ferrit anfänglich durch ein magnetisches Gleichfeld gesättigt ist, so werden alle Elektronen mit ihren magnetischen Momenten parallel zum Feld H ausgerichtet sein. Wird zusätzlich ein magnetisches Wechselfeld geeigneter Frequenz normal zum statischen Magnetfeld H angelegt, werden die Elektronen in immer größeren Kreisen zu präzessieren beginnen, bis sie schließlich unter dem Einfluß der magnetischen Felder und der internen Reibungsdämpfung eine Gleichgewichtsbahn erreichen werden. Es gibt dann eine Leistungsabgabe des magnetischen Wechselfeldes an die präzessierenden Elektronen im Ferrit. Die präzessierenden Elektronen verlieren die Leistung durch interne Reibung, die als Wärme im Material auftritt. Das Ferrit absorbiert Leistung aus dem magnetischen Störfeld.

Der Umsatz der Leistung des magnetischen Wechselfeldes in Wärme im ferritischen Material tritt nur dann auf, wenn die Frequenz des magnetischen Wechselfeldes die gleiche ist wie die Präzessionsfrequenz der Elektronen im Ferrit; dieses Phänomen wird *Resonanzabsorption* genannt. Ist das magnetische Störfeld das magnetische Feld einer elektromagnetische Welle, dann nimmt das Ferrit Leistung von der elektromagnetischen Welle auf. Die Beziehung zwischen absorbierter Leistung und Frequenz des magnetischen Wechselfeldes ergibt eine übliche Resonanzkurve, die ähnlich der in Bild 3.6 gezeigten ist.

In der Beschreibung für das Zustandekommen der Präzession (Bild 7.3) wurde angenommen, daß das Störfeld seine Richtung sprunghaft zwischen den beiden Richtungen A und B ändert und daß δH die Form eines Rechteckimpulses besitzt. Für eine linear polarisierte Welle weist das magnetische Störfeld eine Sinusform auf und die Wirkung der Störung ist der bereits beschriebenen ähnlich. Wenn das Störfeld zirkular polarisiert ist, dann tritt sogar eine noch größere Wechselwirkung zwischen dem Feld und dem präzessierenden Elektron auf. Das Feld bewirkt pro Umlauf nicht nur zweimal eine Vergrößerung der Präzessionsbahn, sondern das zirkular polarisierte Feld ruft eine dauernde Vergrößerung der Bahn hervor. Voraussetzung dafür ist, daß die Richtung der Rotation des zirkular polarisierten Feldes die gleiche ist wie die Drehrichtung der Präzessionsbahn. Wenn die Frequenz des magnetischen Wechselfeldes nicht gleich der Präzessionsfrequenz der Elektronen im Ferrit ist, und die Drehrichtung des Feldes nicht mit der Präzessionsrichtung der Elektronen zusammenfällt, dann wird eine nur sehr schwache Kopplung zwischen der elektromagnetischen Welle und dem Ferrit auftreten. Da die Präzessionsfrequenz der Elektronen von der Feldstärke des statischen Magnetfeldes abhängt, ist die Beziehung zwischen absorbierter Leistung und der Änderung des statischen Magnetfeldes bei konstanter Frequenz des magnetischen Wechselfeldes die gleiche wie die zwischen absorbierter Leistung und Frequenz bei konstantem magnetischen Gleichfeld.

7.4. Bewegungsgleichung der Magnetisierung

Wir werden nun einige quantitative Beziehungen ableiten, die die Wechselwirkung
zwischen einem magnetischen Werkstoff und einer elektromagnetischen Welle beschreiben.
Zuerst betrachten wir den magnetischen Effekt und die mathematische Beschreibung
der präzessierenden Elektronen. Jede ferromagnetische Substanz weist eine interne Magnetisierung M auf, die nicht unbedingt parallel zum angelegten Magnetfeld H sein muß. Das
gesamte magnetische Feld ist durch

$$B = \mu_0 H + M$$

gegeben. Jedes winzige Element in dem Material kann als ein magnetischer Kreisel betrachtet werden, bei dem das magnetische Dipolmoment und das Drehmoment parallele
Vektoren sind. Ihr Verhältnis ist konstant und wird die *gyromagnetische Konstante* genannt, für die das Symbol γ verwendet wird. In diesem Kapitel wird γ für die gyromagnetische Konstante verwendet, obwohl im übrigen Buch γ die Ausbreitungskonstante kennzeichnet. Ebenso wird in diesem Kapitel J für den Drehimpuls eines sich drehenden Elektrons verwendet, obwohl es sonst eine Stromdichte kennzeichnet.

Die Magnetisierung ist das Volumsintegral über die magnetischen Momente jedes
Elements, so daß das magnetische Moment proportional der Magnetisierung ist, wobei K
die Proportionalitätskonstante sei. Daher ist

$$\gamma = \frac{KM}{J} . \tag{7.1}$$

Es treten zwei verschiedene Kräfte auf, die auf die atomaren Kreisel einwirken, nämlich
das äußere magnetische Feld und die Wechselwirkungskräfte innerhalb der Substanz, die
die magnetischen Momente aller Kreisel auszurichten versuchen. Die Wirkung dieser Wechselwirkungskräfte erlaubt es uns, in der vorangegangenen Gleichung die Magnetisierung statt
des magnetischen Moments des einzelnen Kreisels zu betrachten.

Betrachtet man einen ferromagnetischen Körper beliebiger Gestalt und Größe, dann
ist die Gleichgewichtsrichtung jedes atomaren Kreisels jene, in der kein Drehmoment auf
ihn wirkt. Unter dem Einfluß hochfrequenter Magnetfelder treten kleine Abweichungen
von der Gleichgewichtslage auf. Die Bewegungsgleichung jedes Kreisels ist durch

$$\text{Drehmoment} = \frac{dJ}{dt} \tag{7.2}$$

gegeben. Das auf einen Kreisel ausgeübte Drehmoment wird aus dem Vektorprodukt von
magnetischem Feld und magnetischem Moment berechnet. Im vorliegenden Fall repräsentiert die Magnetisierung das magnetische Feld. Daher ist

$$\text{Drehmoment} = KM \times \left(H + \frac{M}{\mu_0} \right) . \tag{7.3}$$

Setzt man aus den Gln. (7.1) und (7.2) ein und erinnert man sich daran, daß $M \times M = 0$,
dann ergibt sich

$$\frac{dM}{dt} = \gamma M \times H . \tag{7.4}$$

7.5. Permeabilitätstensor

Wir sind nun in der Lage, den elektromagnetischen Effekt der Magnetisierungsgleichung (7.4) zu betrachten. Es wird eine Beziehung zwischen **B** und **H** für das magnetische Material abgeleitet werden, die die Permeabilität des Materials bei Mikrowellen darstellt. Wir werden sehen, daß diese Permeabilität frequenzabhängig ist, was man zufolge der Form von Gl. (7.4) ja erwarten kann. Für die Untersuchungen sei ein kartesisches Koordinatensystem mit den Achsen x, y und z zugrunde gelegt. Das ferromagnetische Material sei bis zur Sättigung durch ein statisches Magnetfeld H_0 vormagnetisiert, das in z-Richtung wirkt und eine statische Vormagnetisierung M_0 im Material hervorruft. Es sei deswegen bis zur Sättigung magnetisiert, weil dann alle atomaren Magnete im Material nach dem statischen Magnetfeld ausgerichtet sind und Gl. (7.4) auf das gesamte Material anwendbar ist.

Außerdem sei ein zeitlich veränderliches Magnetfeld vorhanden, dessen Zeitabhüngigkeit $\exp(j\omega t)$ und dessen Betrag klein im Vergleich zu dem sättigenden Magnetfeld sei. Dieses Magnetfeld **H** ruft eine Magnetisierung **M** im Material hervor. Das gesamte Magnetfeld und die gesamte Magnetisierung lauten in Komponentenschreibweise:

$$\left. \begin{array}{l} H_x \\ H_y \\ H_z + H_0 \end{array} \right\} \quad \text{erzeugt} \quad \left\{ \begin{array}{l} M_x \\ M_y \\ M_z + M_0 \, , \end{array} \right.$$

wobei H_x, H_y und H_z bzw. M_x, M_y und M_z die zeitlich veränderlichen Komponenten der Felder, und H_0 und M_0 die statischen Felder darstellen. Setzt man diese Felder in Gl. (7.4) ein, so ergibt sich

$$j\omega M_x = \gamma M_y (H_0 + H_z) - \gamma (M_0 + M_z) H_y$$
$$j\omega M_y = \gamma (M_0 + M_z) H_x - \gamma M_x (H_0 + H_z)$$
$$j\omega M_z = \gamma M_x H_y - \gamma M_y H_x$$

Nimmt man an, daß die Magnetfelder der Mikrowelle sehr viel kleiner sind als das statische Feld, so daß man sie gegen dieses statische Feld vernachlässigen kann, dann können alle Produkte zweier Komponenten des zeitlich veränderlichen Magnetfeldes auf der rechten Seite der oben angeführten Gleichungen auch vernachlässigt werden. Die so vereinfachten Gleichungen lauten:

$$\left. \begin{array}{l} j\omega M_x - \gamma H_0 M_y = -\gamma M_0 H_y \\ \gamma H_0 M_x + j\omega M_y = \gamma M_0 H_x \\ j\omega M_z = 0 \end{array} \right\} \qquad (7.5)$$

Man sieht, daß die ersten beiden Gln. (7.5) zwei Gleichungen für die Unbekannten M_x und M_y sind. Löst man sie nach M_x und M_y auf, wobei man die Abkürzungen

$$\kappa = \frac{\omega\gamma M_0}{\gamma^2 H_0^2 - \omega^2} \tag{7.6}$$

$$\chi = \frac{\gamma^2 H_0 M_0}{\gamma^2 H_0^2 - \omega^2} \tag{7.7}$$

verwendet, dann lautet die Lösung von Gl. (7.5)

$$\left. \begin{aligned} M_x &= \chi H_x - j\kappa H_y \\ M_y &= j\kappa H_x + \chi H_y \\ M_z &= 0 \end{aligned} \right\} \tag{7.8}$$

Das gesamte Mikrowellenfeld ist durch $\mathbf{B} = (\mu_0 \mathbf{H} + \mathbf{M})$ gegeben und die Feldkomponenten lauten

$$B_x = (\mu_0 + \chi) H_x - j\kappa H_y$$

$$B_y = j\kappa H_x + (\mu_0 + \chi) H_y$$

$$B_z = \mu H_z .$$

Definiert man

$$\mu = (\mu_0 + \chi) = \frac{\gamma^2 H_0 (\mu_0 H_0 + M_0) - \omega^2 \mu_0}{\gamma^2 H_0^2 - \omega^2} = \frac{\gamma^2 H_0 B_0 - \omega^2 \mu_0}{\gamma^2 H_0^2 - \omega^2} , \tag{7.9}$$

dann lautet die Beziehung zwischen $\mathbf{B}$ und $\mathbf{H}$

$$B_x = \mu H_x - j\kappa H_y$$

$$B_y = j\kappa H_x + \mu H_y \tag{7.10}$$

$$B_z = \mu_0 H_z$$

oder, in Vektorform geschrieben,

$$\mathbf{B} = \begin{pmatrix} \mu & -j\kappa & 0 \\ j\kappa & \mu & 0 \\ 0 & 0 & \mu_0 \end{pmatrix} \mathbf{H} , \tag{7.11}$$

wobei die Permeabilität ein Tensor folgender Form ist

$$\mu = \begin{pmatrix} \mu & -j\kappa & 0 \\ j\kappa & \mu & 0 \\ 0 & 0 & \mu_0 \end{pmatrix} .$$

Die tensorielle Permeabilität ist eine Darstellung der Beziehung zwischen zwei Vektoren in Matrizenform. Das bedeutet, daß eine zweidimensionale Beziehung zwischen **B** und **H** existiert. Ein in einer Richtung wirkendes magnetisches Feld ruft eine Induktion sowohl in paralleler als auch in dazu normaler Richtung hervor.

Der Permeabilitätstensor wurde aus einem einfachen klassischen Modell für ein ferromagnetisches Material abgeleitet, das bis zur Sättigung vormagnetisiert ist. Die Beziehungen der Gln. (7.10) und (7.11) beinhalten außer einer bestimmten Symmetrie keine Einschränkungen, vorausgesetzt, daß kein Bezug auf ein spezielles Modell gemacht wird. Die Beziehungen sind auf jede isotrope Substanz allgemein anwendbar, da die einzige Bedingung die durch den Permeabilitätstensor erfüllt werden muß, die Rotationssymmetrie bezüglich der Achse der statischen Vormagnetisierung ist. Solange man sich auf kein spezielles Modell bezieht, können μ und χ beliebige Größen sein, die nur bei konstanter Frequenz und konstantem statischen Magnetfeld konstant sein müssen.

Für die meisten Ferrite ist $\gamma = 1{,}76 \cdot 10^{11}\,\mathrm{rad\ s^{-1}\,T^{-1}}$ (oder $2{,}8 \cdot 10^{10}\,\mathrm{Hz/T}$). Die Werte von μ und κ können für das Ferrit berechnet werden, wenn es bis zur Sättigung magnetisiert ist. Es wird darauf hingewiesen, daß die hier angegebenen Dimensionen für γ nicht korrekt sind. Die Werte, die hier angegeben wurden, gelten für γ/μ_0, weil das die Rechnung vereinfacht. In den meisten praktischen Fällen wird H_0 eine magnetische Induktion statt einer magnetischen Feldstärke darstellen und wird daher in Einheiten von Tesla und nicht in A/m gemessen. Man wird auch feststellen, daß die Gln. (7.6) und (7.9) eine Anzahl von Gliedern mit der Kreisfrequenz enthalten. Einer der für γ angegebenen Werte, der bei Berechnungen verwendet wird, ist so angegeben, daß die Frequenzen in Hz in die Gleichungen eingesetzt werden können.

Mit der Resonanzfrequenz wird jene Frequenz bezeichnet, bei der Resonanzabsorption nach Abschnitt 7.3 auftritt. Sie ist auch die Frequenz, bei der die Elemente der Gl. (7.11) unendlich werden. Dieser Fall tritt dann auf, wenn der Nenner in den Ausdrücken der Gln. (7.6) und (7.7) Null wird. Die Resonanzfrequenz wird mit ω_0 bezeichnet und ist durch

$$\omega_0 = \gamma H_0$$

gegeben. Man kann auch

$$\omega_m = \frac{\gamma M_0}{\mu_0}$$

definieren, wobei die Elemente der Gl. (7.11) zu

$$\mu = \mu_0 \left(1 + \frac{\omega_0\,\omega_m}{\omega_0^2 - \omega_2} \right) \tag{7.9a}$$

$$\kappa = \mu_0 \frac{\omega\,\omega_m}{\omega_0^2 - \omega^2} \tag{7.6a}$$

werden.

7.6. Ebene Welle

Es wird jetzt die Ausbreitung einer ebenen Welle durch ein ferritisches Material
untersucht, das mit einem statischen Magnetfeld beaufschlagt ist. Die einfachste Lösung
erhält man, wenn man annimmt, daß die Richtung des statischen Magnetfeldes die gleiche
ist wie die Ausbreitungsrichtung der Welle; die folgende Untersuchung wird sich auf diesen
Fall beschränken. Die Permeabilität des Ferrits ergibt sich in diesem Fall aus Gl. (7.11).
Anderenfalls benimmt sich das ferritische Material wie ein gewöhnlicher Isolator und kann
als nichtleitendes Medium mit einer Dielektrizitätskonstante ϵ und den besonderen magnetischen Eigenschaften, die durch Gl. (7.10) charakterisiert sind, behandelt werden. Die
Richtung des statischen Magnetfeldes und die Ausbreitungsrichtung der Welle sollen in
der z-Richtung des rechteckigen Koordinatensystems nach Bild 7.4 liegen.

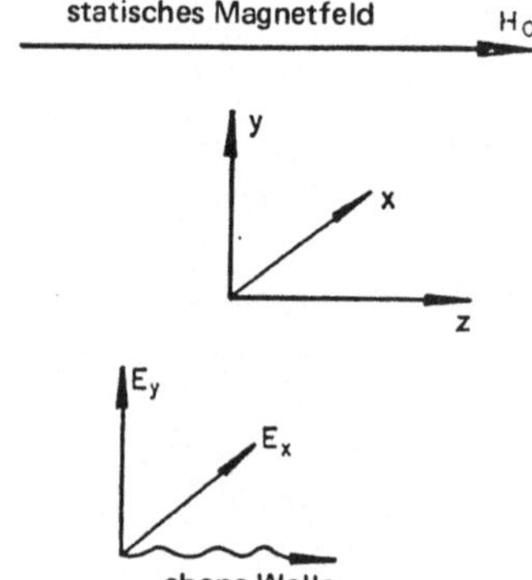

Bild 7.4
Relative Lage der statischen Magnetisierung eines
Ferrits in bezug auf das kartesische Koordinaten-
system und die Ausbreitungsrichtung einer ebenen
Welle. Die Komponenten des elektrischen Feldes
der ebenen Welle sind angegeben

Dann wird der Zusammenhang zwischen **B** und **H** der elektromagnetischen Welle
durch Gl. (7.10) beschrieben, die hier der Übersicht halber nochmals angeschrieben wird:

$$
\left.
\begin{aligned}
B_x &= \mu H_x - j\kappa H_y \\
B_y &= j\kappa H_x + \mu H_y \\
B_z &= \mu_0 H_z
\end{aligned}
\right\} \tag{7.10}
$$

Es ist jetzt notwendig, den Zusammenhang nach Gl. (7.10) in die Maxwellschen Gleichungen einzusetzen und diese zu lösen, wie wir es schon früher getan haben. Aus Gl. (2.6)
wird

$$
\left.
\begin{aligned}
\frac{\partial E_z}{\partial y} - \frac{\partial E_y}{\partial z} &= -j\omega\mu H_x - \omega\kappa H_y \\[2mm]
\frac{\partial E_x}{\partial z} - \frac{\partial E_z}{\partial x} &= \omega\kappa H_x - j\omega\mu H_y \\[2mm]
\frac{\partial E_y}{\partial x} - \frac{\partial E_x}{\partial y} &= -j\omega\mu_0 H_z
\end{aligned}
\right\} \tag{7.12}
$$

während die andere Maxwellsche Rotorgleichung durch Gl. (2.25) gegeben ist. Die Bedingungen einer ebenen Welle führen zu den Annahmen

$$\frac{\partial}{\partial x} = \frac{\partial}{\partial y} = 0 \quad \text{und} \quad \frac{\partial}{\partial z} = -j\beta.$$

Setzt man diese Bedingungen in Gl. (7.12) ein, so ergibt sich

$$\left.\begin{aligned}
\beta E_y &= -\omega\mu H_x + j\omega\kappa H_y \\
\beta E_x &= j\omega\kappa H_x + \omega\mu H_y \\
0 &= H_z
\end{aligned}\right\} ; \tag{7.13}$$

in Gl. (2.25) eingesetzt ergibt sich

$$\left.\begin{aligned}
\beta H_y &= \omega\epsilon E_x \\
\beta H_x &= -\omega\epsilon E_y \\
0 &= E_z
\end{aligned}\right\} . \tag{7.14}$$

Eliminiert man die Komponenten des Magnetfeldes aus den Gln. (7.13) und (7.14), so erhält man

$$\left.\begin{aligned}
(\beta^2 - \omega^2\mu\epsilon)E_y &= j\omega^2\epsilon\kappa E_x \\
(\beta^2 - \omega^2\mu\epsilon)E_x &= -j\omega^2\epsilon\kappa E_y
\end{aligned}\right\} . \tag{7.15}$$

Daraus erhalten wir die Ausbreitungsbedingung für eine ebene Welle mit

$$(\beta^2 - \omega^2\mu\epsilon)^2 = \omega^4\epsilon^2\kappa^2 . \tag{7.16}$$

Es ist dann

$$\beta^2 - \omega^2\mu\epsilon = \pm\omega^2\epsilon\kappa$$

oder

$$\beta^2 = \omega^2\epsilon(\mu \pm \kappa) . \tag{7.17}$$

Es treten hier zwei Lösungen auf, die zeigen, daß zwei Arten der Ausbreitung möglich sind, wobei beide Komponenten in einer zur Ausbreitungsrichtung transversalen Ebene liegen. Wir wollen nun für die beiden Fälle die Ausbreitungskonstanten mit

$$\beta^+ = \omega\sqrt{\epsilon(\mu - \kappa)} \tag{7.18}$$

$$\beta^- = \omega\sqrt{\epsilon(\mu + \kappa)} \tag{7.19}$$

definieren. Der Grund für die spezielle Wahl der Bezeichnungsweise wird in Abschnitt 7.8 klar werden, in dem die Ausbreitungskonstanten jeweils der positiven bzw. der negativen Zirkularpolarisation zugeordnet werden.

Es hat sich also für die Ausbreitung durch ein ferritisches Material, das mit einem statischen Magnetfeld beaufschlagt ist, eine Bedingung ergeben, in der zwei Lösungen der Wellengleichung möglich sind. Das bedeutet, daß es zwei mögliche Ausbreitungsarten für eine ebene Welle durch ein vormagnetisiertes Material gibt. Die zugehörigen Wellen werden positive oder negative Welle genannt, wie durch die Kennzeichnung in den Gln. (7.18) und (7.19) angedeutet wurde. Darüber hinaus zeigen diese Ausbreitungsarten nicht die Unabhängigkeit der beiden transversalen Komponenten der Felder voneinander, wie sie aus den Gln. (2.28) hervorging. Beide Komponenten des elektrischen und des magnetischen Feldes treten in der Ebene normal zur Ausbreitungsrichtung auf. Setzt man für β in Gl. (7.15) ein, so ergibt sich die Beziehung zwischen den Komponenten des elektrischen Feldes:

$$E_y = \frac{(\beta^2 - \omega^2 \mu \epsilon) E_x}{-j\omega^2 \epsilon \kappa} = \frac{\omega^2 \epsilon (\mu \mp \kappa - \mu) E_x}{-\omega^2 \epsilon \kappa} \ .$$

Daher ist

$$E_y = \mp j E_x$$

oder, wenn man die Bezeichnungsweise der Gln. (7.18) und (7.19) für die Komponenten der Felder der beiden Ausbreitungsarten beibehält,

$$E_y^+ = -j E_x^+ \tag{7.20}$$

$$E_y^- = j E_x^- \ . \tag{7.21}$$

Die in den Gln. (7.20) und (7.21) angegebene Beziehung beschreibt eine zirkular polarisierte Welle. Es sei daran erinnert, daß eine zirkular polarisierte Welle als die Summe zweier linear polarisierter Wellen betrachtet werden kann, die normal aufeinander stehen und eine Phasenverschiebung von $90°$ aufweisen. Dies ist genau die Beziehung, die in den Gln. (7.20) und (7.21) angeführt ist. Die beiden Ausbreitungsarten in dem Ferrit sind zwei zirkular polarisierte ebene Wellen mit entgegengesetztem Drehsinn.

Aus Gl. (7.14) können die Komponenten des Magnetfeldes mit

$$H_y = \frac{\omega \epsilon}{\beta} E_x \tag{7.22}$$

$$H_x = - \frac{\omega \epsilon}{\beta} E_y \tag{7.23}$$

erhalten werden; es kann gezeigt werden, daß die Proportionalitätskonstante ihrem Wesen nach der Wellenwiderstand des Ferrits ist:

$$\frac{\beta}{\omega \epsilon} = \frac{\sqrt{\omega^2 \epsilon (\mu \mp \kappa)}}{\omega \epsilon} = \sqrt{\frac{(\mu \mp \kappa)}{\epsilon}} = \eta^\pm . \tag{7.24}$$

7.7. Effektive Permeabilität

Bei einer zirkular polarisierten ebenen Welle, die sich durch ein vormagnetisiertes Ferrit ausbreitet, entartet der Permeabilitätstensor des Materials zu einer einzigen Konstante, die in den Ausdrücken für die Phasenkonstante (Gl. (7.18) und (7.19)) und im

Wellenwiderstand des Materials (Gl. (7.24)) auftritt. Sie wird die *effektive Permeabilität*
des Ferrits bezeichnet und ist durch

$$\left.\begin{array}{l} \mu^+ = \mu - \kappa \\ \mu^- = \mu + \kappa \end{array}\right\} \tag{7.25}$$

definiert. Der Wert dieser effektiven Permeabilität hängt sowohl von der Betriebsfrequenz
als auch vom Material ab. Er ist auch für die beiden Richtungen der Zirkularpolarisation
verschieden. Er ändert sich auch mit einer geänderten Stellung des statischen Magnetfeldes
zu der Ausbreitungsrichtung der ebenen Welle. Die Änderung der effektiven Permeabilität
mit dem angelegten statischen Magnetfeld bei einer festen Frequenz ist in Bild 7.5 angegeben.

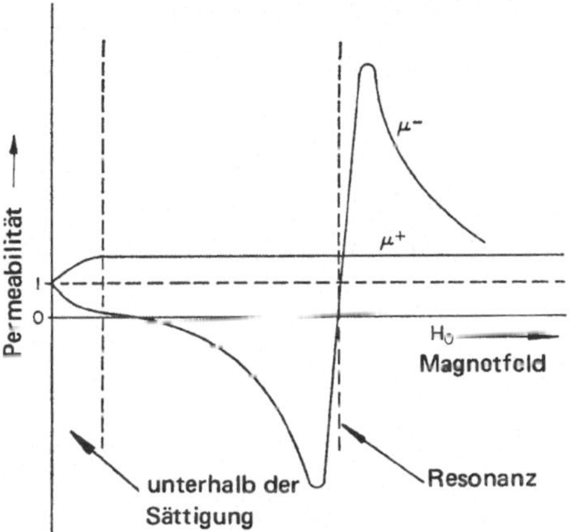

Bild 7.5
Abhängigkeit der Mikrowellenpermeabilität
vom Magnetfeld in einem unendlich ausgedehnten Ferrit für zwei entgegengesetzte
Richtungen der Zirkularpolarisation einer
ebenen Welle bei einer festen Frequenz

Bezugnahme auf die Gln. (7.6) und (7.9) wird einige der Eigenschaften dieser Abbildung
verstehen helfen. Bei niedrigen Feldstärken ist μ in erster Näherung konstant und κ dem
statischen Magnetfeld proportional. Daraus ergibt sich der annähernd lineare Zusammenhang unterhalb der Sättigung. In der Sättigung gibt es eine viel schwächere Änderung, die
darauf beruht, daß jetzt M_0 konstant ist, bis die Resonanzbedingung erreicht wird. Bei
Resonanz werden sowohl μ als auch κ theoretisch unendlich und die effektive Permeabilität für negative Zirkularpolarisation sollte unendlich werden. In praktisch auftretenden
Fällen verläuft die Permeabilität etwa so, wie es in Bild 7.5 gezeigt ist. Im Falle der Resonanz ist jedoch jede Welle so stark gedämpft, daß es sehr schwierig ist, die Phasenkonstante
zu messen. Man sieht aus Gl. (7.6), daß κ unterhalb der Resonanz negativ ist und nur oberhalb der Resonanz positive Werte annimmt. Die lineare Änderung der Permeabilität unterhalb der Sättigung bedeutet, daß numerische Werte für μ und κ auch dann verwendet werden können, wenn das Ferrit nicht bis zur Sättigung magnetisiert ist.

7.8. Zylinderkoordinaten

Da gezeigt wurde, daß sich die in einem vormagnetisierten Ferrit ausbreitenden ebenen
Wellen zirkular polarisiert sind, wird jetzt eine Lösung in Abhängigkeit von Zylinderkoordinaten gesucht. Die Bezeichnungsweise aus Kapitel 5 wird beibehalten. Der Permeabilitätstensor in Gl. (7.11) ist kreissymmetrisch in bezug auf die Achse der statischen Magnetisierung.

Fällt die Richtung des statischen Magnetfeldes und die Ausbreitungsrichtung der Welle mit der z-Richtung der Zylinderkoordinaten zusammen, dann kann Gl. (7.11) in der Form geschrieben werden:

$$\left.\begin{aligned} B_r &= \mu H_r - j\kappa H_\theta \\ B_\theta &= j\kappa H_r + \mu H_\theta \\ B_z &= \mu_0 H_z \end{aligned}\right\} . \tag{7.26}$$

Wenn wir eine ebene Welle annehmen, so ergibt sich

$$E_z = H_z = 0$$

und

$$\frac{\partial}{\partial r} = 0, \quad \frac{\partial}{\partial \theta} = -jn, \quad \frac{\partial}{\partial z} = -j\beta, \quad \frac{\partial}{\partial t} = j\omega .$$

Wenn diese Bedingungen zusammen mit der Gl. (7.26) in die Gln. (2.6) und (2.7) eingesetzt werden, erhalten wir durch Vergleich mit den Gln. (5.9) bis (5.14)

$$\left.\begin{aligned} j\beta E_\theta &= -j\omega\mu H_r - j\kappa H_\theta \\ -j\beta E_r &= \omega\kappa H_r - j\omega\mu H_\theta \end{aligned}\right\} \tag{7.27}$$

$$\frac{1}{r} E_\theta - \frac{jn}{r} E_r = 0 \tag{7.28}$$

$$\left.\begin{aligned} \beta H_\theta &= \omega\epsilon E_r \\ \beta H_r &= -\omega\epsilon E_\theta \end{aligned}\right\} \tag{7.29}$$

$$\frac{1}{r} H_\theta - \frac{jn}{r} H_r = 0 . \tag{7.30}$$

Wie vorher lautet die Lösung der Gln. (7.27) und (7.29)

$$\beta^2 = \omega^2\epsilon(\mu \pm \kappa) \tag{7.17}$$

und wir erhalten auch die Beziehung

$$E_\theta = \mp j E_r ,$$

wobei

$$E_\theta^+ = -j E_r^+ \tag{7.31}$$

$$E_\theta^- = j E_r^- \tag{7.32}$$

ist. Setzt man die Ergebnisse aus den Gln. (7.31) und (7.32) in Gl. (7.28) ein, so zeigt sich, daß die positive Welle mit der Ausbreitungskonstante β^+ dem Wert n = 1 und die negative Welle dem Wert n = −1 entspricht. Wir sehen daraus unter Bezugnahme auf Kapitel 5, daß β^+ die Ausbreitungskonstante einer positiv zirkular polarisierten Welle und β^- die Ausbreitungskonstante einer negativ zirkular polarisierten Welle ist. Man sieht, daß für die Ausbreitung durch ein Ferrit die zirkular polarisierten Wellen die grundlegende Art der Ausbreitung darstellen und daß eine linear polarisierte Welle aus der Summe zweier zirkular polarisierten Wellen zusammengesetzt werden muß.

7.9. Faraday-Drehung

Da die Ausbreitungskonstanten für die beiden Richtungen der Zirkularpolarisation bei Ausbreitung durch ein vormagnetisiertes Ferrit verschieden sind, wird sich in einer bestimmten Länge des Ferrits der Polarisationsvektor der einen Polarisationsart weiter drehen als der andere. Eine linear polarisierte Welle kann man sich aus der Summe zweier gleicher, entgegengesetzt zirkular polarisierter Wellen zusammengesetzt denken. Da Zirkularpolarisation offenbar die grundlegende Ausbreitungsart im Ferrit ist, wird jede linear polarisierte Welle im Ferrit in ihre zirkular polarisierten Komponenten zerlegt. Wenn man an einem beliebigen Ort die resultierende linear polarisierte Welle festzustellen wünscht, hat man sie aus der Summe der zwei zirkular polarisierten Wellen zu bilden.

Wenn sich die zwei Polarisationsvektoren der zirkular polarisierten Wellen seit dem Einfall der linear polarisierten Welle um verschiedene Winkel gedreht haben, dann hat sich auch die Polarisationsebene der empfangenen linear polarisierten Welle im Vergleich zur einfallenden Welle gedreht.

Die Drehung kann einfach anhand des Modells der präzessierenden Elektronen verstanden werden, das früher verwendet wurde. Für die eine Drehrichtung der zirkular polarisierten Welle tritt eine schwache Kopplung mit den präzessierenden Elektronen auf und die Welle wird beschleunigt, während sich die Welle der anderen Drehrichtung entgegengesetzt zur Präzession der Elektronen dreht und daher verzögert wird. Die Richtung der Präzession der Elektronen wird durch die Richtung des statischen Magnetfeldes bestimmt. Daher wird auch die Richtung der Drehung der elektromagnetischen Welle von der Richtung des statischen Magnetfeldes bestimmt, nicht aber von der Ausbreitungsrichtung der elektromagnetischen Welle. Diese Tatsache führt auf eine der wichtigsten Eigenschaften der Ferrite, nämlich die Nichtreziprozität. Ein *nichtreziprokes* Bauelement ist ein solches, in dem eine in Vorwärtsrichtung fortschreitende Welle anders beeinflußt wird, als eine Welle, die in Rückwärtsrichtung fortschreitet, so daß Vorwärts- und Rückwärtswelle getrennt werden können. Wird zum Beispiel eine linear polarisierte Welle beim Durchgang durch ein Ferrit bestimmter endlicher Länge um 45° gedreht und dann reflektiert, so wird sie um weitere 45° in der gleichen Richtung wie vorher gedreht und wird am Ausgangspunkt, in dem die Welle auf das Ferrit eingefallen ist, einen Winkel von 90° mit der Polarisationsrichtung der einfallenden Welle einschließen.

Um einen mathematischen Ausdruck für die Drehung zu finden, wird die Wellenlänge für die zwei zirkular polarisierten Wellen mit

$$\lambda^+ = \frac{2\pi}{\beta^+}$$

und

$$\lambda^- = \frac{2\pi}{\beta^-}$$

angeschrieben, wobei die Phasenkonstanten der zwei Wellen bereits in den Gln. (7.18) und (7.19) definiert wurden. Die Wellenlänge der äquivalenten linear polarisierten Welle ist der Mittelwert der Wellenlängen der beiden zirkular polarisierten Wellen. Diese Wellenlänge ist

$$\lambda = \frac{1}{2}(\lambda^+ + \lambda^-) = \pi\left[\frac{1}{\beta^+} + \frac{1}{\beta^-}\right]. \tag{7.33}$$

Die Phasenänderung der positiven Welle innerhalb einer Wellenlänge der linear polarisierten Welle ist

$$\phi^+ = \beta^+\lambda = \pi\left(1 + \frac{\beta^+}{\beta^-}\right)$$

und die der negativen Welle

$$\phi^- = \beta^-\lambda = \pi\left(1 + \frac{\beta^-}{\beta^+}\right).$$

Die Drehung der Polarisationsebene der linear polarisierten Welle über eine Wellenlänge λ beträgt (vgl. Bild 7.6)

$$\zeta = \phi^+ - \phi^- = (\beta^+ - \beta^-)\lambda = \pi\left(\frac{\beta^+}{\beta^-} - \frac{\beta^-}{\beta^+}\right). \tag{7.34}$$

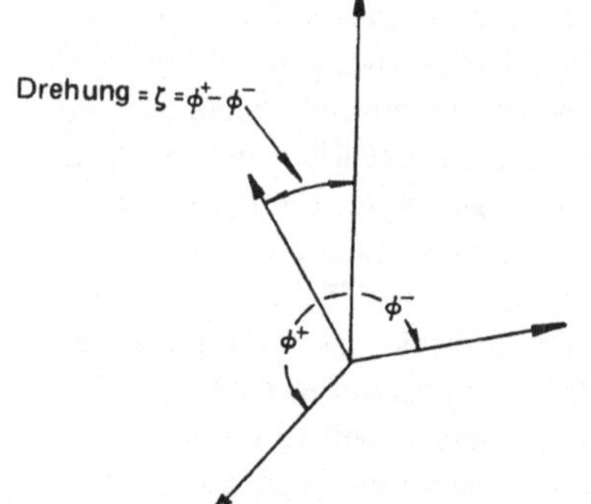

Bild 7.6
Drehwinkel der positiv und negativ zirkular polarisierten Wellen und der daraus folgende Drehwinkel der linear polarisierten Welle

Da es sich als schwierig erweist, eine Wellenlänge für eine Welle zu definieren, deren Polarisationsebene sich ändert, ist es günstiger, die Drehung pro Einheitslänge anzugeben, die durch

$$\psi = \frac{\zeta}{\lambda} = (\beta^+ - \beta^-) \tag{7.35}$$

bestimmt ist.

Diese Drehung der Polarisationsebene wurde zuerst von Faraday beim Durchtritt von Licht durch paramagnetische Flüssigkeiten beobachtet. In diesem Fall war die Drehung sehr gering, und zwar nur wenige Grad über viele Wellenlängen, aber bei magnetischen Substanzen, wie es die Ferrite bei Mikrowellenfrequenzen sind, kann man Drehwinkel von 90° über Bruchteile einer Wellenlänge leicht erreichen. Da die Drehung zuerst von Faraday beobachtet wurde, wird dieses Phänomen als *Faraday-Drehung* bezeichnet.

7.10. Näherung für kleines Magnetfeld

Wenn wir eine lineare Beziehung zwischen μ bzw. κ und dem statischen Magnetfeld unterhalb des Sättigungswertes annehmen, dann ergibt sich eine einfache Näherung, die einen Drehwinkel direkt proportional dem Magnetfeld liefert. Es sei angenommen, daß der Wert des Feldes viel kleiner ist als die Resonanzfeldstärke. Es gilt dann

$$\gamma H_0 \ll \omega; \quad \frac{\gamma M_0}{\mu_0} \ll \omega$$

und mit den Gln. (7.6) und (7.9)

$$\mu \approx \mu_0; \quad \kappa \approx - \frac{\gamma M_0}{\omega} \ .$$

Die Phasenkonstante ist durch

$$\beta^{\pm} \approx \omega \sqrt{\epsilon \mu_0} \left(1 \pm \frac{\gamma M_0}{2 \omega \mu_0} \right)$$

gegeben und die Drehung durch

$$\psi \approx \gamma M_0 \sqrt{\frac{\epsilon}{\mu_0}} \ . \tag{7.36}$$

Da bei niedrigen Feldstärken M_0 proportional zu H_0 ist, ist die Drehung proportional der Feldstärke. Diese direkte Beziehung zwischen Magnetfeld und Drehung für geringe Feldstärken ist in Bild 7.7 gezeigt. Ein unendlich ausgedehnter Ferritblock ist in der Praxis natürlich nicht möglich, aber wir werden sehen, daß die Felder einer H_{11}-Welle in der Mitte eines Kreishohlleiters denen einer ebenen Welle annähernd gleich sind. Infolgedessen kann man erwarten, daß ein dünner Stab in der Achse des Hohlleiters ebenfalls dieser einfachen Beziehung gehorcht, wenn er in Richtung der fortschreitenden Welle magnetisiert ist.

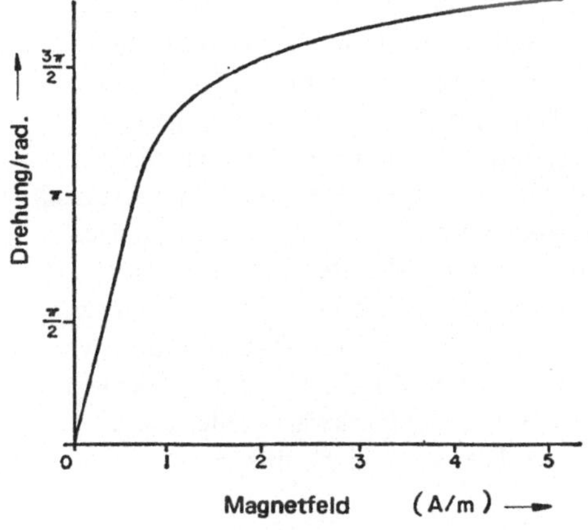

Bild 7.7

Abhängigkeit der Drehung der linear polarisierten H_{11}-Welle im Kreishohlleiter mit 22,8 mm Durchmesser vom Magnetfeld, das auf einen Ferritstab von 6,25 mm Durchmesser und 50,8 mm Länge wirkt ($f = 9{,}37$ GHz entsprechend $\lambda_0 = 32$ mm)

7.11. Ferrit im Hohlleiter

Es gibt eine sehr große Anzahl verschiedener Möglichkeiten, nach denen ein Ferrit-
material innerhalb eines Hohlleiters angebracht werden kann, um Mikrowellenbauteile herzustellen. Hier werden einige erwähnt werden, um die Grundlagen aufzuzeigen, auf denen
die Arbeitsweise dieser Bauteile beruht. Zuerst betrachten wir einen Bauteil, der eine Drehung
des Feldes hervorruft und der aus einem Ferritstab besteht, der in der Mitte eines Kreishohlleiters koaxial angebracht ist (Bild 7.8). Aus Bild 5.5 kann man sehen, daß für die H_{11}-Welle
die Felder in der Mitte des Kreishohlleiters annähernd die einer ebenen Welle sind. Infolgedessen kann ein in Ausbreitungsrichtung magnetisierter Ferristab eine Drehung der Polarisationsebene einer linear polarisierten H_{11}-Welle im Kreishohlleiter hervorrufen. Ein solcher
Bauteil wird *Polarisationsdreher* oder Dreher allein genannt. Für die zirkular polarisierten
H_{11}-Wellen im Kreishohlleiter ist die effektive Permeabilität des Ferrits ungefähr μ^+ und
μ^- nach Bild 7.5. Das Ferrit kann zur Phasenänderung oder zur Resonanzabsorption verwendet werden, je nachdem, wie groß die Feldstärke des statischen Magnetfeldes ist.

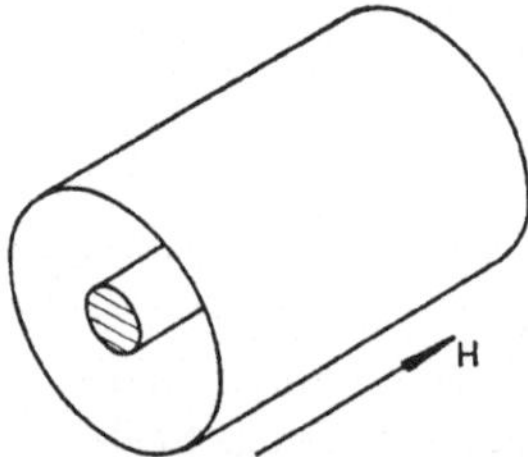

Bild 7.8
FARADAY-Dreher mit konzentri-
schem Ferritstab

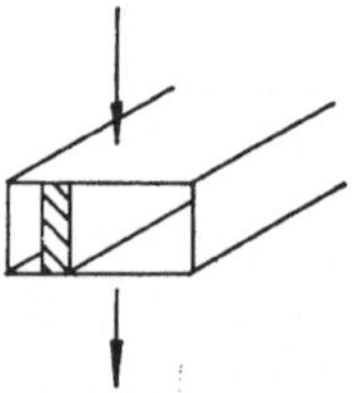

Bild 7.9
Transversal magnetisiertes Ferrit-Plättchen
im Rechteckhohlleiter

Betrachtet man in einem Rechteckhohlleiter die Feldverteilung einer H_{10}-Welle
(Bild 4.3), dann sieht man, daß das Magnetfeld in der Ebene parallel zur Breitseite des
Hohlleiters in einem Abstand von ca. einem Viertel der Hohlleiterbreite zirkular polarisiert
ist. Bringt man nun an diesem Ort der Zirkularpolarisation ein Ferritplättchen im Hohl-
leiter an, und magnetisiert dieses normal zur Breitseite des Hohlleiters (Bild 7.9), dann
zeigt die effektive Permeabilität ebenfalls den Verlauf nach Bild 7.5. Weiters zeigt das
Feldbild der H_{10}-Welle, daß auf der gegenüberliegenden Seite des Hohlleiters das Magnetfeld entgegengesetzt zirkular polarisiert ist, so daß zwei Ferritplättchen, die in der Art nach
Bild 7.10a magnetisiert sind, die doppelte Wirkung eines einzelnen Ferritplättchens nach
Bild 7.9 haben. Weiters zeigt die Untersuchung des Feldbildes der Hohlleiterwelle auch,
daß eine Welle in Rückwärtsrichtung ein negativ zirkular polarisiertes Magnetfeld in bezug
auf das Ferrit aufweist, wenn eine in Vorwärtsrichtung fortschreitende Welle ein positiv
zirkular polarisiertes Magnetfeld in bezug auf das Ferrit besitzt. Die jeweiligen effektiven
Permeabilitätskonstanten des Ferrits für die Vorwärts- und die Rückwärtswelle sind μ^+
bzw. μ^-. Beide Wellen werden verschieden beeinflußt. Dies ermöglicht einen weiteren
nichtreziproken Bauteil.

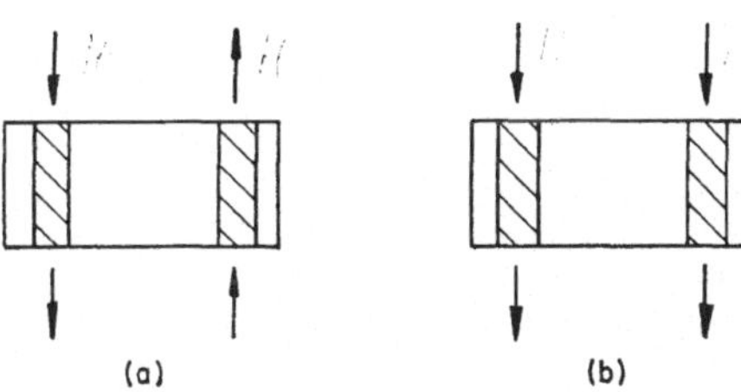

Bild 7.10
Ferrit-Phasenschieber
a) nichtreziprok
b) reziprok

Steht das Ferrit unter dem Einfluß eines Magnetfeldes, das weit unter der Resonanzfeldstärke liegt, dann verhält sich der Bauteil mit dem Ferrit im Rechteckhohlleiter als
nichtreziproker Phasenschieber, da die elektrische Länge dieses Bauteils verschieden von
der elektrischen Länge eines gewöhnlichen Rechteckhohlleiters ist. Wird das Ferrit bis zur
Resonanz magnetisiert, so wird die Vorwärtswelle absorbiert und durch das Ferrit gedämpft,
während sich die Rückwärtswelle fast ungedämpft ausbreitet. Dadurch entsteht ein Bauteil,
der Richtungsleitung genannt wird, und der noch in Abschnitt 11.7 näher beschrieben
werden wird. Will man einen reziproken Ferritphasenschieber herstellen, so müssen die
beiden Plättchen in der Art nach Bild 7.10 (b) magnetisiert werden. In diesem Fall sind die
effektiven Permeabilitätskonstanten jedes einzelnen Plättchens verschieden für Vorwärts-
bzw. Rückwärtswellen, aber die Gesamtwirkung für beide Wellen ist gleich.

7.12. Zusammenfassung

7.1. Ein Elektron kann als ein **magnetischer Kreisel** angesehen werden, der sich um
die eigene Achse dreht.

7.2. Wird der Kreisel gestört, so **präzessiert** er um eine Gleichgewichtslage.

7.3. **Resonanzabsorption** tritt auf, wenn ein elektromagnetisches Feld der Präzessionsfrequenz die Kreiselbewegung anfacht.

7.4. Die Bewegungsgleichung der Magnetisierung lautet

$$\frac{dM}{dt} = \gamma \mathbf{M} \times \mathbf{H}. \tag{7.4}$$

7.5. Ist das Ferrit in z-Richtung statisch vormagnetisiert, so ist der **Mikrowellen-
permeabilitätstensor** durch die Beziehung

$$\mathbf{B} = \begin{pmatrix} \mu & -j\kappa & 0 \\ j\kappa & \mu & 0 \\ 0 & 0 & \mu_0 \end{pmatrix} \mathbf{H} \tag{7.11}$$

gegeben, wobei

$$\mu = \frac{\gamma^2 H_0 B_0 - \omega^2 \mu_0}{\gamma^2 H_0^2 - \omega^2} = \mu_0 \left(1 + \frac{\omega_0 \omega_m}{\omega_0^2 - \omega^2} \right) \tag{7.9}$$

und

$$\kappa = \frac{\omega \gamma M_0}{\gamma^2 H_0^2 - \omega^2} = \mu_0 \, \frac{\omega \omega_m}{\omega_0^2 - \omega^2} \tag{7.6}$$

gilt.

7.6. Für eine ebene Welle, die sich in z-Richtung durch ein statisch vormagnetisiertes Ferrit ausbreitet, gilt

$$\beta^2 = \omega^2 \epsilon (\mu \pm \kappa) . \tag{7.17}$$

Dies führt auf zwei mögliche Lösungen, nämlich

$$\beta^+ = \omega \sqrt{\epsilon (\mu - \kappa)} \tag{7.18}$$

$$\beta^- = \omega \sqrt{\epsilon (\mu + \kappa)} , \tag{7.19}$$

die für zwei zirkular polarisierte Wellen entgegengesetzten Drehsinns gelten.

7.7. Die effektive Permeabilität eines Ferrits ist in Bild 7.5 angegeben.

7.8. In Zylinderkoordinaten ist β^+ die Lösung für n = 1 und β^- die für n = − 1. Die zirkular polarisierten Wellen sind die grundlegenden Wellen in einem magnetisierten Ferrit.

7.9. Die **Faraday-Drehung** ist die Drehung der Polarisationsebene einer linear polarisierten Welle, die durch verschiedene Ausbreitungskonstanten der zwei zirkular polarisierten Wellen hervorgerufen wird.

Die Drehung pro Einheitslänge ist

$$\psi = (\beta^+ - \beta^-) . \tag{7.35}$$

7.10. Für kleine Werte des statischen Magnetfeldes gilt

$$\psi = \gamma M_0 \sqrt{\frac{\epsilon}{\mu_0}} . \tag{7.36}$$

7.11. Ein **Polarisationsdreher** besteht aus einem Ferritstab endlicher Länge, der sich in einem Kreishohlleiter befindet und so magnetisiert wird, daß er eine Drehung der einfallenden linear polarisierten Welle hervorruft.

Aufgaben

7.1. Es sind die Dimensionen in den Gln. (7.1) bis (7.4) zu bestimmen und es ist zu überprüfen, ob die Gleichungen dimensionsmäßig stimmen.

7.2. Es ist die Ableitung der Gln. (7.8) aus Gl. (7.4) nachzurechnen.

7.3. Ein typisches Mikrowellenferrit habe folgende Eigenschaften: die Intensität der Magnetisierung betrage 0,21 T und die Dielektrizitätskonstante sei ϵ_r = 12. Es sind die Werte von μ und κ in Abhängigkeit vom magnetisierenden Feld bei 10 GHz bis zu einem Wert von 0,5 T zu berechnen und aufzuzeichnen (γ = 28 GHz/T). Auch die effektive Permeabilität $\mu \mp \kappa$ ist in Abhängigkeit vom magnetisierenden Feld aufzuzeichnen.

7.4. Es ist der Permeabilitätstensor eines Ferrits anzugeben, das parallel zur x-Achse magnetisiert ist. Die Beziehungen zwischen den Komponenten von **B** und **H** sind damit für kartesische Koordinaten anzuschreiben.

7.5. Durch eine ähnliche Vorgangsweise, wie sie im Abschnitt 7.6 vorgeführt wurde, ist zu überprüfen, daß die Ausbreitungskonstanten einer ebenen Welle, die sich in einem unendlich ausgedehnten ferritischen Medium fortpflanzt, das normal zur Ausbreitungsrichtung magnetisiert ist, folgende Werte haben:

$$\beta = \omega \sqrt{\mu_0 \epsilon} \quad \text{und} \quad \beta = \omega \sqrt{\frac{\epsilon(\mu^2 - \kappa^2)}{\mu}}.$$

7.6. Eine ebene Welle fällt, aus dem freien Raum kommend, normal auf die ebene Oberfläche eines Ferrits auf, das normal zu der ebenen Oberfläche magnetisiert ist und den gesamten Halbraum erfüllt. Es ist ein Ausdruck für den Welligkeitsfaktor der stehenden Welle im freien Raum zu suchen.

$$\left[s = \frac{\eta(\eta^+ + \eta^-) - 2\eta^+\eta^-}{2\eta^2 - \eta(\eta^+ + \eta^-)} \right]$$

7.7. Für das ferritische Material aus Beispiel 7.3 ist zu berechnen:

a) die Wellenlänge für beide Richtungen der Zirkularpolarisation,
b) die Wellenlänge der äquivalenten linear polarisierten Welle,
c) die Drehung pro Einheitslänge,

und zwar für 10 GHz und einige Magnetfelder unter 0,3 T. Der Wert der Drehung ist mit dem aus der Näherungsformel (7.36) berechneten zu vergleichen.

7.8. Die Beispiele 7.3 und 7.7 sind für 1 GHz zu berechnen.

7.9. Einige Mikrowellenferrite zeigen unterhalb der Sättigungsmagnetisierung eine starke Leistungsabsorption für niedrige Mikrowellenfrequenzen. Anhand der Resultate aus Beispiel 7.8 ist die Tatsache zu diskutieren, daß dieses Ferrit bei einer Frequenz von 1 GHz nicht brauchbar ist. Könnte irgend ein Ferritbauteil mit diesem Ferrit für 1 GHz entworfen werden? Wenn ja, wie?

7.10. Das beste derzeit erhältliche permanentmagnetische Material zur Verwendung in Richtungsleitungen weist eine Remanenz von 1,3 T auf. Anhand dieser Tatsache ist die Anwendung von Resonanz-Richtungsleitungen (siehe Abschnitt 11.7) bei höheren Mikrowellenfrequenzen zu diskutieren.

8. Plasma und Elektronenstrahl

8.1. Eigenschaften eines Plasmas

Ein Plasma besteht aus geladenen Teilchen, die in den meisten Fällen durch Ionisation eines Gases erzeugt wurden. In einem Gas kann ein Plasma z.B. in einer elektrischen Entladungsstrecke entstehen — so wird es auch meistens erzeugt — oder es kann als Folge starker Erhitzung auftreten, wie z.B. die Plasmaschicht, die ein Raumschiff während des Wiedereintritts in die Atmosphäre umgibt. Das Plasma in einem Gas besteht aus positiv geladenen Gas-Ionen und negativ geladenen freien Elektronen. Per definitionem wird von einem Plasma angenommen, daß es elektrisch neutral ist und aus der gleichen Anzahl positiver Ionen und negativer Elektronen besteht. Ein Plasma existiert auch im Inneren eines Leiters, da jeder Teil des Leiters elektrisch neutral ist, möglicherweise mit Ausnahme der Grenzflächen. Innerhalb der meisten Leiter ist die Stromdichte jedoch so hoch, daß die Theorie, die hier entwickelt werden wird, nicht anwendbar ist. In Halbleitern jedoch ist die Konzentration der Ladungsträger ähnlich der Konzentration der Elektronen und Ionen in einem ionisierten Gas, so daß die elektromagnetischen Eigenschaften eines Plasmas, wie sie in diesem Kapitel entwickelt werden, auch auf halbleitende Materialien ausgedehnt werden können.

Die Plasmatheorie beruht auf bestimmten Eigenschaften eines ionisierten Gases. Man nimmt an, daß das Plasma aus einer gleichen Anzahl von beweglichen, leichten Elektronen und schweren, unbeweglichen Ionen besteht. Da der Unterschied in der Masse — und damit in der Beweglichkeit — der Elektronen und Ionen groß ist, wird die Gesamtheit der Ionen als ortsfestes geladenes Medium betrachtet; nur die Elektronen seien beweglich. Wenn sich die Elektronen vollkommen uneingeschränkt im Medium bewegen könnten, würde keinerlei Energieübertragung von den Elektronen auf die sie umgebenden schweren Ionen und Gasmoleküle stattfinden. So ein Plasma wird verlustlos genannt. Es treten jedoch elastische und unelastische Stöße zwischen den Elektronen und den anderen Teilchen im Plasma auf, die die Ursache für einen gewissen Verlust an Energie der Elektronen sind. Der gesamte Energieverlust zufolge der Stöße wird durch eine *effektive Stoßfrequenz* beschrieben. Sie ist der Anzahl der Stöße pro Zeiteinheit äquivalent, die die Elektronen vollkommen zur Ruhe bringen, wobei die gesamte, den Elektronen entzogene Energie die gleiche ist wie im realen Fall.

Die Stromdichte im Plasma ist durch das Produkt aus der Anzahl der Ladungsträger und der mittleren Geschwindigkeit der Ladungsträger gegeben. Für Elektronen gilt

$$\mathbf{J} = -n e \mathbf{v} , \tag{8.1}$$

wobei n die Anzahl der Elektronen pro Volumseinheit, e und m die Elektronenladung bzw. -masse und $\mathbf{v}$ die mittlere Geschwindigkeit ist.

Ist ν die effektive Stroßfrequenz, dann ist die der Bewegung entgegenwirkende Kraft zufolge der Stöße

$$m \nu \mathbf{v} .$$

Daher lautet die Bewegungsgleichung eines Elektrons in Anwesenheit eines elektromagnetischen Feldes

$$m \frac{d\mathbf{v}}{dt} = -m\nu\mathbf{v} - e(\mathbf{E} + \mathbf{v} \times \mathbf{B}),\tag{8.2}$$

wobei die Ausdrücke auf der rechten Seite der Gleichung die Kraft, die die Elektronen abbremst, und die Kraft zufolge der Wechselwirkung zwischen einem negativ geladenen Elektron und dem elektromagnetischen Feld repräsentieren. Für die üblicherweise in einer elektromagnetischen Welle auftretenden Felder kann die Kraft zufolge der magnetischen Induktion im Vergleich zur Kraft zufolge des elektrischen Feldes vernachlässigt werden. Man kann daher den letzten Ausdruck in Gl. (8.2) weglassen.

Die Geschwindigkeit $\mathbf{v}$ muß als eine Funktion sowohl des Raumes als auch der Zeit angesehen werden; die Ableitung nach der Zeit lautet daher

$$\frac{d\mathbf{v}}{dt} = \frac{\partial\mathbf{v}}{\partial z}\frac{dz}{dt} + \frac{\partial\mathbf{v}}{\partial t}.\tag{8.3}$$

dz/dt ist die niederfrequente bzw. gleichförmige Bewegung der Elektronen durch das Plasma. Wird angenommen, daß es keine gleichförmige Bewegung der Elektronen in dem Plasma gibt, dann ist

$$\frac{dz}{dt} = 0$$

und

$$\frac{d\mathbf{v}}{dt} = \frac{\partial\mathbf{v}}{\partial t}.$$

In komplexer Schreibweise mit $\exp(j\omega t)$ als Zeitabhängigkeit lautet Gl. (8.2)

$$j\omega m\mathbf{v} + m\nu\mathbf{v} = -e\mathbf{E}.\tag{8.4}$$

Setzt man den Wert für $\mathbf{v}$ aus Gl. (8.1) in Gl. (8.4) ein, so erhält man

$$\mathbf{J}(j\omega + \nu) = \frac{ne^2}{m}\mathbf{E}.\tag{8.5}$$

Vernachlässigt man alle Verlustmechanismen in einem neutralen Plasma, das nicht unter dem Einfluß eines äußeren Feldes steht, dann findet man, daß die Elektronen eine natürliche Schwingfrequenz aufweisen, die *Plasmafrequenz* genannt wird. Es soll nun ein Ausdruck für die Plasmafrequenz abgeleitet werden. Nimmt man an, daß die Stromdichte und die elektrische Verschiebung nach Gl. (2.7) äquivalent sind

$$\mathbf{J} = -j\omega\epsilon_0\mathbf{E}$$

und nimmt man an, daß das elektrische Feld in Gl. (8.5) nur zufolge der Stromdichte auftritt, und ist weiters $\nu = 0$, dann gilt

$$\omega^2\mathbf{J} = \frac{ne^2}{m\epsilon_0}\mathbf{J}.$$

Die Plasmafrequenz ist daher

$$2\pi f_p = \omega_p = \sqrt{\frac{ne^2}{m\epsilon_0}} \; .$$

8.2. Elektromagnetische Eigenschaften

Das Plasma verhält sich wie ein leitendes Medium, dessen Leitfähigkeit eine Funktion der Frequenz ist. Das verlustlose Plasma entspricht einem leitenden Medium, in dem keine Leistungsverluste auftreten. Um die Ausbreitungseigenschaften einer elektromagnetischen Welle in einem Plasma zu untersuchen, ist es notwendig, einen Ausdruck für die effektive Dielektrizitätskonstante des Plasmas zu finden. Setzt man die Plasmafrequenz in Gl. (8.5) ein, so erhält man

$$\mathbf{J} = \frac{\epsilon_0 \omega_p^2}{\nu + j\omega}\,\mathbf{E} = \frac{\epsilon_0 \omega_p^2}{\omega^2 + \nu^2}\,(\nu - j\omega)\mathbf{E} \; .$$

Für die Ausbreitung in einem leitenden Medium wurde die effektive Dielektrizitätskonstante bereits in Gl. (6.2) definiert, und zwar durch

$$j\omega\epsilon_{\mathrm{eff}}\mathbf{E} = \mathbf{J} + j\omega\epsilon_0\mathbf{E} \; .$$

Indem man für den Ausdruck für $\mathbf{J}$ in einem Plasma einsetzt, erhält man

$$\epsilon_{\mathrm{eff}} = \epsilon_0 \left[1 - \frac{\omega_p^2}{\omega^2 + \nu^2} \right] - j\,\frac{\epsilon_0 \nu \omega_p^2}{\omega(\omega^2 + \nu^2)} \tag{8.6}$$

oder, durch Vergleich mit Gl. (6.3),

$$\epsilon'_{\mathrm{eff}} = \epsilon_0 \left[1 - \frac{\omega_p^2}{\omega^2 + \nu^2} \right]$$

$$\omega\epsilon''_{\mathrm{eff}} = \sigma = \frac{\epsilon_0 \nu \omega_p^2}{\omega^2 + \nu^2} \; .$$

Gl. (8.6) gibt die effektive Dielektrizitätskonstante für ein neutrales Plasma an, daś aus beweglichen Elektronen in einer Wolke aus ortsfesten, geladenen Ionen besteht. Es wird angenommen, daß das Ursprungsgas des Plasmas keine magnetischen Eigenschaften besitzt, die sich auf eine elektromagnetische Welle auswirken, so daß die andere Eigenschaft des Plasmas durch die Permeabilitätskonstante μ_0 beschrieben wird.

8.3. Ebene Welle im magnetfeldfreien Plasma

Nachdem wir die Eigenschaften des Plasmas durch eine effektive Dielektrizitätskonstante beschrieben haben, ist es jetzt nur mehr notwendig, die mathematische Ableitung nach einer ähnlichen Methode durchzuführen, wie sie in Kapitel 6 für die Ausbreitung einer ebenen Welle in einem leitenden Medium verwendet wurde. Setzt man die Werte für ϵ' und σ aus Gl. (8.6) in Gl. (6.4) ein, so ergibt sich

$$\gamma = \alpha + j\beta = \sqrt{-\omega^2 \mu_0 \epsilon_0 \left[\left(1 - \frac{\omega_p^2}{\omega^2 + \nu^2}\right) - j\,\frac{\nu\omega_p^2}{\omega(\omega^2 + \nu^2)}\right]} \tag{8.7}$$

Ein Plasma, das eine große effektive Leitfähigkeit besitzt, verhält sich wie ein leitendes Medium und die elektromagnetische Welle wird beim Durchgang durch das Plasma stark gedämpft. Die effektive Leitfähigkeit ist eine Funktion der effektiven Stoßfrequenz, was auf andere Weise zeigt, daß die Stoßfrequenz ein Maß für die Verluste des Plasmas ist. Für ein verlustloses oder nahezu verlustloses Plasma ist $\nu \ll \omega$ und Gl. (8.7) kann zu

$$\gamma = \alpha + j\beta = j\omega \sqrt{\mu_0 \epsilon_0 \left(1 - \frac{\omega_p^2}{\omega^2}\right)} \tag{8.8}$$

vereinfacht werden.

Ist $\omega > \omega_p$, dann ist normale Ausbreitung durch das Plasma möglich und es gilt

$$\beta = \omega \sqrt{\mu_0 \epsilon_0 \left(1 - \frac{\omega_p^2}{\omega^2}\right)} \quad ; \quad \alpha = 0 \tag{8.9}$$

Ist $\omega < \omega_p$, dann tritt aperiodische Dämpfung auf und es ist

$$\alpha = \omega \sqrt{\mu_0 \epsilon_0 \left(\frac{\omega_p^2}{\omega^2} - 1\right)} \quad ; \quad \beta = 0 \,. \tag{8.10}$$

Gl. (8.10) bedeutet, daß, obwohl wir eine ebene Welle in einem unendlich ausgedehnten Medium betrachten, sich diese Welle so verhält, als ob sie sich innerhalb eines Hohlleiters unterhalb der Grenzfrequenz befände; es tritt keine sinusförmige Änderung der Feldgrößen in Ausbreitungsrichtung auf, sondern das Feld nimmt exponentiell mit der Entfernung ab. Daher kann unter der zweiten Bedingung keine Ausbreitung im Medium stattfinden, die Welle im Plasma ist aperiodisch gedämpft. Eine weitere Behandlung von Gl. (8.9) wird zeigen, daß es sich tatsächlich um ein Phänomen mit einer Grenzbedingung handelt und daß dieses die Ausbreitungsbedingungen beeinflußt. Ist λ die Wellenlänge der ebenen Welle, die sich durch das Plasma ausbreitet, λ_0 die Vakuumwellenlänge dieser Welle und λ_p die charakteristische Wellenlänge, die der Plasmafrequenz entspricht, dann wird Gl. (8.9) zu

$$\lambda = \frac{\lambda_0}{\sqrt{1 - \left(\frac{\lambda_0}{\lambda_p}\right)^2}} \,.$$

Diese Gleichung ist der Gleichung für die Hohlleiterwellenlänge (3.4) ähnlich, nur hat die charakteristische Wellenlänge des Plasmas die Hohlleiterwellenlänge ersetzt und die Plasmawellenlänge die Grenzwellenlänge. Infolgedessen verhält sich die Ausbreitung einer elektromagnetischen Welle durch ein unendlich ausgedehntes Plasma ähnlich wie die Ausbreitung einer elektromagnetischen Welle in einem Hohlleiter, bei dem die Grenzfrequenz des Hohlleiters durch die Plasmafrequenz ersetzt wurde.

Für $\omega = \omega_p$ kann überhaupt keine TEM-Welle in dem Medium existieren; es kann jedoch eine longitudinale elektrische Welle auftreten, die manchmal Plasmawelle genannt wird, aber diese Welle wird hier nicht untersucht. Abgesehen von den hohlleiterähnlichen Ausbreitungsbedingungen sind die Eigenschaften der ebenen Welle, die sich in einem verlustlosen Plasma ausbreitet, dieselben wie die einer ebenen Welle, die sich in einem nichtleitenden Medium ausbreitet. Die Felder werden durch die Gl. (2.28) mit der Ausnahme beschrieben, daß ϵ durch den modifizierten Wert nach Gl. (8.6) zu ersetzen ist.

8.4. Vormagnetisiertes Plasma

Wird ein Plasma einem statischen Magnetfeld ausgesetzt, dann wird dieses Plasma für elektromagnetische Wellen elektrisch anisotrop. Das ist eine Erscheinung, die den elektromagnetischen Eigenschaften eines Ferrits im statischen Magnetfeld ähnlich ist. Die Bewegungsgleichung eines Elektrons in einem verlustlosen Plasma ist durch Gl. (8.2) mit der Bedingung $\nu = 0$ gegeben, also

$$m \frac{dv}{dt} = -e(\mathbf{E} + \mathbf{v} \times \mathbf{B}_0), \tag{8.11}$$

wobei $\mathbf{B}_0$ die statische magnetische Induktion darstellt. Hier ist das statische Magnetfeld ausreichend stark, um einen Kraftterm beizutragen, während das Magnetfeld der elektromagnetischen Welle keinen wesentlichen Beitrag liefert. Nimmt man an, daß das statische Magnetfeld in der z-Richtung eines kartesischen Koordinatensystems wirkt und daß die Zeitabhängigkeit durch $\exp(j\omega t)$ beschrieben wird, dann wird aus Gl. (8.11)

$$\left. \begin{aligned}
j\omega v_x &= -\frac{e}{m} E_x - \frac{e}{m} B_0 v_y \\[2mm]
j\omega v_y &= -\frac{e}{m} E_y + \frac{e}{m} B_0 v_x \\[2mm]
j\omega v_z &= -\frac{e}{m} E_z
\end{aligned} \right\} \tag{8.12}$$

Um die Ausdrücke in Gl. (8.12) zu vereinfachen, definieren wir eine Größe, die Zyklotronfrequenz der Elektronen genannt werden soll und gleich

$$\omega_z = \frac{e}{m} B_0$$

ist. Die Gleichungen (8.12) können gelöst werden, um Ausdrücke für die Geschwindigkeitskomponenten der Elektronen in Abhängigkeit der Komponenten des elektrischen Feldes zu erhalten. Diese Beziehungen sind

$$\left. \begin{aligned}
(\omega_z^2 - \omega^2) v_x &= -j\omega \frac{e}{m} E_x + \omega_z \frac{e}{m} E_y \\[2mm]
(\omega_z^2 - \omega^2) v_y &= -\omega_z \frac{e}{m} E_x - j\omega \frac{e}{m} E_y \\[2mm]
j\omega v_z &= -\frac{e}{m} E_z
\end{aligned} \right\} \tag{8.13}$$

Setzt man für ω_p in Gl. (8.1) ein, so ergibt sich

$$\mathbf{J} = -\omega_p^2 \epsilon_0 \frac{e}{m}\mathbf{v} \ .$$

Wird dieser Ausdruck in Gl. (8.13) eingesetzt, ergibt sich

$$
\left.
\begin{aligned}
J_x &= j\omega \frac{\epsilon_0 \omega_p^2}{\omega_z^2 - \omega^2} E_x - \omega_z \frac{\epsilon_0 \omega_p^2}{\omega_z^2 - \omega^2} E_y \\[2mm]
J_y &= \omega_z \frac{\epsilon_0 \omega_p^2}{\omega_z^2 - \omega^2} E_x + j\omega \frac{\epsilon_0 \omega_p^2}{\omega_z^2 - \omega^2} E_y \\[2mm]
J_z &= -j\epsilon_0 \frac{\omega_p^2}{\omega} E_z
\end{aligned}
\right\}
\qquad (8.14)
$$

8.5. Dielektrizitätstensor

Aus Gl. (8.14) erkennt man, daß eine zweidimensionale Beziehung zwischen $\mathbf{J}$ und $\mathbf{E}$ existiert, die auf eine tensorielle Form der Mikrowellen-Dielektrizitätskonstante führt. ähnlich dem Permeabilitätstensor eines magnetisierten ferritischen Materials. Ist ϵ der Dielektrizitätstensor, dann ist

$$j\omega\epsilon\mathbf{E} = \mathbf{J} + j\omega\epsilon_0\mathbf{E} \ , \qquad (8.15)$$

wobei gilt

$$\mathbf{D} = \epsilon\mathbf{E} \ . \qquad (8.16)$$

Die Elemente von ϵ seien ϵ_t, ϵ_z und η_t; dann kann man Gl. (8.16) in

$$
\left.
\begin{aligned}
D_x &= \epsilon_t E_x - j\eta_t E_y \\
D_y &= j\eta_t E_x + \epsilon_t E_y \\
D_z &= \epsilon_z E_z
\end{aligned}
\right\}
\qquad (8.17)
$$

entwickeln. Setzt man Gl. (8.14) in Gl. (8.15) ein, so ergeben sich die Elemente des Dielektrizitätstensor zu

$$\epsilon_t = \epsilon_0 \left(1 - \frac{\omega_p^2}{\omega^2 - \omega_z^2} \right) \qquad (8.18)$$

$$\eta_t = \frac{\epsilon_0 \omega_p^2 \omega_z}{\omega(\omega^2 - \omega_z^2)} \qquad (8.19)$$

$$\epsilon_z = \epsilon_0 \left(1 - \frac{\omega_p^2}{\omega^2} \right) , \qquad (8.20)$$

wobei in diesem Kapitel η_t die Komponente des Dielektrizitätstensors außerhalb der Hauptdiagonale darstellt. Es ist durch Gl. (8.19) definiert und hat nichts mit dem Wellenwiderstand zu tun, der im Rest des Buches mit η bezeichnet wird.

Die Gl. (8.7) kann in Form von

$$
\mathbf{D} = \begin{pmatrix} \epsilon_t & -j\eta_t & 0 \\ j\eta_t & \epsilon_t & 0 \\ 0 & 0 & \epsilon_z \end{pmatrix} \mathbf{E} \tag{8.21}
$$

angeschrieben werden; der Dielektrizitätstensor allein lautet

$$
\boldsymbol{\epsilon} = \begin{pmatrix} \epsilon_t & -j\eta_t & 0 \\ j\eta_t & \epsilon_t & 0 \\ 0 & 0 & \epsilon_z \end{pmatrix} .
$$

Das Plasma ist ein gyroelektrisches Material, das die Eigenschaften der Faraday-Drehung und der Resonanz aufweist. Diese Eigenschaften wurden bereits im Zusammenhang mit den Eigenschaften ferromagnetischer Materialien in Kapitel 7 ausführlich besprochen. Die gyroelektrischen Eigenschaften treten zufolge des kreisförmigen Umlaufs der Elektronen um die Achse des statischen Magnetfeldes auf.

8.6. Ebene Welle im vormagnetisierten Plasma

Wir wollen nun die Eigenschaften der Ausbreitung einer elektromagnetischen Welle in einem vormagnetisierten Plasma untersuchen. Zur Vereinfachung des Problems wird die Ausbreitung einer ebenen Welle in einem unendlich ausgedehnten Plasma untersucht; obwohl dieser Fall im allgemeinen kaum auftreten wird, gibt er doch eine brauchbare Übersicht über die Eigenschaften des Plasmas. Die Ausbreitungsrichtung sei dieselbe wie die Richtung des Magnetfeldes.

Der Zusammenhang zwischen dielektrischer Verschiebung und elektrischem Feld ist durch Gl. (8.17) gegeben und wird hier nochmals angeschrieben

$$
\left. \begin{aligned} D_x &= \epsilon_t E_x - j\eta_t E_y \\ D_y &= j\eta_t E_x + \epsilon_t E_y \\ D_z &= \epsilon_z E_z \end{aligned} \right\} \tag{8.17}
$$

Durch Einsetzen von Gl. (8.17) in Gl. (2.7) erhält man

$$
\left. \begin{aligned} \frac{\partial H_z}{\partial y} - \frac{\partial H_y}{\partial z} &= j\omega\epsilon_t E_x + \omega\eta_t E_y \\[2mm] \frac{\partial H_x}{\partial z} - \frac{\partial H_z}{\partial x} &= -\omega\eta_t E_x + j\omega\epsilon_t E_y \\[2mm] \frac{\partial H_y}{\partial x} - \frac{\partial H_x}{\partial y} &= j\omega\epsilon_z E_z \end{aligned} \right\} \tag{8.22}
$$

was eine Form einer der Maxwellschen Rotorgleichungen ist; die andere ist Gl. (2.24).
Werden die Bedingungen für die Ausbreitung einer ebenen Welle in z-Richtung, nämlich

$$\frac{\partial}{\partial x} = \frac{\partial}{\partial y} = 0; \quad \frac{\partial}{\partial z} = -j\beta\,,$$

in die Gln. (8.22) und (2.24) eingesetzt, so erhalten wir

$$\left.\begin{aligned}
\beta E_y &= -\omega\mu_0 H_x \\
\beta E_x &= \omega\mu_0 H_y \\
\beta H_y &= \omega\epsilon_t E_x - j\omega\eta_t E_y \\
\beta H_x &= -j\omega\eta_t E_x - \omega\epsilon_t E_y \\
H_z &= E_z = 0
\end{aligned}\right\} \tag{8.23}$$

Die Lösung von Gl. (8.23) erhält man auf ähnliche Weise wie Gl. (7.17) im vorigen Kapitel.
Daher sind die Lösungen ähnlich:

$$\beta^2 = \omega^2\mu_0(\epsilon_t \pm \eta_t)\,. \tag{8.24}$$

Wir verwenden auch die gleiche Bezeichnung für die beiden Wellen

$$\beta^+ = \omega\sqrt{\mu_0(\epsilon_t - \eta_t)} \tag{8.25}$$

$$\beta^- = \omega\sqrt{\mu_0(\epsilon_t + \eta_t)}\,. \tag{8.26}$$

8.7. Drehung der Polarisationsebene

Die beiden fortschreitenden Wellen sind zirkular polarisierte Wellen entgegengesetzter
Drehrichtung, ähnlich den Wellen, die sich in einem vormagnetisierten Ferrit ausbreiten.
Die Drehung pro Einheitslänge ist in Gl. (7.35) angegeben, die hier nochmals angeschrieben
wird

$$\psi = (\beta^+ - \beta^-)\,.$$

Ist die Frequenz groß gegenüber den charakteristischen Frequenzen des Plasmas, so
können einige nützliche Abkürzungen für die vorangegangenen Ausdrücke eingeführt werden.
Die Bedingungen sind

$$\omega_z \ll \omega \quad \text{und} \quad \omega_p \ll \omega\,.$$

Werden diese Bedingungen in die Gln. (8.18) und (8.19) eingesetzt, dann ergibt sich

$$\epsilon_t \approx \epsilon_0$$

$$\eta_t \approx \epsilon_0\,\frac{\omega_p^2\,\omega_z}{\omega^3}\,.$$

Diese Werte in die Gln. (8.25) und (8.26) eingesetzt ergeben die Ausbreitungskonstanten

$$\beta^+ = \omega \sqrt{\epsilon_0 \mu_0} \left(1 - \frac{1}{2} \frac{\omega_p^2 \omega_z}{\omega^3}\right)$$

$$\beta^- = \omega \sqrt{\epsilon_0 \mu_0} \left(1 + \frac{1}{2} \frac{\omega_p^2 \omega_z}{\omega^3}\right) .$$

Daher ist die Drehung schließlich

$$\psi = -\sqrt{\epsilon_0 \mu_0} \, \omega_z \left(\frac{\omega_p}{\omega}\right)^2 \tag{8.27}$$

Da ω_z proportional dem angelegten Magnetfeld ist, zeigt Gl. (8.27), daß die Drehung proportional dem angelegten Feld ist.

Die gyromagnetischen Eigenschaften eines Plasmas werden deswegen nicht in Hohlleitern verwendet, weil die Plasmaeigenschaften nicht ausreichend unter Kontrolle gehalten werden können. In den meisten Fällen ist das Plasma einer Gasentladung instabil und kann nicht als Medium für die Ausbreitung einer Welle verwendet werden. Das Interesse konzentriert sich aber aus dem Grund auf Plasmaeigenschaften, weil die Ionosphäre ein Plasma ist und weil Satelliten beim Wiedereintritt in die Atmosphäre von einer Plasmaschicht umgeben sind.

8.8. Elektronenstrahlen

Ein Elektronenstrahl wird in allen Röhren verwendet; auch bei Mikrowellenfrequenzen dienen Röhren als Oszillatoren und Verstärker. Eine Untersuchung der Elektronenstrahlen hilft die Funktionsweise einiger Mikrowellenröhren verstehen.

Man denke sich einen Elektronenstrahl, der aus einem Bereich relativ großer Elektronendichte besteht, in dem sich die Elektronen unter dem Einfluß eines statischen elektrischen Feldes bewegen. Die Eigenschaften des Strahls werden mit Hilfe der Geschwindigkeit v, der Ladungsträgerdichte ρ und der Stromdichte J beschrieben. Es wird angenommen, daß sich alle genannten Größen im Querschnitt des Strahls nicht ändern, daß es aber überlagerte Schwingungen von der Art einer Wanderwelle entlang des Strahls gibt. Soweit es notwendig ist, ein Koordinatensystem festzulegen, soll die Strahlachse mit der z-Achse eines kartesischen bzw. Zylinderkoordinatensystems zusammenfallen.

Die Ausdrücke für die Strahlparameter seien

$$v_z = v_0 + v_1 \exp j(\omega t - \beta z) \tag{8.28}$$

$$\rho = \rho_0 + \rho_1 \exp j(\omega t - \beta z) \tag{8.29}$$

$$J_z = J_0 + J_1 \exp j(\omega t - \beta z) ; \tag{8.30}$$

die transversalen Komponenten seien so klein, daß sie vernachlässigt werden können. In allen diesen Gleichungen wird angenommen, daß der konstante Ausdruck viel größer ist als der Anteil der Wanderwelle. Die Strahlstromdichte ist durch

$$J_z = \rho v_z$$

gegeben; folglich ist

$$J_z = \rho_0 v_0 + (\rho_1 v_0 + \rho_0 v_1)\, \exp j(\omega t - \beta z) \tag{8.31}$$

wobei der Ausdruck, der das Produkt zwei kleiner Größen darstellt, vernachlässigt wurde. Infolgedessen ergeben die Gln. (8.30) und (8.31)

$$J_1 = \rho_1 v_0 + \rho_0 v_1 \,. \tag{8.32}$$

Ähnlich zu (8.2), aber unter Vernachlässigung des Verlustterms und jeglichen magnetischen Feldes, lautet die Bewegungsgleichung der Elektronen

$$\frac{dv_z}{dt} = -\frac{e}{m}\, E_z \,. \tag{8.33}$$

v_z ist durch

$$\frac{dv_z}{dt} = \frac{\partial v_z}{\partial z}\frac{dz}{dt} + \frac{\partial v_z}{\partial t} \tag{8.3}$$

bestimmt, so daß wir aus Gl. (8.28)

$$\frac{\partial v_z}{\partial z} = -j\beta v_1\, \exp j(\omega t - \beta z)$$

$$\frac{\partial v_z}{\partial t} = j\omega v_1\, \exp j(\omega t - \beta z)$$

$$\frac{dz}{dt} = v_0$$

erhalten. Durch Einsetzen in Gl. (8.3) und Vereinfachen erhält man

$$\frac{e}{m} E_z = -j v_1 v_0 \left(\frac{\omega}{v_0} - \beta\right) \exp j(\omega t - \beta z) \,. \tag{8.34}$$

Die Kontinuitätsgleichung der Ladung lautet

$$\nabla \cdot J = -\frac{\partial \rho}{\partial t}$$

oder, wenn man nur die eindimensionale Divergenz der Strahlstromdichte betrachtet,

$$\frac{\partial J_z}{\partial z} = -\frac{\partial \rho}{\partial t} \,.$$

Differentiation der Gln. (8.29) und (8.30) ergibt

$$j\beta J_1 = j\omega\rho_1 .\tag{8.35}$$

Aus Gl. (8.32) erhalten wir

$$v_1 = \frac{J_1 - \rho_1 v_0}{\rho_0} \quad,$$

was mit der Substitution für ρ_1 aus Gl. (8.35) auf

$$v_1 = \frac{J_1}{\rho_0}\left(1 - \frac{\beta v_0}{\omega}\right)\tag{8.36}$$

führt. Die Substitution für v_1 aus Gl. (8.36) in Gl. (8.34) ergibt schließlich

$$E_z = -j\,\frac{m v_0^2 J_1}{e\rho_0\omega}\left(\beta - \frac{\omega}{v_0}\right)^2 \exp j(\omega t - \beta z) .\tag{8.37}$$

8.9. Raumladungswellen

Es sei angenommen, daß die elektromagnetischen Felder in der Strahlachse ungefähr denen einer ebenen Welle entsprechen. Schreibt man nun die Maxwellschen Gleichungen für eine ebene Welle an (ähnlich Gl. (8.23) mit der Ausnahme, daß nun auch ein Stromterm auftritt), so ergibt sich:

$$\beta E_y = -\omega\mu_0 H_x\tag{8.38}$$

$$\beta E_x = \omega\mu_0 H_y\tag{8.39}$$

$$0 = H_x\tag{8.40}$$

$$j\beta H_y = j\omega\epsilon E_x + J_x\tag{8.41}$$

$$j\beta H_x = -j\omega\epsilon E_y - J_y\tag{8.42}$$

$$0 = j\omega\epsilon E_z + J_z .\tag{8.43}$$

Es wurde bereits die Annahme getroffen, daß der Elektronenstrahl einheitlich über seinen Querschnitt ist. Daher werden keine Ströme normal zur Strahlachse auftreten und es ist $J_x = J_y = 0$. Die Gln. (8.38) bis (8.42) stellen nun einen kompletten Satz von Feldgleichungen für die Wellenausbreitung im freien Raum dar. Gl. (8.43) ist jedoch die charakteristische Gleichung für die Raumladungswellen. Setzt man die Gln. (8.30) und (8.37) in Gl. (8.43) ein, so ergibt sich

$$\left[\frac{\omega\epsilon_0 m v_0^2 J_1}{e\rho_0\omega}\left(\beta - \frac{\omega}{v_0}\right)^2 + J_1\right]\exp j(\omega t - \beta z) = 0$$

was zu

$$\left[\left(\frac{v_0}{\omega_p}\right)^2\left(\beta - \frac{\omega}{v_0}\right)^2 - 1\right]J_1\exp j(\omega t - \beta z) = 0\tag{8.44}$$

vereinfacht werden kann. Die charakteristische Beziehung für die Raumladungswelle ist durch eine Lösung der Gl. (8.44) gegeben.

$$J_1 \exp j(\omega t - \beta z) = 0$$

ist eine triviale Lösung, so daß die charakteristische Gleichung folgendermaßen lautet:

$$\left(\beta - \frac{\omega}{v_0}\right)^2 - \left(\frac{\omega_p}{v_0}\right)^2 = 0 . \tag{8.45}$$

Daraus folgt

$$\beta - \frac{\omega}{v_0} = \pm \frac{\omega_p}{v_0}$$

und

$$\beta = \frac{\omega \perp \omega_p}{v_0} . \tag{8.46}$$

Gl. (8.46) stellt die Ausbreitungskonstante zweier Raumladungswellen auf einem Elektronenstrahl dar, die ohne äußere Anregung auf dem Strahl existieren. Sie stellen das normale Verhalten der Elektronen in einem Elektronenstrahl dar. Sie werden die langsame und schnelle Raumladungswelle genannt. Bei Elektronenröhren vom Wanderwellentyp treten diese Raumladungswellen mit langsamen elektromagnetischen Wellen, die sich auf einer Verzögerungsleitung ausbreiten, in Wechselwirkung.

8.10. Zusammenfassung

8.1. Ein **Plasma** besteht aus geladenen Teilchen, und zwar aus beweglichen, leichten Elektronen und relativ unbeweglichen, schweren Ionen.

Die effektive Stoßfrequenz wird mit ν bezeichnet.

Plasmafrequenz

$$\omega_p = \sqrt{\frac{ne^2}{m\epsilon_0}}$$

8.2. Die Komponenten der effektiven Dielektrizitätskonstante sind

$$\epsilon'_{eff} = \epsilon_0 \left[1 - \frac{\omega_p^2}{\omega^2 + \nu^2}\right]$$

$$\omega\epsilon''_{eff} = \sigma = \frac{\epsilon_0 \nu \omega_p^2}{\omega^2 + \nu^2} .$$

8.3. Für die Ausbreitung einer ebenen Welle in einem verlustlosen Plasma ($\nu \ll \omega$) gilt

$$\gamma = j\omega \sqrt{\mu_0 \epsilon_0 \left(1 - \frac{\omega_p^2}{\omega^2}\right)} \tag{8.8}$$

Für $\omega > \omega_p$ tritt gewöhnliche Ausbreitung auf

$$\beta = \omega \sqrt{\mu_0 \epsilon_0 \left(1 - \frac{\omega_p^2}{\omega^2}\right)}; \quad \alpha = 0, \tag{8.9}$$

für $\omega > \omega_p$ aber ist die Welle aperiodisch gedämpft

$$\alpha = \omega \sqrt{\mu_0 \epsilon_0 \left(\frac{\omega_p^2}{\omega^2} - 1\right)}; \quad \beta = 0. \tag{8.10}$$

8.4. Das vormagnetisierte Plasma weist gyroelektrische Eigenschaften auf.

Zyklotronfrequenz $\omega_z = \dfrac{e}{m} B_0$

8.5. Der **Dielektrizitätstensor** ist durch die Beziehung

$$\mathbf{D} = \begin{pmatrix} \epsilon_t & -j\eta_t & 0 \\ j\eta_t & \epsilon_t & 0 \\ 0 & 0 & \epsilon_z \end{pmatrix} \mathbf{E} \tag{8.21}$$

gegeben, wobei

$$\epsilon_t = \epsilon_0 \left(1 - \frac{\omega_p^2}{\omega^2 - \omega_z^2}\right) \tag{8.18}$$

$$\eta_t = \frac{\epsilon_0 \omega_p^2 \omega_z}{\omega(\omega^2 - \omega_z^2)} \tag{8.19}$$

$$\epsilon_z = \epsilon_0 \left(1 - \frac{\omega_p^2}{\omega^2}\right) \tag{8.20}$$

bedeuten.

8.6. Der Dielektrizitätstensor gibt Anlaß zu nichtreziproken Eigenschaften und zu zwei möglichen Arten der Ausbreitung, die mit den beiden Richtungen der Zirkularpolarisation verbunden sind. Die Ausbreitungskonstanten sind

$$\beta^+ = \omega \sqrt{\mu_0(\epsilon_t - \eta_t)} \tag{8.25}$$

$$\beta^- = \omega \sqrt{\mu_0(\epsilon_t + \eta_t)}. \tag{8.26}$$

8.7. Es tritt eine Drehung der Polarisationsebene einer linearpolarisierten Welle auf. Die Drehung pro Einheitslänge ist für hohe Frequenzen durch

$$\psi = -\sqrt{\epsilon_0 \mu_0} \; \omega_z \left(\frac{\omega_p}{\omega}\right)^2 \tag{8.27}$$

gegeben.

8.9. In einem Elektronenstrahl mit der mittleren Geschwindigkeit v_0 treten zwei Raumladungswellen auf, deren Ausbreitungskonstanten durch

$$\beta = \frac{\omega \pm \omega_p}{v_0} \tag{8.46}$$

gegeben sind.

Aufgaben

8.1. Es ist die Plasmafrequenz eines Elektronenstrahls mit der Elektronendichte von $1{,}2 \cdot 10^{14} \mathrm{m}^{-3}$ zu berechnen.

Es ist die Plasmafrequenz der Ionosphäre mit einer Elektronendichte von $1{,}12 \cdot 10^{11} \mathrm{m}^{-3}$ zu berechnen.

Es ist die Zyklotronfrequenz der Ionosphäre bei der Feldstärke des Magnetfeldes der Erde von $50\ \mu\mathrm{T}$ zu berechnen.

[109 MHz; 3,0 MHz; 1,4 MHz]

8.2. Es ist zu beweisen, daß die Gleichungen für die Plasmafrequenz und die Zyklotronfrequenz der Elektronen dimensionsmäßig stimmen, wenn man die Dimensionen für die einzelnen Größen einsetzt.

8.3. Es ist Gl. (8.6) in die Gln. (2.1) bis (2.7) einzusetzen und daraus die Gl. (8.7) zu berechnen.

8.4. Für ein verlustbehaftetes Plasma sind die Ausdrücke für α und β ähnlich zu den in Gl. (6.5) angegebenen abzuleiten und es ist zu zeigen, daß sich die Ausdrücke bei Verlustfreiheit zu den Gln. (8.9) und (8.10) vereinfachen.

8.5. Mit Hilfe der Mikrowellentheorie ist die Tatsache zu diskutieren, daß die Ionosphäre als ein idealer Reflektor für Radiowellen niedriger Frequenz erscheint, während sie für hohe Frequenzen vollkommen durchlässig ist.

8.6. Es ist die erforderliche Elektronendichte zu berechnen, die in einem homogenen, verlustlosen Plasma die Wellenlänge einer transversal-elektromagnetischen Welle um 1 % größer macht als die Vakuumwellenlänge, und zwar bei den Frequenzen 100 MHz und 10 GHz.

[$2{,}5 \cdot 10^{12} \mathrm{m}^{-3}$; $2{,}5 \cdot 10^{16} \mathrm{m}^{-3}$]

8.7. Es ist zu diskutieren, ob ein homogenes Plasma einem homogenen dielektrischen Material, dessen relative Dielektrizitätskonstante kleiner als 1 ist, vollkommen gleichzusetzen ist.

Im speziellen ist zu untersuchen, ob die Gruppengeschwindigkeit die gleiche ist wie die Phasengeschwindigkeit. Es ist die Beziehung zwischen der Wellenlänge der ebenen Welle und der Frequenz graphisch darzustellen und mit der Beziehung zwischen Hohlleiterwellenlänge und Frequenz für einen luftgefüllten Hohlleiter zu vergleichen.

8.8. Es sind die Gln. (2.24) und (8.22) zu lösen und es ist zu zeigen, daß Gl. (8.24) die richtige Lösung für die Ausbreitungskonstante ergibt.

8.9. Es sind die Eigenschaften der Ionosphäre, wie sie in Aufgabe 8.1 angegeben wurden, zu verwenden, um die Drehung der Polarisationsebene eines Mikrowellensignals von der Frequenz 1 GHz zu berechnen, das sich durch diese Ionosphäre ausbreitet. Es ist die Annahme zu treffen, daß sich die Ionosphäre homogen über einen Bereich von 200 km Dicke erstreckt und daß das magnetische Erdfeld parallel zur Ausbreitungsrichtung gerichtet ist.

Die Berechnung ist für ein 10-GHz-Signal zu wiederholen.

[$3°$; $0,03°$]

8.10. Es ist ϵ_t und η_t sowie die daraus folgende effektive Dielektrizitätskonstante für beide Zirkularpolarisationen eines vormagnetisierten Plasmas, dessen Plasmafrequenz $\omega_p = 0,9\,\omega$ ist, in Abhängigkeit vom Magnetfeld graphisch darzustellen, wenn die Ausbreitungsrichtung dieselbe wie die des statischen Magnetfeldes ist.

9. Oszillatoren und Verstärker

9.1. Klystron

Für sehr hohe Frequenzen werden konventionelle Trioden und andere Elektronenröhren unbrauchbar. Die Laufzeit der Elektronen zwischen den Elektroden ist länger als die Periodendauer der Schwingungen, die verstärkt werden sollen. Speziell konstruierte Trioden, die einen sehr kleinen Abstand zwischen den Elektroden aufweisen, werden bei den niedrigeren Mikrowellenfrequenzen angewendet, während bei anderen Mikrowellenröhren die Laufzeiteffekte der Elektronen zwischen den Elektroden ausgenützt werden. Am häufigsten wird das Klystron als Oszillator für geringe Leistungen verwendet.

Eine schematische Darstellung eines Zweikammerklystrons ist in Bild 9.1 abgebildet. Ein Elektronenstrahl, der nicht eingezeichnet ist, verläßt die Kathode K und passiert auf seinem Weg zum Kollektor A_2 die Beschleunigungsanode A_1 und zwei Hohlräume. Die beiden Hohlräume sind Mikrowellenresonatoren, die so konstruiert sind, daß ein starkes elektrisches Feld in ihrem engen Mittelteil auftritt. Die Wände in diesem Teil bestehen aus einem Drahtgitter, das für den Elektronenstrahl durchlässig ist. Die durchtretenden Elektronen werden entsprechend der jeweiligen Phase des elektrischen Mikrowellenfeldes im Resonator entweder beschleunigt oder verzögert. Folglich wird der ganze Elektronenstrahl durch das Mikrowellenfeld im Resonator abwechselnd beschleunigt oder verzögert. Treten nun die Elektronen in die Driftstrecke zwischen den Resonatoren ein, so entstehen Elektronenpakete, weil die schnelleren Elektronen die langsameren einholen; zwischen den Elektronenpaketen entstehen Räume geringer Elektronendichte. Wenn der zweite Resonator so angebracht ist, daß an seinem Ort die Elektronenpakete die größte Raumladung aufweisen — also bevor sie wieder auseinanderlaufen —, dann induziert die wechselnde Raumladungsdichte des Elektronenstrahls ein elektrisches Wechselfeld im Resonator. Vorausgesetzt, daß der zweite Resonator auf dieselbe Frequenz wie der erste abgestimmt ist, wird nun das elektrische Wechselfeld über der Auskoppelstrecke ein Mikrowellenfeld im Hohlraumresonator erregen und Mikrowellenleistung kann mit Hilfe einer Koaxialleitung, die aus dem Resonator herausführt, entzogen werden.

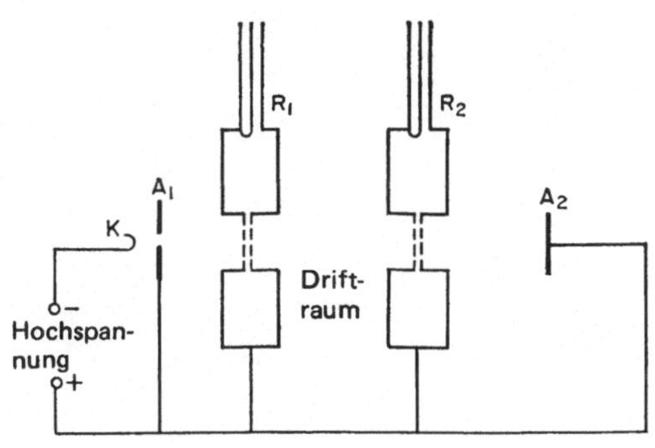

Bild 9.1
Zweikammerklystron

Das elektrische Feld in R_2 ist so eingerichtet, daß es die Elektronenpakete verzögert, wenn diese durch den Spalt des Resonators durchtreten. Die Energie des Elektronenstrahls wird dann an das Mikrowellenfeld abgegeben und die Anordnung wirkt als Verstärker. Der Wirkungsgrad eines als Verstärker arbeitenden Klystrons bei einer bestimmten Frequenz ist davon abhängig, ob die beiden Hohlraumresonatoren auf die richtige Frequenz abgestimmt sind und ob die Potentialdifferenz zwischen Kollektor und Kathode so eingestellt ist, daß eine optimale Paketbildung in der Driftstrecke auftritt. Daher ist das Klystron eine abgestimmte Anordnung, die nur für eine bestimmte Frequenz geeignet ist. Um aus dem Verstärker einen Oszillator zu machen, ist es notwendig, einen Teil des Ausgangssignals phasenrichtig in den Eingang R_1 rückzukoppeln.

9.2. Reflexklystron

Soll das Klystron als Oszillator verwendet werden, so kann man einen gemeinsamen Hohlraumresonator als Eingangs- und Ausgangsresonator verwenden. Anstatt der Driftstrecke zwischen den zwei Resonatoren wird ein Reflektor in den Driftraum so eingebracht, daß die Elektronen zum ersten Resonator zurückkehren und kein zweiter Resonator erforderlich ist. Ein solches Reflexklystron ist in Bild 9.2 schematisch dargestellt. Die Elektronen verlassen die Kathode, werden durch die Anode beschleunigt und treten durch den Resonator durch, in dem die Paketbildung angeregt wird. Der Strahl tritt dann in das Bremsfeld der Reflektorelektrode ein. Das Reflektorpotential ist so eingestellt, daß der Strahl reflektiert wird und zu dem Resonator zurückkehrt, wobei sich eine Laufzeit ergibt, die für die optimale Elektronenpaketbildung erforderlich ist. Die Betriebsfrequenz wird wieder durch die Frequenz, auf die der Hohlraumresonator abgestimmt ist, und durch das Reflektorpotential, das die Länge der Driftstrecke beeinflußt, bestimmt.
strecke beeinflußt, bestimmt.

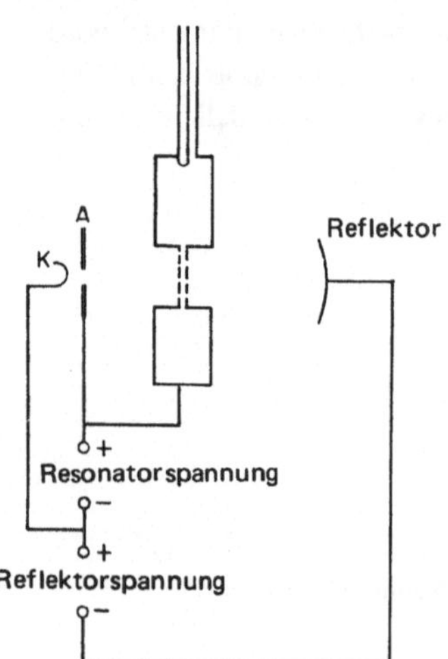

Bild 9.2
Reflexklystron

Wenn das Reflektorpotential so eingestellt wird, daß die Elektronen nicht zum Zeitpunkt eintreffen, bei dem optimale Paketbildung auftritt, wird eine gewisse Phasendifferenz zwischen dem induzierten Strom im Hohlraum und dem optimalen Hochfrequenzbremsfeld auftreten. Diese Phasendifferenz erhöht oder erniedrigt die Oszillatorfrequenz je nach dem Vorzeichen und wird von einem Absinken des Wirkungsgrades und somit auch von einem Verlust an Ausgangsleistung begleitet. Das bedeutet, daß die Betriebsfrequenz des Reflexklystrons durch Spannungsänderungen variiert werden kann. Diese Spannungsbeeinflussung kann entweder durch eine Änderung der Beschleunigungsspannung an der Anode oder durch die Reflektorspannung oder durch beide gemeinsam bewirkt werden. Praktisch wird immer dadurch abgestimmt, daß man die Reflektorspannung verändert, weil dazu keine Leistung erforderlich ist. Die Bandbreite, über die durch Veränderung der Reflektorspannung abgestimmt werden kann, wird durch die Bandbreite, also den Gütefaktor Q, des Hohlraumresonators begrenzt. Die typischen Eigenschaften der Verstimmung eines Reflexklystrons durch die Reflektorspannung sind in Bild 9.3 dargestellt, wobei U_r die Reflektorspannung entsprechend Bild 9.2 bedeutet. Aus Bild 9.3 sieht man, daß ein Klystron in verschiedenen Schwingbereichen („Moden") betrieben werden kann. Jeder dieser Schwingbereiche entspricht einer anderen Zeitdifferenz, die das Elektron im Driftraum verbringt. Wenn die Schwingung bei großer Reflektorspannung U_r dem Modus entspricht, bei dem die Elektronen in der optimalen Driftzeit zum Resonator zurückkehren, so entsprechen die anderen Schwingungstypen jenen Zuständen, bei denen sich die Elektronen länger im Driftraum befinden und die Paketbildung und das darauffolgende Auseinanderlaufen zwei oder mehrere Male stattfindet. Infolgedessen wird der maximale Wirkungsgrad und damit die maximale Ausgangsleistung in einem Schwingbereich mit hoher Reflektorspannung auftreten, bei dem die Elektronen schon zum Resonator zurückkehren, wenn sie sich das erste- oder zweitemal gebündelt haben.

Da der Hohlraumresonator mit einer Koaxialleitung oder einem Hohlleiterausgang versehen ist, muß die Anode des Klystrons, d.h. der Resonator auf Erdpotential sein. Die Kathode befindet sich daher auf einem negativen Potential in Bezug auf Erde und der

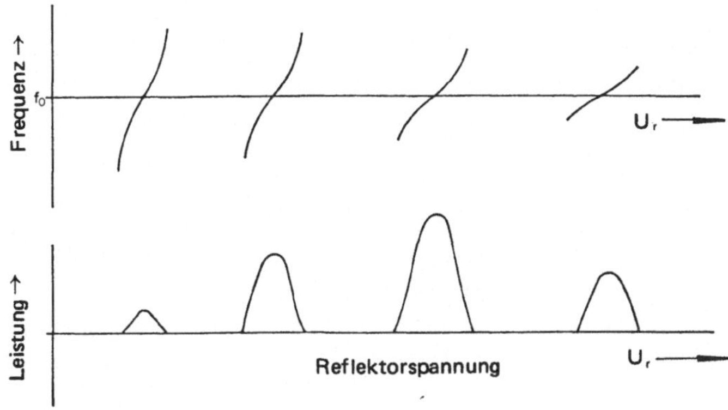

Bild 9.3. Kennlinien eines Reflexklystrons

Reflektor auf einem negativen Potential in Bezug auf die Kathode. Da viele Klystronnetzgeräte die Reflektorspannung in Bezug auf das Kathodenpotential messen, ist es immer notwendig, sich daran zu erinnern, daß sich der Reflektor auf einem Potential befindet, das der Summe aus Kathoden- und Reflektorpotential bezüglich Erde entspricht. Ein typisches Klystron für kleine Spannungen hat ein Kathodenpotential von +300 V und ein Reflektorpotential von −450 V, beide gemessen in Bezug auf Erde. Weil die Betriebsfrequenz eines Reflexklystrons mit Hilfe der Spannung verändert werden kann, muß es von einer stabilisierten Gleichspannungsquelle versorgt werden; Klystronnetzgeräte sind hochstabilisierte Geräte. Das Reflexklystron wird als Quelle von Mikrowellensignalen geringer Leistung für Meßzwecke und als Mischoszillator verwendet.

Das Klystron ist einer der häufigsten Generatoren für Mikrowellenleistung im Dauerstrichbetrieb (im Gegensatz zum Impulsbetrieb). Das Reflexklystron für geringe Leistungen ist billig und kann mit einer kleinen mechanischen Abstimmeinrichtung versehen werden. Hochleistungs-Dauerstrichsender verwenden große Hochleistungsverstärkerklystrons. Die meisten Klystrons für geringe Leistung besitzen eine Ausgangsleistung im Bereich von 10 . . . 100 mW; die Hochleistungs-Verstärkerklystrons haben eine Ausgangsleistung von 100 kW oder mehr bei 10 GHz.

9.3. Magnetron

Das Magnetron war der erste Hochleistungs-Mikrowellenoszillator, der entwickelt wurde. Es war die Erfindung des Magnetrons, die die Mikrowellen-Radarsysteme des Zweiten Weltkriegs möglich gemacht hat. Eine schematische Darstellung eines Magnetronoszillators ist in Bild 9.4 gezeigt.

In einem Klystronoszillator tritt der Elektronenstrahl mit den Hochfrequenzfeldern nur während einer kurzen Zeitdauer, nämlich während des Durchtritts durch den Hohlraumresonator, in Wechselwirkung. Das Magnetron ist eine Röhre aus der großen Klasse von Mikrowellenröhren, in denen die Elektronen mit den Mikrowellenfeldern über einen weiteren Bereich in Wechselwirkung stehen. Betrachten wir das Magnetron, das in Bild 9.4 gezeigt ist.

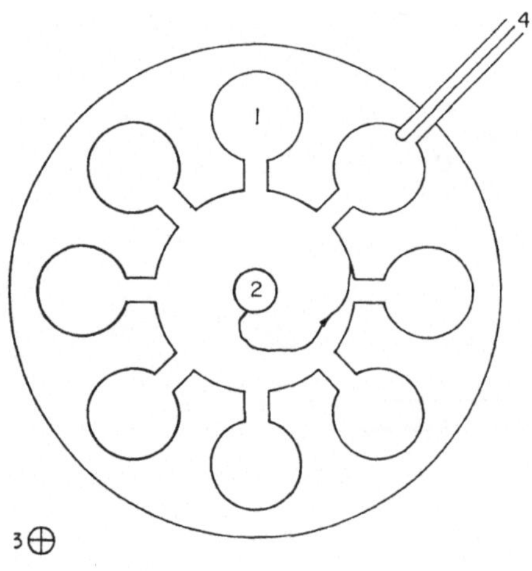

Bild 9.4

Magnetron

1. Anodenresonator
2. Kathode
3. Richtung des statischen Magnetfeldes
4. Ausgang

Ein starkes Magnetfeld ist normal zur Zeichenebene gerichtet. Die zentrale Elektrode ist die Kathode, die die Elektronen emittiert, und die äußere Elektrode ist die Anode, die eine Anzahl von gekoppelten Resonatoren enthält. Der Elektronenstrahl fließt radial von der zylindrischen Kathode nach außen zur Anode. In Abwesenheit von störenden Feldern werden die Elektronen die Kathode verlassen und unter dem Einfluß des Magnetfeldes auf krummlinigen Bahnen die Anode erreichen oder, bei einem stärkeren Magnetfeld, zur Kathode zurückkehren.

Die elektromagnetischen Felder im Raum zwischen Kathode und Anode können als eine Wanderwelle betrachtet werden, die entlang der Innenfläche der Anode fortschreitet. Jeder Hohlraum der Anode verhält sich wie ein eigenständiger Hohlraumresonator mit einer Öffnung in den Raum zwischen Anode und Kathode. Da die Öffnung den Gütefaktor Q herabsetzt, schwingt jeder Hohlraum nur bei seiner niedrigsten Eigenfrequenz, d.h. in seinem Grundschwingungstyp. Die Phase der Felder in der Öffnung ist so, daß sie eine Wanderwelle in dem Anoden-Kathodenraum anregt, und diese fortschreitende Welle koppelt die Felder in allen Hohlräumen miteinander. Eine Untersuchung der möglichen Phasendifferenzen zwischen den verschiedenen Anodenhohlräumen zeigt, daß es ebenso viele Schwingungstypen des Magnetrons gibt wie Resonatoren in der Anode. Der Schwingungstyp, in dem Magnetrons für gewöhnlich betrieben werden, ist der sogenannte π-Modus. Damit wird jener Fall bezeichnet, in dem die Phasenwinkel der Felder zwischen benachbarten Öffnungen π beträgt. Eine Vorkehrung, die sicherstellt, daß das Magnetron im erwünschten Modus schwingt ist das sogenannte *strapping*. Es werden dabei Anoden-Segmente gleicher Phase mit Hilfe von Ringen miteinander verbunden, die eine Trennung der Frequenz des π-Modus von den anderen Schwingungstypen bewirken.

Überlegungen zur Bewegung eines Elektrons unter dem Einfluß eines statischen magnetischen und eines radialen statischen elektrischen Feldes zeigen, daß bei genügend hohem Magnetfeld die Elektronen die Anode niemals erreichen und zur Kathode zurückkehren. Der Magnetronoszillator wird für gewöhnlich unter diesen Bedingungen betrieben, so daß nur ein sehr geringer Anodenstrom fließt, wenn keine Mikrowellenschwingung auftritt. Treten aber elektromagnetische Felder im Anoden-Kathodenraum auf, so werden einige Elektronen durch das elektrische Mikrowellenfeld verzögert und schlagen einen Weg ähnlich zu dem in Bild 9.4 gezeigten ein. Bevor sie jedoch die Anode erreichen, haben die Elektronen den größten Teil ihrer Energie bereits an das elektromagnetische Feld abgegeben. Ist die Phasenlage des elektromagnetischen Feldes so, daß das Elektron beschleunigt wird, sobald es die Kathode verlassen hat, so wird es schnell zur Kathode zurückkehren und in keine wesentliche Wechselwirkung mit den Feldern eintreten. Dieses Elektron wird die Kathode bombardieren und in einem typischen Magnetron wird ungefähr 1/20 der Anodenleistung auf diesem Weg zur Heizung der Kathode ausgenützt.

Die Schwingfrequenz des Magnetrons ist sehr stark lastabhängig. Dieser Effekt wird „Mitziehen" genannt und kann in der Anwendung eines Magnetrons Schwierigkeiten verursachen. Die Leistung eines Magnetrons ist dadurch begrenzt, daß Wärme von der Kathode, die sich in der Mitte eines evakuierten Raumes befindet, abgeführt werden muß. Das hat zur Folge, daß Magnetrons für gewöhnlich im Impulsbetrieb verwendet werden, bei dem

die Spitzenleistung hoch ist, aber die mittlere Leistung niedrig gehalten werden kann. Die
meisten einfachen Radarsysteme benötigen einen gepulsten Mikrowellengenerator, so daß
das Magnetron zum idealen Radar-Oszillator wird.

9.4. Wanderfeldröhre

Wir haben bereits gesehen, daß auf einem Elektronenstrahl Schwingungen vom Typ
einer Wanderwelle existieren können (Abschnitt 8.9). Wenn ein Elektronenstrahl von einer
Struktur umschlossen ist, entlang der sich eine elektromagnetische Welle mit ungefähr der-
selben Geschwindigkeit wie die Raumladungswelle im Strahl ausbreitet, dann tritt eine
Wechselwirkung samt Energieaustausch zwischen dem Strahl und der Welle auf, und die
Welle wird verstärkt.

Da die Phasengeschwindigkeit im Hohlleiter größer ist als die Lichtgeschwindigkeit,
ist der normale Hohlleiter für die Wanderfeldröhre nicht geeignet. Es ist eine sogenannte
Verzögerungsleitung nötig. Die erste Verzögerungsleitung, die in Wanderfeldröhren verwendet wurde, war die Wendelleitung. Bild 9.5 zeigt die schematische Darstellung einer
Wanderfeldröhre mit einer Wendel als Verzögerungsleitung. In erster Näherung wird angenommen, daß die elektromagnetische Welle mit Lichtgeschwindigkeit entlang des
Drahtes der Wendel fortschreitet. Infolgedessen ist die Geschwindigkeit in axialer Richtung durch die Steigung der Wendel bestimmt. Es gibt eine große Anzahl von Verzögerungsleitungen, die in den verschiedensten Anwendungsfällen verwendet werden. Hier wird jedoch nur die Wanderfeldröhre mit einer Wendel beschrieben. In zahlreichen Wanderfeldröhren wird ein Magnetfeld parallel zur Achse der Leitung verwendet, um das Aufspreizen
des Elektronenstrahls zu verhindern.

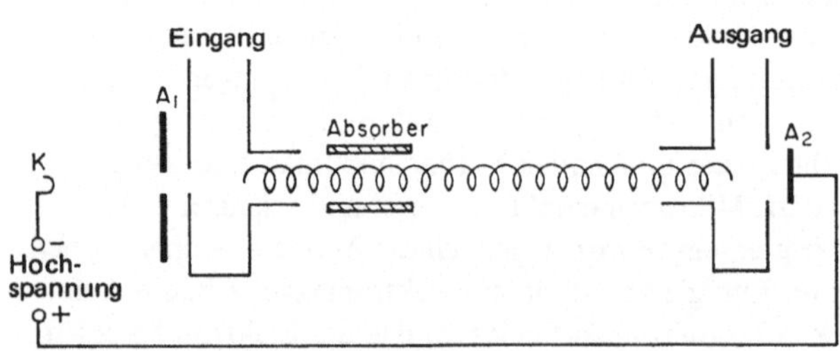

Bild 9.5. Wanderfeldröhre mit Wendel als Verzögerungsleitung

Eine mathematische Untersuchung zeigt, daß sich von den ausbreitungsfähigen Wellen
des mit einer Verzögerungsstruktur gekoppelten Elektronenstrahls zwei mit einer Geschwindigkeit ausbreiten, die etwas geringer ist als die Ausbreitungsgeschwindigkeit zufolge der
Verzögerungsstruktur allein. Eine dieser Wellen wird während der Ausbreitung exponentiell
gedämpft und die andere wächst exponentiell an. Diese zweite Welle wird zur Verstärkung
in Wanderfeldröhren ausgenützt.

Ein Wellentypwandler am Eingang der Röhre bewirkt die reflexionsfreie Übertragung des elektromagnetischen Signals vom Eingangshohlleiter bzw. der Koaxialleitung auf die Wendel. Das Signal wird dann, während es entlang der Verzögerungsleitung fortschreitet, verstärkt und in den Hohlleiter oder die Koaxialleitung am Ausgang übertragen. Es ist unmöglich, den Eingang und den Ausgang vollkommen reflexionsfrei zu machen. Es müssen daher Vorkehrungen getroffen werden, um einen Schwingungseinsatz, der zufolge von Reflexionen am Ausgang eintritt, zu verhindern. Die Energie, die am Ausgang reflektiert wird, wandert zum Eingang zurück und stellt ein störendes Rückkopplungssignal dar, das so wie das erwünschte Signal verstärkt wird. Diese Rückkopplung kann durch Einbringen eines Absorbers in die Wendelstruktur verhindert werden (siehe Bild 9.5). Die reflektierte Welle wird absorbiert, während die Vorwärtswelle nur teilweise abgeschwächt wird, weil sie hauptsächlich vom Elektronenstrahl getragen wird. Aus diesem Grund wird der Abschwächer nahe dem Eingang der Röhre an einer Stelle angebracht, an der Elektronenstrahl durch das Signal bereits moduliert worden ist, aber noch bevor eine wesentliche Leistungsübertragung vom Strahl auf das Signal stattgefunden hat. Es ist klar, daß der Absorber den maximalen Gewinn, den man in einer Röhre erreichen kann, herabsetzt. Aus diesem Grund haben einige Wanderfeldröhren Ferrit-Richtungsleitungen (siehe Abschnitt 11.7), die nur das reflektierte Signal bedämpfen, anstelle des Absorbers eingebaut.

Die Wanderfeldröhre ist ihrem Wesen nach breitbandig, weil sie keine für ihren Betrieb erforderliche Resonanzstrukturen aufweist. Eine typische Wanderfeldröhre mit Wendelleitung besitzt eine Betriebsbandbreite von 2 : 1 mit einem Gewinn zwischen 20 und 40 dB, der innerhalb von ± 3 dB konstant bleibt. Die Wendelleitung ist speziell für den breitbandigen Betrieb geeignet, so daß man die Wanderfeldröhre mit Wendelleitung dort verwendet, wo ein breitbandiger Betrieb erforderlich ist. Andere Verzögerungsleitungen können geeignete Eigenschaften für andere Anwendungsfälle besitzen.

9.5. Maser

Das Wort MASER stellt die Anfangsbuchstaben des vollen englischen Namens der Wirkungsweise dieses Gerätes dar. Dieser Name lautet: *microwave amplification by stimulated emission of radiation.* Man weiß, daß jedes Material charakteristische Frequenzen für die Absorption und Emission elektromagnetischer Strahlung aufweist. Die charakteristische Lichtausstrahlung von Natrium oder Quecksilber ist allgemein bekannt. Die Elektronen jedes chemischen Elementes können sich in einer gewissen Anzahl von diskreten Energiezuständen befinden. Beim absoluten Nullpunkt der Temperatur besetzen die Elektronen den Zustand kleinster Energie, aber bei jeder höheren Temperatur werden die Elektronen angeregt und befinden sich zeitweise in höheren Energiezuständen. Sie kehren dann zu den niedrigeren Energiezuständen zurück und emittieren dabei die für den Prozeß charakteristische Strahlung. Die Strahlungsfrequenz des Übergangs vom Energiezustand W_2 zum Energiezustand W_1 ist

$$f_{12} = \frac{W_2 - W_1}{h},\qquad(9.1)$$

wobei h das Plancksche Wirkungsquantum ist.

Die Wahrscheinlichkeit des Übergangs von einem höheren zu einem niedrigeren Energieniveau ist proportional zur Besetzungsdichte der Elektronen im höheren Energiezustand und umgekehrt proportional zur Relaxationszeit. Absorption von Strahlung geeigneter Frequenz bewirkt einen Übergang vom niedrigeren Energieniveau zu einem höheren.

Im thermischen Gleichgewicht gehorcht die Anzahl der Elektronen in zwei Energieniveaus der Boltzmannstatistik

$$\frac{N_2}{N_1} = \exp\left(-\frac{W_2 - W_1}{kT}\right), \tag{9.2}$$

wobei N_2 und N_1 die Anzahl der Elektronen im oberen bzw. im unteren Energieniveau bedeuten und k die Boltzmann-Konstante und T die absolute Temperatur ist. Für gewöhnlich ist die Anzahl der Übergänge zu einem höheren Energieniveau gleich der Anzahl der Übergänge von dem höheren Energieniveau zu den niedrigeren. Wird das Gleichgewicht durch die Absorption von äußerer Strahlung gestört, so stellt es sich rasch wieder ein, da die Anzahl der Übergänge proportional der Besetzungsdichte in jedem Niveau ist. Bei Raumtemperatur ist die Relaxationszeit extrem klein und das Gleichgewicht wird schnell erreicht. Es würde eine außerordentlich große äußere Strahlung erfordern, um eine merkbare Änderung des Gleichgewichtszustandes der Besetzungszahlen zu erreichen. Bei Temperaturen jedoch, die nahe dem absoluten Nullpunkt liegen, werden die Relaxationszeiten groß und die Besetzung der höheren Energiezustände wird ausreichend klein, so daß eine merkbare Änderung der Besetzungszahlen durch einfallende elektromagnetische Strahlung erreicht werden kann.

In einem System mit nur zwei Energieniveaus wäre es möglich, die Besetzungszahl der höheren Energiezustände mit einem Mikrowellenimpuls zu erhöhen und dann unmittelbar darauf die Erzeugung von Mikrowellenstrahlung derselben Frequenz zu beobachten. Dieses Zwei-Niveau-System führt jedoch nicht auf eine praktisch verwendbare Quelle für elektromagnetische Wellen. Der Drei-Niveau-Maser vermeidet die Nachteile des Zwei-Niveau-Systems. Eine schematische Darstellung der Energiezustände eines Drei-Niveau-Masers ist in Bild 9.6 angegeben. Die einfallende Strahlung wird mit Pumpstrahlung und die Leistung mit Pumpleistung bezeichnet. In dem in Bild 9.6 dargestellten System besitzt die Pumpe eine Frequenz f_{13} und erhöht die Besetzung des Energieniveaus W_3. Darauf erfolgen spontane Übergänge $W_3 - W_2$, $W_3 - W_1$ und $W_2 - W_1$. Führt man nun ein kleines Mikrowellensignal der Frequenz f_{23} zu, so findet man, daß der Übergang $W_3 - W_2$ angeregt (stimuliert)

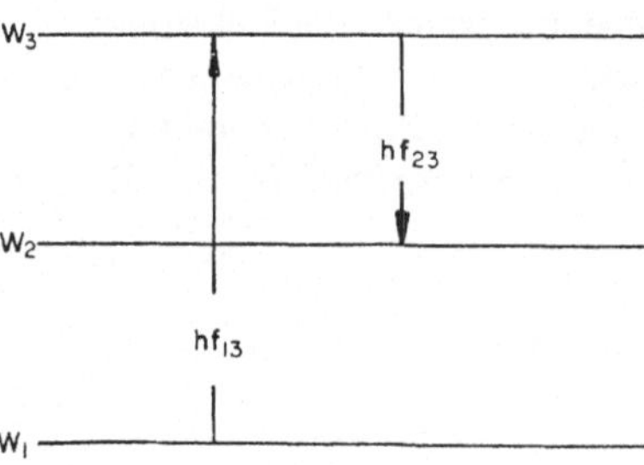

Bild 9.6
Energieniveaus in einem Drei-Niveau-Maser

wird, und es tritt mehr Strahlung bei der Frequenz f_{23} auf, als zur Stimulierung verwendet wurde. Es zeigt sich, daß die Stärke der angeregten Strahlung der Stärke der anregenden Strahlung proportional ist; das Gerät ist also ein Verstärker.

Die Pumpleistung muß aus dem Signalkreis herausgehalten werden, was dadurch geschieht, daß man die beiden Kreise frequenzselektiv macht. Befindet sich das Maser-Material in einem Hohlraumresonator, dann muß dieser zwar sowohl für die Signal- als auch für die Pumpfrequenz in Resonanz sein, es aber ermöglichen, das System selektiv gegenüber einem Maser-Betrieb bei anderen möglichen Frequenzen zu gestalten. Es wurden auch schon Maser gebaut, die eine größere Bandbreite aufwiesen, indem man sie in eine nicht-resonante Wanderfeldstruktur eingebaut hat. Da sich der Maser auf Temperaturen nahe dem absoluten Nullpunkt befinden muß, ist er seinem Wesen nach eine rauscharme Anordnung, die den Empfang sehr kleiner Mikrowellensignale, wie sie bei der Nachrichtenübertragung im Weltraum auftreten, ermöglicht.

9.6. Parametrischer Verstärker

Der parametrische Verstärker ist ein System, in dem Leistung einer Frequenz f_p auf ein Signal der Frequenz f_s durch Änderung eines der „Parameter" des Systems bei der Frequenz f_p übertragen wird. Der parametrische Mikrowellenverstärker beruht auf der Wirkung einer Diode als variable Reaktanz. Der *Varaktor,* wie dieses Element genannt wird, ist eine Halbleiterdiode mit p-n-Übergang, die sich wie ein spannungsabhängiger Kondensator mit geringen Verlusten verhält.

Man kann eine einfache Beschreibung des parametrischen Verstärkers mit Hilfe von Bild 9.7 geben. Der Kondensator in dieser Schaltung kann nach Belieben verändert werden. Legt man ein oszillierendes Signal der Spitzenspannung U an den Eingang des Kreises und besitzt der Kondensator die Kapazität C, dann ist die maximale Ladung des Kondensators durch

$$Q = CU \tag{9.3}$$

und die im Kondensator gespeicherte Energie durch

$$W = \tfrac{1}{2} CU^2 = \tfrac{1}{2} QU$$

gegeben.

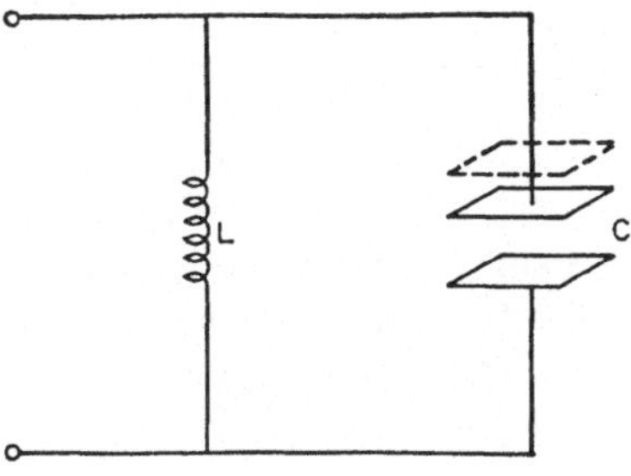

Bild 9.7
Resonanzkreis mit variablem Kondensator

Wird der Abstand zwischen den Platten des Kondensators vergrößert, so daß die Kapazität in dem Augenblick auf $C - \delta C$ absinkt, in dem die Spannung ungeachtet ihrer Polarität ein Maximum aufweist, so bleibt die Ladung auf den Platten konstant und die Spannung zwischen den Kondensatorplatten wird auf $U + \delta U$ erhöht; daher ist

$$Q = (C - \delta C)\,(U + \delta U)\,. \tag{9.4}$$

Die gespeicherte Energie bei der Frequenz des oszillierenden Signals erhöht sich auf

$$(W + \delta W) = \tfrac{1}{2}\,(C - \delta C)\,(U + \delta U)^2 = \tfrac{1}{2}\,Q\,(U + \delta U)\,. \tag{9.5}$$

Der Energiezuwachs ist der Arbeit äquivalent, die geleistet werden muß, um die Platten entgegen der Anziehungskraft, die zwischen ihnen wirkt, auseinanderzuziehen. Wenn die Platten in dem Augenblick in ihren ursprünglichen Abstand zurückgebracht werden, in dem die gespeicherte Ladung Null ist, dann wird keine Arbeit geleistet und es wird keine Auswirkung auf das oszillierende elektrische Signal auftreten. Wenn die Trennung beim nächsten Maximum des Signals wiederholt wird, kann dem elektrischen Signal weitere Energie zugeführt werden. Dieser Pumpvorgang ist in Bild 9.8 dargestellt.

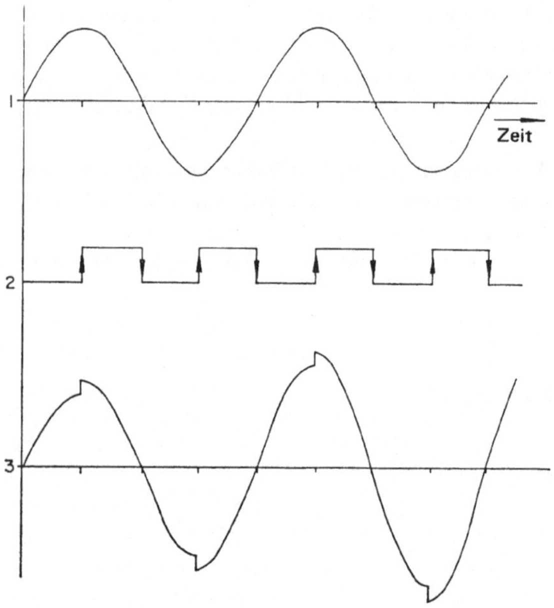

Bild 9.8

Wellenform bei parametrischer Verstärkung mit sprunghafter Änderung der Kapazität

1. angelegte Spannung
2. Bewegung der Kondensatorplatten
3. Verstärkte Spannung

9.7. Manley-Rowe-Beziehungen

In der Praxis ist das in Abschnitt 9.6 beschriebene System zu primitiv. Die Kapazitätsänderung — bewirkt durch ein elektrisches Signal, das die spannungsabhängigen Eigenschaften einer Varaktordiode ausnützt — erfolgt sinusförmig. Es ist unmöglich, genau das Verhältnis $2:1$ von Pumpfrequenz und Signalfrequenz einzuhalten, weil ja oft Signale verstärkt werden sollen, die ein gewisses Frequenzband einnehmen.

Man kann jedoch die Varaktordiode als ein Element betrachten, das eine nichtlineare Beziehung zwischen Spannung und Kapazität besitzt. Werden zwei Signale verschiedener Frequenz an diese Diode angelegt, so entstehen Signale bei allen Summen- und Differenzfrequenzen, die aus sämtlichen Harmonischen der ursprünglichen Signalfrequenzen entstehen. Die Beziehungen zwischen den zu allen diesen Frequenzen gehörenden Leistungen werden durch die Manley-Rowe-Beziehungen angegeben

$$\sum_{m=0}^{\infty} \sum_{n=-\infty}^{\infty} \frac{m P_{mn}}{m\omega_s + n\omega_p} = 0 \qquad (9.6)$$

$$\sum_{m=-\infty}^{\infty} \sum_{n=0}^{\infty} \frac{n P_{mn}}{m\omega_s + n\omega_p} = 0 \,, \qquad (9.7)$$

wobei ω_s die Kreisfrequenz des Signals,

ω_p die Kreisfrequenz der Pumpe,

P_{mn} der Leistungsfluß in die Varaktordiode bei der Frequenz $\pm(m\omega_s + n\omega_p)$ ist,

und m und n die Koeffizienten der Harmonischen darstellen.

Fließt bei einer bestimmten Frequenz Leistung in die Varaktordiode hinein, so muß, um die Manley-Rowe-Beziehungen zu befriedigen, Leistung bei anderen Frequenzen aus der Varaktordiode herausfließen. Bei den meisten praktisch ausgeführten Verstärkern liegt die Pumpe bei einer höheren Frequenz als das Signal und es ist ein Gewinn erzielbar, vorausgesetzt, daß man einen Leistungsfluß bei einer Kombinationsfrequenz erlaubt. Der Leistungsfluß bei allen übrigen harmonischen Frequenzen kann unterdrückt werden. Als Kombinationsfrequenz wählt man üblicherweise die Differenzfrequenz, definiert durch

$$\omega_{p-s} = \omega_p - \omega_s \,,$$

oder die Summenfrequenz, definiert durch

$$\omega_{p+s} = \omega_p + \omega_s \,.$$

Setzt man die zulässigen Werte von m und n in den Gln. (9.6) und (9.7) ein, so ergeben sich die Leistungsbeziehungen für das System, in dem entweder die Summen- oder die Differenzfrequenz eine zulässige Frequenz darstellt. Die Beziehungen sind

$$\frac{P_s}{\omega_s} \pm \frac{P_{p\pm s}}{\omega_{p\pm s}} = 0 \qquad (9.8)$$

$$\frac{P_p}{\omega_p} + \frac{P_{p\pm s}}{\omega_{p\pm s}} = 0 \,, \qquad (9.9)$$

wobei das positive Vorzeichen für die Summenfrequenz und das negative Vorzeichen für die Differenzfrequenz gilt. Aus Gl. (9.9) sieht man, daß, wenn Leistung bei der Pumpfre-

quenz zugeführt wird, Leistung bei der Summen- bzw. Differenzfrequenz erzeugt werden
muß. Daher gilt

$$-\frac{P_{p \pm s}}{P_p} = \frac{\omega_{p \pm s}}{\omega_p}. \qquad (9.10)$$

Wenn bei dieser Summen- bzw. Differenzfrequenz dem parametrischen Verstärker keine
Leistung entzogen wird, wird diese Frequenz häufig Idlerfrequenz genannt. Damit parametrische Verstärkung auftreten kann, muß man zulassen, daß diese Idlerfrequenz im
System auftreten kann. Die Kombination der Gln. (9.8) und (9.10) zeigt, daß, sofern man
das Auftreten dieser Differenzfrequenz gestattet, die Leistungsbilanz einen Leistungsfluß
aus dem System heraus bei der Signalfrequenz aufweist und die Anordnung einen Geradeausverstärker darstellt. Läßt man die Summenfrequenz auftreten, dann fließt bei der Signalfrequenz keine Leistung aus dem System, aber es kann Verstärkung für ein Signal auftreten,
das mit der Signalfrequenz ein- und mit der Summenfrequenz austritt.

9.8. Verstärker und Mischer

Für einen parametrischen Verstärker mit einem Signal bei ω_s und einer Pumpe bei
ω_p gibt es drei verschiedene Betriebsarten, und zwar:

1. *Geradeausverstärker* mit Eingangs- und Ausgangssignal bei ω_s und einer Idlerfrequenz bei ω_{p-s},
2. *Aufwärtsmischer in Kehrlage*, bei dem das Eingangssignal die Frequenz ω_s und
   das verstärkte Ausgangssignal die Frequenz ω_{p-s} besitzt,
3. *Aufwärtsmischer in Gleichlage*, bei dem das Eingangssignal die Frequenz ω_s und
   das verstärkte Ausgangssignal die Frequenz ω_{p+s} besitzt.

Das Ausmaß der Verstärkung eines Signals in den Aufwärtsmischern ist von der Größe
der auftretenden Frequenzänderung abhängig. Der einfachste parametrische Verstärker ist
der, bei dem die Pumpfrequenz doppelt so groß wie die Signalfrequenz und die Differenzfrequenz gleich der Signalfrequenz ist. Es gibt eine Vielzahl von Modifikationen dieses einfachen Verstärkers, die von den Forderungen, die man an das System stellt, abhängen. Man
kann zum Beispiel beim Aufwärtsmischer in Gleichlage eine Gewinnerhöhung erzielen,
wenn man zuläßt, daß auch die Signale bei der Differenzfrequenz in der Schaltung fließen.

Tatsächlich ausgeführte parametrische Verstärker für Mikrowellen enthalten die Varaktordiode in einem Hohlraumresonator, der für die Pumpfrequenz, die Signalfrequenz und
für die benötigte Idlerfrequenz in Resonanz ist. Die Diode ist so angeordnet, daß sie sich
im Maximum der elektrischen Feldstärke befindert. Es sind entsprechende Filter erforderlich, um die Pump- und Idlersignale nicht in der Ausgangsleitung des Signals auftreten zu
lassen. Wegen der beschränkten Bandbreite von resonanten Strukturen werden Hohlraumresonatoren sehr geringer Güte Q oder auch mehrere zusätzliche Filter verwendet. Sehr
große Bandbreiten können durch die Verwendung von Wanderwellenstrukturen, die eine
Anzahl von Dioden enthalten, erzielt werden.

9.9. Oberwellengenerator

Die Varaktordiode mit einer nichtlinearen Beziehung zwischen Strom und Spannung kann auch zur Frequenzverdopplung und Frequenzumsetzung verwendet werden. Man kann gewissermaßen auch sagen, daß der parametrische Verstärker, der im vorangegangenen Abschnitt beschrieben wurde, ein Frequenzumsetzer ist. In diesem Abschnitt werden wir uns mit der Erzeugung von Mikrowellenleistung durch die Erzeugung geeigneter Harmonischer einer Schwingung bei niedriger Frequenz beschäftigen.

Die Kapazität eines in Sperrichtung gepolten p-n-Überganges ist durch folgenden Ausdruck gegeben

$$C = \frac{C_0}{\left(1 - \dfrac{U}{\phi}\right)^m} , \tag{9.11}$$

wobei C_0 die Kapazität ohne Vorspannung darstellt,

ϕ die Diffusionsspannung ist, d.i. jene Spannung, die sich an der Sperrschicht einstellt, wenn keine äußere Spannung angelegt wird,

und m vom Dotierungsprofil des Halbleiters abhängt und den Wert 1/2 für einen abrupten Übergang hat. Für andere Dotierungen ist m kleiner, wobei der kleinste Wert, nämlich 1/3, für den linearen Übergang auftritt.

Für einen Oberwellengenerator ohne Idlerkreise kann die Varaktordiode in einer Schaltung ähnlich der in Bild 9.9 gezeigten angebracht werden, wobei die Filter F als Kurzschluß für die entsprechenden Frequenzen in den Kreisen und als Leerläufe für alle anderen Frequenzen betrachtet werden können. Eine nähere Untersuchung zeigt, daß für m = 1/2 die einzige mögliche Frequenz am Ausgang doppelt so groß ist wie die Eingangsfrequenz, aber für alle anderen Werte von m können am Ausgang alle möglichen Harmonischen der Eingangsfrequenz auftreten. Zur Erzeugung höherer Harmonischer für m = 1/2 ist es notwendig, daß einige der niedrigeren Harmonischen in Idlerkreisen auftreten. Es wurde auch gezeigt, daß sogar für andere Dioden der Wirkungsgrad der Erzeugung höherer Harmonischer vergrößert wird, wenn man Idlerkreise vorsieht, in denen einige der dazwischenliegenden Harmonischen auftreten können. Eine typische Schaltung eines Varaktor-Vervielfachers mit einem Idlerkreis ist in Bild 9.10 gezeigt, wobei n und p ganze Zahlen sind und p < n ist. Die Einführung eines Idlerkreises macht die Schaltung komplizierter und es kann rationeller sein, mit einem niedrigeren Wirkungsgrad, aber ohne Idlerkreise zu arbeiten. Es kann sogar auch wirtschaftlicher sein, eine Anzahl von Verdopplerstufen in Kette zu schalten, anstatt in einer einzigen Stufe eine hohe Vervielfachung zu erreichen.

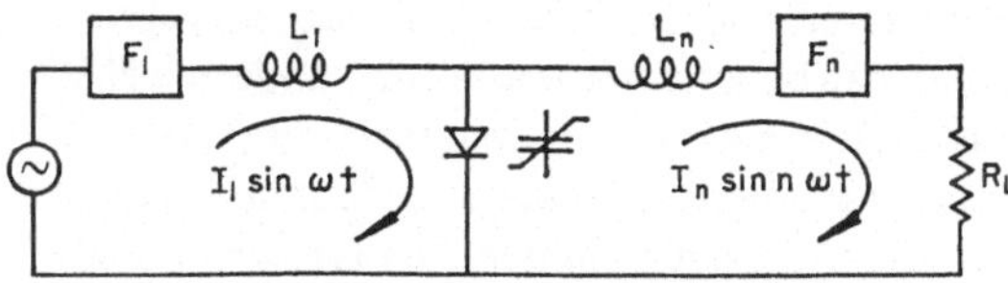

Bild 9.9

Oberwellengenerator ohne Idlerkreis zur Erzeugung von Leistung bei der Frequenz nω aus der Eingangsfrequenz ω

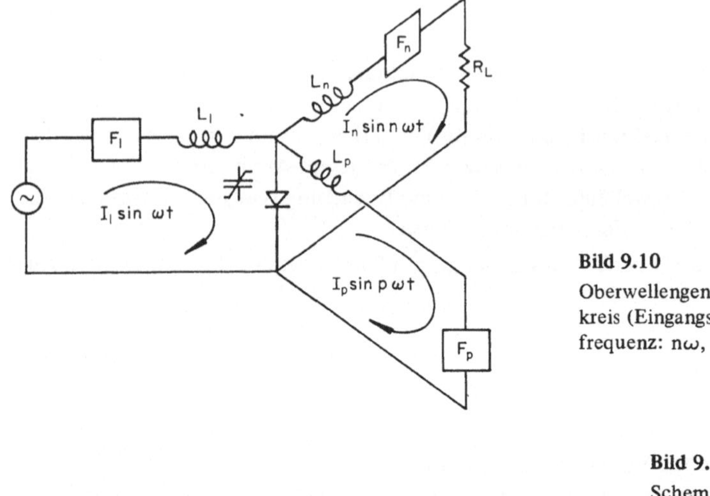

Bild 9.10

Oberwellengenerator mit einem Idlerkreis (Eingangsfrequenz: ω, Ausgangs-
frequenz: $n\omega$, Idlerfrequenz: $p\omega$)

Bild 9.11

Schema eines Oberwellen-
generators
1. Transistoroszillator
2. Varaktorvervielfacher

Die verlockende Möglichkeit, Festkörperoszillatoren für Mikrowellenfrequenzen zu
bauen, ist tatsächlich realisierbar. Eine Methode, das zu erreichen, ist der Aufbau eines
Transistoroszillators bei einer relativ niedrigen Frequenz, dem eine oder mehrere Fre-
quenzvervielfacher folgen, um die erwünschte Frequenz zu erreichen. Die Belastbarkeit
der Dioden bei hohen Frequenzen ist begrenzt, so daß die Festkörperquellen auf Anwendungen für geringe Leistungen beschränkt sind. Das System eines typischen Oberwellen-
generators ist in Bild 9.11 gezeigt. Da die verwendeten Kreise in den Frequenzvervielfachern
abgestimmt sein müssen, so daß sie entweder Sperr- oder Durchgangsfilter bilden, stellt der
Oberwellengenerator eine Mikrowellenquelle für eine feste Frequenz dar. Es ist zwar möglich, einen Generator so auszulegen, daß er auf beliebige Frequenzen innerhalb eines gewissen Bereiches eingestellt werden kann, aber diese Einstellung ist ein komplizierter Vorgang und das Gerät kann als nicht abstimmbar angesehen werden.

9.10. Gunn-Oszillator

Die meisten Halbleiterbauelemente, mit denen der Elektroniker vertraut ist, enthalten p-n-Übergänge. Das heißt, daß die ausnützbaren Eigenschaften des Bauteils die
Eigenschaften eines p-n-Übergangs in diesem Bauteil sind. Der Gunn-Oszillator hingegen
hängt nicht von Eigenschaften eines Überganges zwischen zwei verschieden dotierten Halb-
leitermaterialien ab, sondern von den Eigenschaften des Halbleitermaterials selbst. Die
Mikrowellenoszillationen existieren im gesamten Halbleitermaterial und nicht in einer
dünnen Übergangszone. Das für den Gunn-Oszillator benützte Material ist Galliumarsenid.

Es ist nicht das einzige Material, das die gewünschten Eigenschaften zeigt, aber es ist das einzige, das derzeit allgemeine Verwendung findet. GUNN-Oszillatoren beruhen auf der Tatsache, daß in einigen Halbleitern die Leitungselektronen in mehr als einem stabilen Zustand existieren können. Diese verschiedenen Zustände bewirken unterschiedliche Beweglichkeiten bzw. unterschiedliche effektive Massen. Werden kleine elektrische Felder angelegt, so steigt die Driftgeschwindigkeit der Elektronen linear mit dem elektrischen Feld an. Sobald das elektrische Feld über einen bestimmten Schwellwert anwächst, steigt die Driftgeschwindigkeit der Elektronen nicht mehr weiter an und einige Elektronen gehen in einen Zustand niedrigerer Beweglichkeit über. Die Elektronen niedriger Beweglichkeit erfordern ein größeres elektrisches Feld als die hochbeweglichen Elektronen für dieselbe Driftgeschwindigkeit, so daß der Fall eintritt, daß ein kurzes Stück der Probe eine große elektrische Feldstärke aufweist, während der übrige Teil der Probe ein niedriges elektrisches Feld besitzt. Der Bereich hoher Feldstärke, die Hochfelddomäne, bewegt sich durch die Probe mit der Driftgeschwindigkeit fort und bricht am Ende der Probe zusammen, wobei sie gleichzeitig die Erzeugung einer neuen Domäne an der negativen Elektrode hervorruft. Der plötzliche Zusammenbruch der Hochfeldomäne ist die Ursache eines Stromimpulses an der Anode. Ist die Laufzeit durch die Probe so bemessen, daß diese Stromimpulse mit einer Frequenz, die im Mikrowellengebiet liegt, auftreten, so wird Leistung bei Mikrowellenfrequenzen erzeugt. Das Material setzt Gleichstrom in Mikrowellenstrahlung um. Die Frequenz der Mikrowellenstrahlung wird durch die Dimension der Probe bestimmt. Damit sich Schwingungen im Mikrowellengebiet ergeben, muß die Probe sehr dünn sein (ca. 10^{-5} m), so daß die äußere Spannung am Oszillator in der Größenordnung von einigen Volt ist. Eine Methode zur Erzeugung sehr dünner Schichten aus aktivem Galliumarsenid ist die epitaxiale Technik, bei der man die dünne Schicht des Materials auf einem dickeren Plättchen des gleichen Materials aufwachsen läßt. Das aktive Element ist eine hochohmige Schicht auf einem niederohmigen Substrat. Die Mikrowellenschwingung tritt aus der Oberfläche der Schicht aus. Die erforderliche Spannung ist ungefähr 6 V Gleichspannung und der Wirkungsgrad ist etwa 1 %.

Das Halbleiterelement wird in einen Hohlraumresonator eingesetzt. Die Betriebsfrequenz und die Frequenzstabilität der Anordnung ist durch die Eigenschaften des Hohlraumresonators bestimmt. Wenn der Hohlraumresonator durchstimmbar ist, so kann der Gunn-Oszillator über einen weiten Frequenzbereich verstimmt werden. Ein typischer Oszillator kann mechanisch über einen Frequenzbereich von 2 : 3 abgestimmt werden.

9.11. Miniaturisierte Schaltungen

Die moderne Fertigungstechnik von Halbleiterbauelementen hat die Betriebsfrequenz der Transistoren in das Mikrowellengebiet angehoben. Mit dem Fortschritt der epitaxialen Technik konnte die Dicke der Basiszone in Transistoren reduziert werden und man erzielt heute vernünftige Transistor-Gewinne bei Mikrowellenfrequenzen. Möglicherweise wird man bald direkte Transistoroszillatoren besitzen, die den Oberwellengenerator als Mikrowellenquelle ablösen.

Integrierte Schaltungen, bei denen der gesamte Schaltkreis einschließlich von Transistoren und Dioden auf einem einzigen kleinen Stück Halbleitermaterial verfertigt wird, ermöglichen es, daß der gesamte Oszillator aus einem Stück Halbleiter besteht, das nicht größer als ein Stecknadelkopf ist. In diesen integrierten Techniken sind die Dimensionen einer Schaltung viel kleiner als die Wellenlänge der elektromagnetischen Wellen bei Mikrowellenfrequenzen, so daß die Schaltungen unter Anwendung der konventionellen Schaltungstechnik entworfen werden können. Man kann eine starke Ausweitung der Anwendung der miniaturisierten Schaltungstechnik für die Zukunft erwarten und die Verwendung von Transistoroszillatoren und -verstärkern bei Mikrowellenfrequenzen ist ziemlich sicher.

9.12. Zusammenfassung

9.1. Das **Klystron als Verstärker.** Das elektromagnetische Feld im Eingangsresonator moduliert einen Elektronenstrahl, dessen Elektronen im Driftraum Pakete bilden und ein verstärktes elektromagnetisches Signal im Ausgangsresonator induzieren.

9.2. Das **Reflexklystron** vereinigt Eingangs- und Ausgangsresonator in einem einzigen Resonator. Eine Reflektorelektrode, die sich im Driftraum auf negativem Potential in Bezug auf die Kathode befindet, reflektiert den Elektronenstrahl zurück zum Hohlraumresonator. Das Reflexklystron wird als Oszillator für geringe Leistungen verwendet.

9.3. Das **Magnetron.** Die Elektronen, die radial von einer zylindrischen Kathode ausgehen, erregen in den Hohlräumen der die Kathode umgebenden Anode Mikrowellenschwingungen, wenn ein statisches Magnetfeld normal auf die Richtung der Elektronenbewegung angelegt wird. Das Magnetron ist eine Mikrowellenquelle für Hochleistungsimpulse.

9.4. In der **Wanderfeldröhre** ist eine kontinuierliche Wechselwirkung zwischen elektromagnetischen Feldern und dem Elektronenstrahl vorhanden. Es wird eine Verzögerungsleitung verwendet, damit die Phasengeschwindigkeit der elektromagnetischen Welle die gleiche ist wie die der Wellen auf dem Elektronenstrahl.

9.5. **Maser.** (*M*icrowave *a*mplification by *s*timulated *e*mission of *r*adiation). Im Material des Drei-Niveau-Masers werden die Elektronen durch Absorption der Strahlung mit der Pumpfrequenz angeregt und gehen von dem Grundniveau W_1 in das Energieniveau W_3 über. Sie emittieren Strahlung bei der Signalfrequenz entsprechend dem Übergang vom angeregten Energieniveau W_3 auf ein dazwischenliegendes Niveau W_2. Die Emission der Strahlung mit der Signalfrequenz kann durch eine einfallende Strahlung der gleichen Frequenz stimuliert werden und das System arbeitet als Verstärker.

9.7. **Parametrische Verstärkung.** Die Beziehungen zwischen Leistung und den verschiedenen Frequenzen, die an einem nichtlinearen System anliegen, werden durch die Manley-Rowe-Beziehungen angegeben:

$$\sum_{m=0}^{\infty} \sum_{n=-\infty}^{\infty} \frac{mP_{mn}}{m\omega_s + n\omega_p} = 0 \tag{9.6}$$

$$\sum_{m=-\infty}^{\infty} \sum_{n=0}^{\infty} \frac{nP_{mn}}{m\omega_s + n\omega_p} = 0. \tag{9.7}$$

9.8. Es gibt drei verschiedene Betriebsarten eines parametrischen Verstärkers mit der Signalfrequenz ω_s und der Pumpfrequenz ω_p:

Geradeausverstärker mit der Frequenz ω_s am Eingang und am Ausgang und einem Idler mit ω_{p-s},

Aufwärtsmischer in Kehrlage mit ω_s am Eingang und ω_{p-s} am Ausgang,

Aufwärtsmischer in Gleichlage mit ω_s am Eingang und ω_{p+s} am Ausgang.

9.9. Die nichtlineare Kennlinie einer Varaktordiode wird zur Erzeugung harmonischer Schwingungen der Signalfrequenz verwendet. Der **Oberwellengenerator** wird zur Erzeugung von Mikrowellenleistung herangezogen, wobei man von einem relativ niederfrequenten Transistoroszillator ausgeht, dem eine Anzahl von Vervielfacherstufen nachgeschaltet ist, so daß man eine Leistungsabgabe bei Mikrowellenfrequenzen erhält.

9.10. Der **Gunn-Oszillator.** Er beruht auf der direkten Erzeugung von Mikrowellenschwingungen in einem Halbleiter-Einkristall, der von einem geeigneten Gleichstrom durchflossen wird.

9.11. Moderne Verfahren zur Mikrominiaturisierung werden bald die Herstellung von Transistorverstärkern und -oszillatoren für Mikrowellenfrequenzen erlauben. Die Abmessungen dieser Schaltungen sind so klein, daß die konventionelle Schaltungstechnik sogar bei Mikrowellenfrequenzen angewendet werden kann

10. Einfache Bauteile

10.1. Hohlleiterbauteile

In den vorangegangenen Kapiteln dieses Buches haben wir theoretische Überlegungen angestellt, die sich mit der Ausbreitung einer elektromagnetischen Welle in einem Hohlleiter befassen. In den nächsten drei Kapiteln werden wir einige Hohlleiterbauteile und -bauelemente besprechen, die in Mikrowellensystemen verwendet werden. Dieses Kapitel enthält im speziellen eine Beschreibung einiger einfacher Hohlleiterbauteile. Diese Bauteile sind Hohlleiterstücke, die so verändert sind, daß die elektromagnetische Welle damit beeinflußt werden kann. Die Hohlleiterbauteile, die in Kapitel 11 beschrieben werden, bestehen aus Hohlleiterstücken, in denen sich nichtmetallische Materialien zur Beeinflussung der elektromagnetischen Welle befinden.

Die Theorie in den vorangegangenen Kapiteln wird zum Verständnis der Arbeitsweise der Bauteile und Geräte beitragen, die nun beschrieben werden. Im speziellen muß daran erinnert werden, daß sie alle in der Grundwelle betrieben werden, d.h. im Rechteckhohlleiter mit der H_{10}-Welle und im Kreishohlleiter mit der H_{11}-Welle und daß diese beiden Wellentypen in den entsprechenden Hohlleitern ähnliche Feldverteilungen aufweisen. Die Theorie für kompliziertere Wellentypen höherer Ordnung wurde deswegen behandelt, weil sie eine Ausgangsbasis für das Verständnis komplizierterer Bauteile und Geräte darstellt, die Teile eines speziellen Mikrowellensystems sein können. Die hier beschriebenen Bauteile und Geräte sind die einfachsten und gebräuchlichsten und stellen die Grundelemente eines Hohlleitermeßaufbaues dar, wie er in Kapitel 12 beschrieben werden wird. Es wird dabei gehofft, daß dem Leser einiges Verständnis der Mikrowellenpraxis nahegebracht wird, damit er eine praktische Grundlage für die Theorie des Elektromagnetismus besitzt. Die einzelnen Abhandlungen in diesen letzten drei Kapiteln sind kurz und größtenteils beschreibender Natur. Der Anfang wird mit dem Hohlleiter selbst und seinen Verbindungen gemacht.

10.2. Hohlleiter

Die Abmessungen des starren rechteckigen Hohlleiters sind genormt. Eine Liste der genormten Abmessungen ist zusammen mit den britischen, amerikanischen und internationalen Normbezeichnungen und dem empfohlenen Betriebsfrequenzbereich in Tabelle 10.1 angegeben. Hohlleiter können aus Silber, hochleitendem Kupfer, Messing oder Aluminium hergestellt werden. Messing besitzt die niedrigste Leitfähigkeit, es ist aber noch immer das am meisten verwendete Material zur Hohlleiterherstellung, weil die Verluste bei der Übertragung durch den Hohlleiter im Vergleich zu den Verlusten in den Geräten des Systems in vielen Fällen vernachlässigbar sind. Aluminium hat den Vorteil geringen Gewichts, es ist aber schwierig, Lötverbindungen herzustellen; das Schweißen hingegen verformt die Hohlleiter, was die geringen Abmessungstoleranzen ad absurdum führt. Auch für den Kreishohlleiter gibt es einige Normabmessungen, aber für viele Anwendungen entscheidet sich jeder Hersteller ohne Rücksicht auf die Normen für die günstigste Größe.

Tabelle 10.1. Normgrößen rechteckiger Hohlleiter

Bezeichnung			Dimensionen (mm)				Außenmaße		Betriebsdaten	
nach IEC-Norm und DIN 673021 Form R	amerika-nisch WR –	britisch WG	Innenmaße Breite a	Höhe b	Verhältnis a/b	Wand-stärke	Breite	Höhe	Grenz-frequenz (GHz)	empfohlener Frequenzbereich für die Grundwelle (GHz)
R 3	2300	0 · 0	584,2	292,1	2,000	3,18	593,7	301,7	0,2565838	0,32 … 0,45
R 4	2100	0	533,4	266,7	2,000	3,18	543,0	276,3	0,2810203	0,35 … 0,50
R 5	1800	1	457,2	228,60	2,000	3,18	464,0	235,0	0,3278571	0,45 … 0,63
R 6	1500	2	381,0	190,50	2,000	3,18	387,4	196,9	0,3934285	0,50 … 0,75
R 8	1150	3	292,10	146,10	2,000	3,18	298,5	152,4	0,5131676	0,63 … 0,97
R 9	975	4	247,65	123,80	2,000	3,18	254,0	130,2	0,6052746	0,75 … 1,15
R 12	770	5	195,58	97,79	2,000	3,18	201,93	104,14	0,7664191	0,97 … 1,45
R 14	650	6	165,10	82,55	2,000	2,03	169,16	86,61	0,9079119	1,15 … 1,72
R 18	510	7	129,54	65,77	2,000	2,03	133,60	68,83	1,157143	1,45 … 2,20
R 22	430	8	109,22	54,61	2,000	2,03	113,28	58,67	1,372425	1,72 … 2,60
R 26	340	9A	86,36	43,18	2,000	2,03	90,42	47,24	1,735714	2,20 … 3,30
R 32	284	10	72,14	34,04	2,1194	2,03	76,20	38,10	2,077967	2,60 … 3,95
R 40	229	11A	58,17	29,08	2,000	1,63	61,42	32,33	2,577042	3,30 … 4,90
R 48	187	12	47,55	22,15	2,1468	1,63	50,80	25,40	3,152472	3,95 … 5,85
R 58	159	13	40,39	20,19	2,000	1,63	43,65	23,44	3,711589	4,90 … 7,05
R 70	137	14	34,85	15,80	2,2058	1,63	38,10	19,05	4,301332	5,85 … 8,20
R 84	112	15	28,50	12,62	2,2575	1,63	31,75	15,8	5,259739	7,05 … 10,0
R 100	90	16	22,86	10,16	2,2500	1,27	25,40	12,70	6,557141	8,20 … 12,4
R 120	75	17	19,05	9,53	2,000	1,27	21,59	12,07	7,868569	10,0 … 15,0
R 140	62	18	15,80	7,90	2,000	1,02	17,83	9,93	9,487825	12,4 … 18,0
R 180	51	19	12,954	6,477	2,000	1,02	14,99	8,51	11,57143	15,0 … 22,0
R 220	42	20	10,668	4,318	2,4706	1,02	12,70	6,35	14,05102	18,0 … 26,5
R 260	34	21	8,636	4,318	2,000	1,02	10,67	6,35	17,35714	22,0 … 33,0
R 320	28	22	7,112	3,556	2,000	1,02	9,14	5,59	21,07653	26,5 … 40,0
R 400	22	23	5,690	2,845	2,000	1,02	7,72	4,88	26,34566	33,0 … 50,0
R 500	19	24	4,775	2,388	2,000	1,02	6,81	4,42	31,39057	40,0 … 60,0
R 620	15	25	3,759	1,880	2,000	1,02	5,79	3,91	39,87451	50,0 … 75,0
R 740	12	26	3,099	1,550	2,000	1,02	5,13	3,58	48,37235	60,0 … 90,0
R 900	10	27	2,540	1,270	2,000	1,02	4,57	3,30	59,01427	75,0 … 112
R 1200	8	28	2,032	1,016	2,000	1,02	4,06	3,05	73,76784	90,0 … 140
R 1400	7	29	1,651	0,826	2,000				90,79119	112 … 172
R 1800	5	30	1,295	0,648	2,000				115,7143	140 … 220
R 2200	4	31	1,092	0,546	2,000	britisch	4,775 Durchmesser		137,2425	172 … 260
R 2600	3	32	0,864	0,432	2,000	amerikanisch	3,962 Durchmesser		173,5714	220 … 330

Für bestimmte Anwendungen ist es nicht möglich, alle Teile eines Hohlleitersystems starr miteinander zu verbinden. In diesem Fall macht man von einem *flexiblen Hohlleiter* Gebrauch. Er besteht aus einem annähernd rechteckigen Rohr, das senkrecht zu seiner Längsausdehnung gerippt ist. Die Abmessungen sind so gewählt, daß der flexible Hohlleiter die gleiche Impedanz wie der Normhohlleiter besitzt, mit dem er ausgetauscht werden kann, so daß die kleinstmögliche Störung des elektromagnetischen Feldes durch einen Austausch entsteht. Damit er flexibel ist, besitzt der gerippte Hohlleiter eine dünne metallische Wand, die durch Gummi an ihrer Außenseite geschützt ist.

10.3. Hohlleiter-Verbindungen

Zum Zweck der Verbindung untereinander sind die Hohlleiter mit Flanschen oder Kupplungen versehen, die miteinander verschraubt werden. Der Querschnitt durch eine typische Flanschverbindung, die zwei Hohlleiterstücke verbindet, ist in Bild 10.1 dargestellt. Zwei ebene Flansche mit vollkommen planen Flächen,die zwei Hohlleiterstücke miteinander verbinden, stellen nur dann eine gute Verbindung dar, wenn keine Unterbrechung der elektrischen Leitfähigkeit an der Innenfläche des Hohlleiters auftritt. Es tritt aber häufig an der Verbindungstelle ein intermittierender Leerlauf auf, der eine Fehlanpassung im Hohlleiter hervorruft. Der sogenannte Drosselflansch (Flanschverbindung mit Eindrehung) kompensiert die schlechte mechanische Passung. Er ist so ausgelegt, daß er eine Diskontinuität an der Verbindungsstelle der Innenflächen der Hohlleiter verursacht. Die Endfläche der Eindrehung im Flansch ist aber so angeordnet, daß sie eine halbe Wellenlänge von der Innenfläche des Hohlleiters entfernt ist, so daß sich der Kurzschluß am Ende des Drosselflansches wieder als Kurzschluß an die Innenfläche des Hohlleiters transformiert. Die übliche Kombination eines ebenen und eines Drosselflansches ruft nur eine Fehlanpassung hervor, die einem Welligkeitsfaktor von 1,01 entspricht. Für sehr genaue Messungen können noch günstigere Verhältnisse erreicht werden, wenn man zwei ebene Flansche miteinander verbindet, allerdings nur, wenn sie nicht beschädigt sind. Wenn die Möglichkeit von Kratzern auf der Fläche der Flansche nicht auszuschließen ist, dann ist die Kombination eines Drossel- und eines ebenen Flansches günstiger. Bei zwei ebenen Flanschen gibt es immer die Möglichkeit, daß die Verbindung nicht perfekt ist; für hohe Leistungen tritt dann Funkenüberschlag auf. Die Bildung von Funken kann Reflexion des größten Teils der Mikrowellenleistung zurück zum Generator hervorrufen. Die Kombination eines ebenen und eines Drosselflansches ruft keine Funkenbildung hervor.

Für die meisten genormten Hohlleitergrößen gibt es genormte Flanschverbindungen.

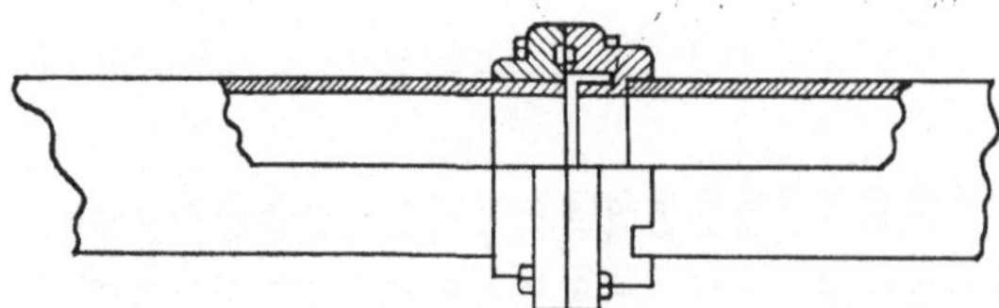

Bild 10.1. Teilweise Ansicht eines Schnittes durch eine Hohlleiterverbindung bestehend aus einem ebenen und einem Drosselflansch

10.4. Krümmer und verdrehte Übergangsstücke

In jedem Hohlleitersystem wird es manchmal notwendig sein, die Richtung der Hohlleitung zu verändern. Die Theorie des Rechteckhohlleiters in Kapitel 4 hat durchwegs angenommen, daß der Hohlleiter vollkommen gerade ist. Kleine Abweichungen von der Geraden werden nur eine geringe Auswirkung auf die Ausbreitungsbedingungen im Hohlleiter haben, so daß Krümmer und verdrehte Übergangsstücke, die eine große Anzahl von Hohlleiterwellenlängen lang sind, elektrisch befriedigend ausfallen; sie sind jedoch praktisch nicht ausführbar. Als einzelner Hohlleiterbauteil ist ein Krümmer oder ein verdrehter Übergang gewöhnlich eine halbe oder eine ganze Wellenlänge lang. Vorausgesetzt, daß der Querschnitt des Hohlleiters nicht verformt ist, findet man, daß der einfache Kreiskrümmer oder der gewöhnliche verdrehte Übergang ausreichend gute Bauteile darstellen. Die Ausbreitungskonstante in einem gekrümmten oder verdrehten Abschnitt des Hohlleiters ist nur wenig von der im ungestörten Hohlleiter verschieden, so daß nur eine geringe Fehlanpassung an der Stelle des Übergangs vom geraden zum gekrümmten bzw. verdrehten Hohlleiter auftritt. Um diese Fehlanpassung klein zu halten, wird das gekrümmte oder verdrehte Hohlleiterstück eine ganze Anzahl von halben Wellenlängen lang gemacht, so daß sich die Reflexionen von den beiden Enden des Bauteils aufheben. Je ein typischer Krümmer und ein verdrehter Übergang sind in den Bildern 10.2 und 10.3 dargestellt.

Eine andere Art von Krümmern wird gerne bei Hohlleitern mit großen Abmessungen verwendet. Es ist das in Bild 10.4 gezeigte doppelt geknickte Winkelstück. Die ebene Fläche, mit der die eine Ecke des Winkelstücks abgeschnitten ist, wirkt als Spiegel, der die Welle um die Ecke reflektiert. Es gibt eine optimale Position des Spiegelstücks, die von der Frequenz abhängig ist.

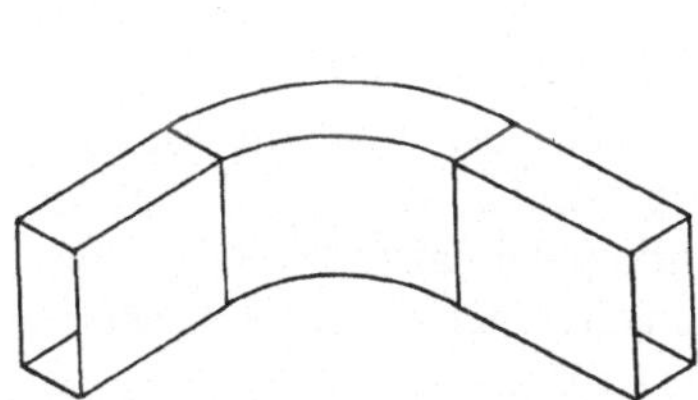

Bild 10.2
Hohlleiterkrümmer, der an zwei gerade
Hohlleiterstücke angesetzt ist

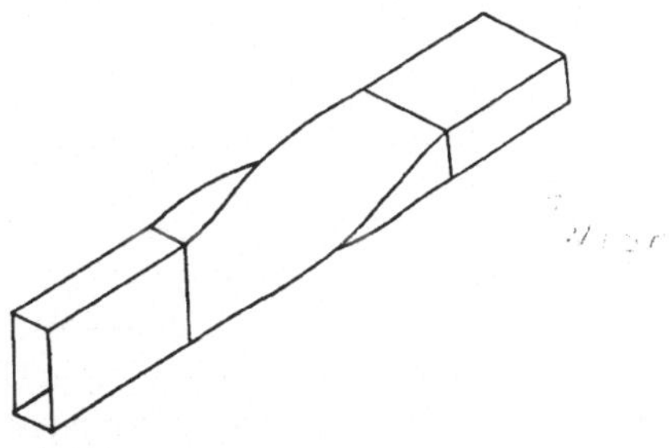

Bild 10.3
Verdrehtes Übergangsstück, das an zwei gerade
Hohlleiter angesetzt ist

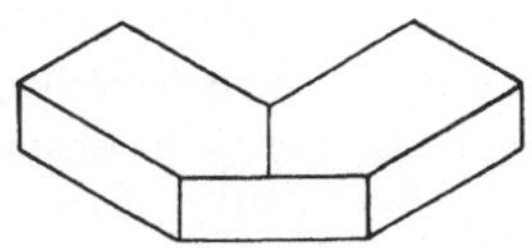

Bild 10.4
Krümmer mit doppelt geknicktem Winkelstück

10.5. Richtkoppler

Man stelle sich zwei Hohlleiter vor, die parallel zueinander angeordnet sind, aneinander anliegen und mit zwei Löchern (Bild 10.5) verkoppelt sind. Die Löcher sind so beschaffen, daß der k-te Teil des Feldes in einem der Hohlleiter in den anderen Hohlleiter übergekoppelt wird. Wir nehmen dabei an, daß der Durchmesser der Löcher die elektrische Länge Null habe. Die Feldstärken weisen dann die in der Abbildung angegebenen Werte auf, wobei berücksichtigt wurde, daß sich die Phase entsprechend der Länge der Hohlleiter zwischen den beiden Kopplungslöchern ändert. Ist diese Länge l ein Viertel einer Hohlleiterwellenlänge lang, dann werden sich die Feldstärken am Ausgang 4 aufheben, vorausgesetzt, daß $(1 - k) \approx 1$ ist, während am Ausgang 3 die maximale Feldstärke auftreten wird.

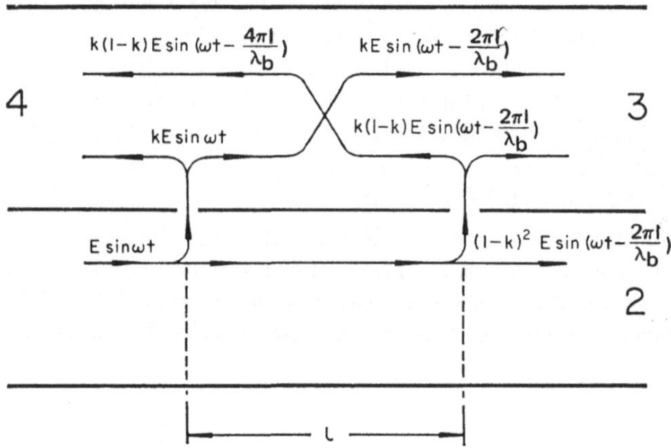

Bild 10.5. Richtkoppler mit zwei Koppellöchern und die darin auftretenden elektrischen Feldstärken

Der Richtkoppler arbeitet nach dem Prinzip, das in Bild 10.5 angedeutet ist, daß nämlich die in Arm 1 eingespeiste Leistung wohl bei Arm 2 und 3, nicht jedoch bei Arm 4 ein Ausgangssignal liefert. Für gewöhnlich wird der Richtkoppler dazu verwendet, nur einen geringen Teil der Leistung vom Haupthohlleiter in den Nebenhohlleiter zu übertragen. Die Eigenschaften eines Richtkopplers werden durch die Größen

$$\text{Koppeldämpfung} = 10 \log \frac{\text{Leistung in Arm 1}}{\text{Leistung in Arm 3}}$$

und

$$\text{Richtdämpfung} = 10 \log \frac{\text{Leistung in Arm 3}}{\text{Leistung in Arm 4}}$$

angegeben, wobei beide Leistungsverhältnisse in dB ausgedrückt werden. Die beschriebene Anordnung ist nur für eine bestimmte Frequenz geeignet, für die die Löcher einen Abstand von einer viertel Wellenlänge aufweisen. Um die Betriebsbandbreite des Richtkopplers zu

vergrößern, muß die Anzahl der Löcher erhöht werden; jedes Loch koppelt einen kleinen
Teil der gesamten Leistung über. Die Koppellöcher sind nicht unbedingt gleich groß. Die
Kopplungsstärke kann in Form von Binomialkoeffizienten abgestuft werden (d.h. für 5
Löcher mit Kopplungen im Verhältnis $1:4:6:4:1$) oder entsprechend einem Tschebyscheff-
Polynom. Es gibt auch viele verschiedene Arten, um die Koppellöcher zwischen den Hohlleitern anzubringen. Sie können entweder auf der breiten oder auf der schmalen Seite des
Hohlleiters angebracht werden und es gibt sogar Koppler — sie arbeiten als Leistungsteiler
— bei denen ein ganzes Stück der Hohlleiterwand zwischen den beiden Hohlleitern entfernt
ist. Es gibt eine Vielzahl verschiedener Möglichkeiten, mit denen eine Kopplung zwischen
zwei Hohlleitern bewerkstelligt wird, um einen Richtkoppler zu erhalten. Alle Richtkoppler
sind aber dadurch ausgezeichnet, daß sie vier Eingänge aufweisen und die Leistungsverhältnisse zwischen den Eingängen durch die Koppeldämpfung und die Richtdämpfung beschrieben werden.

10.6. T-Verzweigungen

In Bild 10.6 sind eine E- und eine H-Verzweigung dargestellt. Beide dieser Verzwei-
gungen haben die Eigenschaft, daß die Leistung, die dem Arm 1 zugeführt wird, zu gleichen
Teilen in die beiden anderen Arme aufgeteilt wird. Bei der H-Verzweigung sind die Signale
in gleichem Abstand zum Zentrum der Verzweigung in Phase, während bei der E-Verzweigung die Signale in den beiden Ausgangsarmen in Gegenphase sind. Diese beiden T-Verzweigungen sind jedoch nicht angepaßt, wenn sie aus leeren Hohlleitern hergestellt werden. Sind
die beiden Ausgangsarme angepaßt abgeschlossen, dann stellt der dritte Arm für die Quelle
keinen angepaßten Abschluß dar.

Eine Kombination einer E- und einer H-Verzweigung in der Form, wie sie in Bild 10.7
gezeigt ist, wird *Hybrid-* oder *Doppel-T-Verzweigung* genannt. Dieser Bauteil hat eine Reihe
nützlicher Eigenschaften. Eine Welle, die bei Arm 1 eintritt, wird zwei gleichphasige Wellen
in den Arm 2 und 3 anregen und eine Welle, die bei Arm 4 eintritt, wird zwei gegenphasige
Wellen in den Armen 2 und 3 anregen. Aus der Geometrie des Bauteils erkennt man, daß

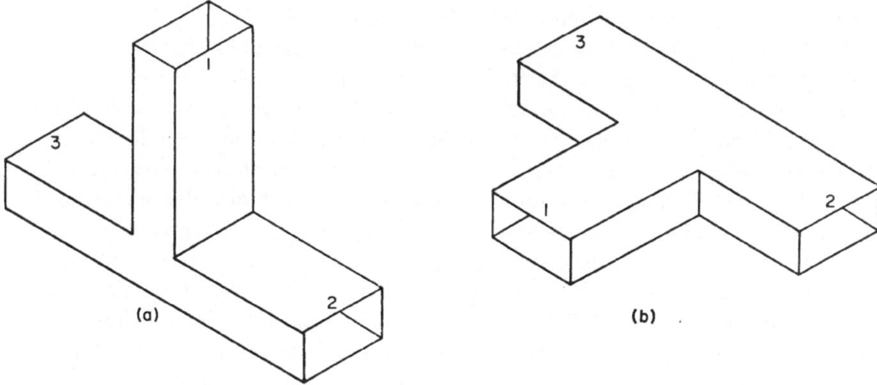

Bild 10.6. T-Verzweigungen a) E-Verzweigung b) H-Verzweigung

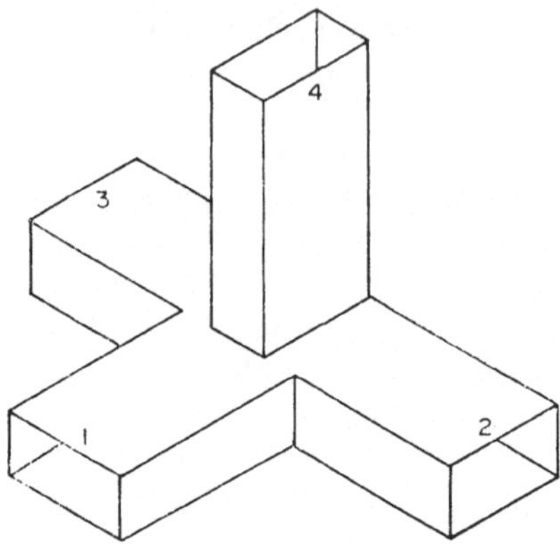

Bild 10.7. Hybrid-Verzweigung

eine Welle aus Arm 1 in Arm 4 keine Welle vom Grundwellentyp erregen wird und umgekehrt. Mit anderen Worten, es gibt keine direkte Übertragung zwischen den Armen 1 und
4. Weiteres kann gezeigt werden, daß bei Anpassung der Arme in der E- und der H-Ebene
auch die beiden anderen Arme angepaßt sind, und daß dann auch keine Übertragung zwischen den Armen 2 und 3 möglich ist. Unter diesen Bedingungen wird eine Welle, die bei
Arm 2 eintritt, zu gleichen Teilen auf die Arme 1 und 4 aufgeteilt und eine Welle, die bei
Arm 3 eintritt, wird auf die Arme 4 und 1 aufgeteilt. Umgekehrt erscheint die Summe
zweier gleichgroßer Wellen, die bei den Armen 1 und 4 eintreten, in den Armen 2 oder 3,
je nach der Phase der Einzelwellen, und die Summe der beiden Wellen in den Armen 2 und
3 tritt in den Armen 1 oder 4 auf. Eine solche, angepaßte Hybridverzweigung wird häufig
Magisches T genannt. Das Magische T hat die Eigenschaften eines 3-dB-Richtkopplers oder
Leistungsteilers.

10.7. Reflexionsfreier Abschluß

Der reflexionsfreie Abschluß eines Leitungssystems ist an den Wellenwiderstand der
Leitung angepaßt. Er absorbiert die einfallende elektromagnetische Energie, ohne eine
Reflexion hervorzurufen. Der reflexionsfreie Abschluß ist aus einem Material hergestellt,
das elektromagnetische Leistung absorbiert. Die Theorie der Reflexion einer ebenen Welle
an einer ebenen leitenden Fläche, die mit der Theorie der Entspiegelung von Linsen ver-
wandt ist, zeigt folgendes: eine genau bemessene Schicht eines absorbierenden Materials,
die als Oberflächenbelag auf einer ebenen, leitenden Oberfläche angebracht wird, stellt für
eine ebene Welle einen reflexionsfreien Abschluß dar. Solche Schichtabsorber werden dazu
verwendet, alle Bodenhindernisse in der Nähe eines Radargerätes unsichtbar zu machen,
die sonst das Radargerät teilweise unbrauchbar machen würden. In einem Hohlleiter ist der
Absorber jedoch abgeschrägt (seine Spitze zeigt zum Generator), so daß die gesamte Leistung reflexionsfrei absorbiert wird. Die Absorber bestehen je nach dem Anwendungszweck
aus verschiedenen Materialien. Ein sehr einfacher Absorber für experimentelle Zwecke besteht aus einem Stück Holz von einer Länge von ca. vier Wellenlängen. Häufig wird erst-
klassiges Buchenholz verwendet; kein Holz verhält sich jedoch genau so wie ein präzise

angepaßter Absorber, weil die Absorptionseigenschaften von seinem Feuchtigkeitsgehalt abhängen, der sich mit der Luftfeuchtigkeit ändert. Obwohl reflexionsfreie Abschlüsse aus Holz kaum käuflich erhältlich sein werden, können sie sich im Betrieb dennoch genau so gut wie ein hochpräziser Abschluß verhalten.

Ein Absorber, der in Form eines dünnen Plättchens aus leitendem Material in der Mitte eines Hohlleiters parallel zum elektrischen Feldvektor angebracht wird, kann zur Herstellung eines reflexionsfreien Abschlusses dienen. Das gleiche Material wird für Fähnchenabschwächer (siehe Abschnitt 11.1) verwendet. Jedes Material, das Mikrowellen absorbiert und in Keilform gebracht wurde, kann im Hohlleiter so montiert werden, daß ein angepaßter Abschluß entsteht. Für Anwendungen bei kleinen Leistungen kann das absorbierende Material ein mit Eisenpulver vermengtes Epoxyharz sein. Für höhere Leistungen muß das absorbierende Material eine Keramik, etwa Kaborundum, oder Wasser sein, das einen guten Absorber für Mikrowellen darstellt, wenn man es in einem Keramik- oder Quarzrohr durch den Hohlleiter zirkulieren läßt.

Woraus auch immer das Material besteht, das die Mikrowellenleistung absorbieren soll, die Form und die Anordnung im Hohlleiter muß so ausgelegt werden, daß die reflektierte Leistung ein Minimum ist. Ein erstklassiger Präzisionsabschluß mit einem Reflexionskoeffizienten von 0,003 im ungünstigsten Fall weist einen Absorber in Form eines sehr schmalen Keils auf, wodurch der Bauteil sehr lang wird. Kurze Abschlüsse reflektieren mehr Leistung und weisen einen Reflexionskoeffizienten von rund 0,05 auf.

10.8. Kurzschlußschieber

Für niederfrequente Schaltkreise gibt es zwei Zustände, die sehr leicht herbeizuführen sind. Es sind das der Kurzschluß und der Leerlauf. Der Leerlauf kann bei Leitungen nicht hergestellt werden, weil eine offene Leitung einen Teil der Leistung in Vorwärtsrichtung abstrahlt und sich infolgedessen so verhält, als wäre sie mit einem gewissen Lastwiderstand abgeschlossen. Ein Kurzschluß jedoch kann dadurch erzeugt werden, daß man einen idealen Leiter zwischen die einzelnen Leiter der Leitung oder als Abdeckung am Ende des Hohlleiters anbringt. Zahlreiche Bauteile sind durch einen Kurzschluß abgeschlossen, der so angeordnet ist, daß die vom Kurzschluß reflektierte Leistung eine solche Phase aufweist, daß die vom Bauteil selbst reflektierte Leistung gerade aufgehoben wird. Für diesen Zweck besteht der Kurzschluß aus einem Metallblock, der in den Hohlleiter eingelötet ist, oder aus einer Metallplatte, die die Öffnung des Hohlleiters abdeckt.

Für Meßzwecke ist es jedoch notwendig, einen Kurzschluß zur Verfügung zu haben, dessen Position zu verändern ist. Ein Kurzschlußschieber besteht für gewöhnlich aus einem Kolben, der so ausgeführt ist, daß er im Hohlleiter gleitet. Zufolge der gelegentlichen Kontaktunterbrechung zwischen dem Kolben und dem Hohlleiter werden Schwierigkeiten auftreten. Die Kontaktschwierigkeiten werden dadurch überwunden, daß man den Kolben nicht in Kontakt mit dem Hohlleiter sein läßt; man sieht vielmehr ein Drosselsystem vor, so daß ein weiterer Kurzschluß in den Spalt zwischen dem Kolben und dem Hohlleiter transformiert wird. Dieses System ist in Bild 10.8 gezeigt. Man hat herausgefunden, daß die Kurzschlußwirkung des Kolbens verbessert wird, wenn der schmale Abschnitt des Hohlleiters (Teil A in der Abbildung) ein Viertel der Hohlleiterwellenlänge lang gemacht wird.

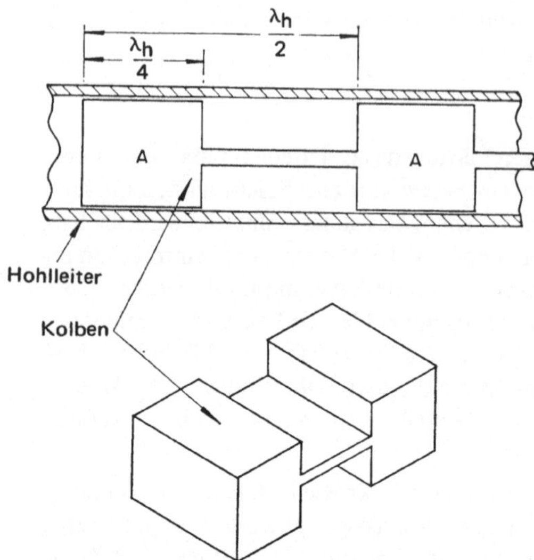

Bild 10.8
Schematische Darstellung eines
verschiebbaren Kurzschlusses, der
nicht in elektrischem Kontakt mit
dem Hohlleiter ist

Wenn dem ersten schmalen Abschnitt ein weiterer schmaler Abschnitt folgt, der sich in
einem Abstand von einer halben Wellenlänge hinter der Endfläche des ersten Teiles A befindet, so wird jede Mikrowellenleistung, die an dem ersten Teil des Kolbens vorbeikommt,
durch den zweiten Teil phasenmäßig so reflektiert, daß ein Kurzschluß an der Stirnfläche
des Kolbens auftritt, was weiter zur Wirksamkeit des Kurzschlusses beiträgt.

Damit die Oberfläche zwischen dem Kurzschlußkolben und dem Hohlleiter gut
isoliert, wird der Kolben aus eloxiertem Aluminium hergestellt. Die Oxydschicht stellt
eine gute, widerstandsfähige Isolierschicht dar. Der Kolben ist an einer Einstellvorrichtung
befestigt, so daß er sehr genau eingestellt und im Hohlleiter fixiert werden kann.

10.9. Anpassungstransformator

Die Auswirkungen einer Fehlanpassung in einem Hohlleitersystem können für eine
bestimmte Frequenz durch gezieltes Einführen einer zusätzlichen Fehlanpassung an anderer
Stelle aufgehoben werden, wenn der Reflexionskoeffizient der zusätzlichen Fehlanpassung
in Gegenphase zur ursprünglichen Fehlanpassung ist. Es tritt in diesem Fall eine reflektierte
Welle auf. Der Bauteil, der die zusätzliche Fehlanpassung in dem System verursacht, wird
Anpassungstranformator genannt. Die darin enthaltenen Blindleitungen sollen eine regel-
bare Fehlanpassung mit variabler Phase erzeugen. Die *variable Fehlanpassung* wird durch
die veränderliche Eintauchtiefe eines Stiftes in der Mitte der Breitseite des Hohlleiters erzeugt. Die Phasenänderung wird durch Änderung der Position des Stiftes entlang der Achse
des Hohlleiters hervorgerufen. Der Anpassungstransformator mit verschiebbarem Tauchstift funktioniert nach diesem Prinzip. Ein Schlitten bewegt sich entlang einem in der
Mitte seiner Breitseite geschlitzten Hohlleiter und trägt einen Stift (eine Schraube), der
durch den Schlitz in den Hohlleiter hineinragt. Es ist eine ähnliche Konstruktion wie die

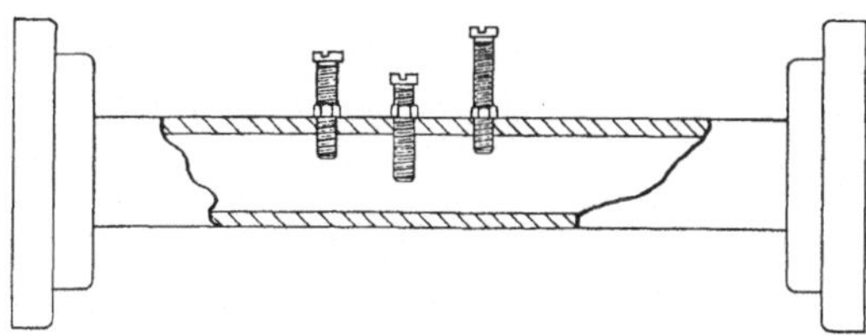

Bild 10.9
Dreischraubentransformator

der Meßleitung, die in Bild 10.11 gezeigt ist. Ein einfacheres System besteht aus einer Anzahl von ortsfesten Stiften im Hohlleiter. Eine geeignete Kombination der Eintauchtiefe der Stifte ergibt die erwünschte Fehlanpassung mit der richtigen Phase. Die Theorie zeigt, daß jede Fehlanpassung durch die Anwendung von drei Stiften aufgehoben werden kann; einige Hersteller verwenden jedoch 4 oder 5 Stifte, um größere Flexibilität zu ermöglichen. In seiner einfachsten Form besteht der Anpassungstransformator aus der erforderlichen Anzahl von Schrauben, die sich in äquidistanten Abständen in der Mitte der Breitseite des Hohlleiters befinden. Durch Hineindrehen der Schrauben wird Anpassung im Hohlleiter erreicht. Man braucht dann nur noch eine Feststelleinrichtung für die Schrauben, um sie in der gewünschten Stellung zu fixieren. Dieses Gerät wird manchmal *Dreischraubentransformator* genannt und ist schematisch in Bild 10.9 dargestellt.

10.10. Wellenmesser

Der Wellenmesser ist ein Hohlleiter-Frequenzmesser. Die Frequenz kann sehr präzise durch elektronische Methoden gemessen werden, aber ihre Beschreibung geht über den Rahmen dieses Buches hinaus. Der Wellenmesser enthält einen Mikrowellenresonator, dessen Länge variabel ist und der infolgedessen eine variable Resonanzfrequenz aufweist. Ist der Hohlraumresonator an einen Hohlleiter angekoppelt und befindet er sich in Resonanz, dann entzieht er dem Mikrowellensystem einen kleinen Teil der Leistung, während er sich bei den anderen Frequenzen nicht auswirkt. Ein Wellenmesser mit einem zylindrischen Hohlraumresonator ist in Bild 10.10 schematisch dargestellt. Der *Absorptionswellenmesser* entzieht bei seiner Resonanzfrequenz einen kleinen Teil der Mikrowellenleistung, was sich durch ein geringfügiges Absinken der angezeigten Leistung im Hohlleitersystem bemerkbar macht. Der *Durchgangswellenmesser* oder *direkt anzeigende Wellenmesser* absorbiert ebenfalls einen kleinen Teil der Leistung bei seiner Resonanzfrequenz, aber er koppelt diese Leistung in einen Hohlleiter oder in einen Detektor über. Wenn dieser Wellenmesser abgestimmt ist, dann tritt an seinem Ausgang ein Signal auf, bei allen anderen Frequenzen ist jedoch kein Ausgangssignal vorhanden.

Der Absorptionswellenmesser bewirkt ein Absinken der Ausgangsleistung in einem Hohlleitersystem. Er kann zum Abstimmen eines Mikrowellenoszillators auf eine bestimmte Frequenz oder als Frequenzmarkengeber für einen Wobbelsender dienen. Er kann nicht als Gerät zur Überwachung der Frequenz eines auf einer festen Frequenz arbeitenden Systems verwendet werden. Der Absorptionswellenmesser ist einfach und billig und weist für gewöhnlich einen relativ geringen Gütefaktor auf. Der Durchgangswellenmesser kann so schwach an das Hohlleitersystem angekoppelt werden, daß er, auch wenn er abgestimmt ist, keinen bemerkenswerten Verlust am Ausgang des Hauptsystems hervorruft.

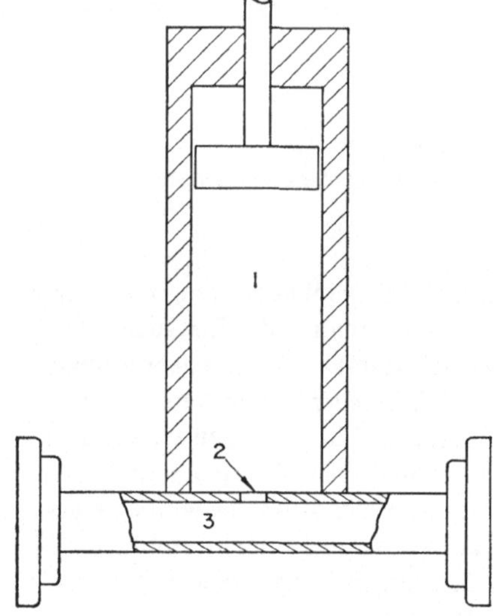

Bild 10.10
Wellenmesser mit zylindrischem Resonator
1. Resonator
2. Koppelloch
3. Hohlleiter

Er liefert ein Ausgangssignal, das — falls erforderlich — fortlaufend angezeigt werden kann. Der Durchgangswellenmesser ist kompliziert aufgebaut und teurer, speziell dann, wenn er einen eigenen Detektor beinhaltet, aber er weist für gewöhnlich einen hohen Gütefaktor auf, wodurch sein Frequenzauflösungsvermögen besser ist als das der meisten Absorptionswellenmesser.

Der einfachste Resonator eines Wellenmessers ist ein Stück eines rechteckigen Hohlleiters, an dem direkt die Hohlleiterwellenlänge abgelesen werden kann. Dieser Resonator besitzt einen geringen Gütefaktor. Resonatoren höheren Gütefaktors sind üblicherweise zylindrisch und können bei anderen Schwingungstypen als der Grundschwingung betrieben werden. Die Stellung des variablen Kurzschlusses wird durch eine Mikrometerschraube verändert. Obwohl die Resonanzfrequenzen aller Hohlraumresonatoren aus den Dimensionen berechnet werden können, zeigt sich, daß die Wellenmesser mit Hilfe eines Frequenznormals geeicht werden müssen. Das geschieht deswegen, weil die endliche Leitfähigkeit des Metalls des Hohlraumresonators (üblicherweise Kupfer) die Wellenlänge verändert und weil die Konstruktion des variablen Kurzschlusses manchmal den elektrischen Kurzschluß an einer anderen Stelle als am vorderen Ende des Kolbens verursacht. Diese Änderungen werden sich nur bei der Konstruktion von Hohlraumresonatoren hohen Gütefaktors bemerkbar machen. Die Genauigkeit eines Präzisionswellenmessers liegt in der Größenordnung von 10^{-4}.

10.11. Meßleitung

Zum Ausmessen der Feldverteilung einer stehenden Welle innerhalb eines Hohlleiters wird eine Sonde verwendet, die sich entlang dem Hohlleiter bewegt. Es wird der Welligkeitsfaktor der Welle gemessen. Ein Schlitz in der Mitte der Breitseite des Hohlleiters parallel zur Hohlleiterachse schneidet keine Wandstromlinien der Grundwelle, so daß der Schlitz weder Leistung abstrahlen noch die Feldverteilung innerhalb des Hohlleiters stören sollte. Eine kleine Sonde, die durch den Schlitz eingebracht wird, wird an das elektrische Feld im Hohlleiter gekoppelt. Die Sonde ist mit einem Detektorkristall verbunden, so daß das Ausgangssignal des Kristalls ein Gleichstrom proportional der mittleren Leistung an der entsprechenden Stelle des Hohlleiters ist. Da die Sonde entlang dem Hohlleiter bewegt wird, ist ihr Ausgangssignal proportional der Feldverteilung der stehenden Welle im Hohlleiter.

Die Meßleitung besteht aus einem präzise gefertigten Hohlleiter mit einem schmalen Schlitz in der Mitte seiner Breitseite. Die Hohlleiterdimensionen sind deswegen kritisch, weil die Meßleitung auch zur Messung der Wellenlänge verwendet werden kann. Die Sonde befindet sich auf einem Schlitten, der sich an der Außenfläche des Hohlleiters in Längsrichtung bewegt. Es ist notwendig, daß die Bewegung der Sonde genau der Innenfläche des Hohlleiters folgt, da jede Änderung der Eintauchtiefe der Sonde zu einer Änderung des Ausgangssignals für ein und dieselbe Mikrowellenleistung im Hohlleiter führen würde. Daher ist bei den meisten Meßleitungen die obere Außenfläche des Hohlleiters genau parallel zur oberen Innenfläche gefertigt. Ein Längsschnitt durch eine Meßleitung ist in Bild 10.11 gezeigt. Manchmal wird der Präzisionshohlleiter mit dem Schlitz in der Mitte seiner Breitseite allein als *Schlitzleitung* bezeichnet.

Die Detektordiode, die in einer Meßleitung verwendet wird, weist einen annähernd quadratischen Zusammenhang zwischen dem Ausgangsgleichstrom und dem elektrischen Mikrowellenfeld auf, so daß der Ausgang als das Quadrat der Eingangsspannung angesehen werden kann.

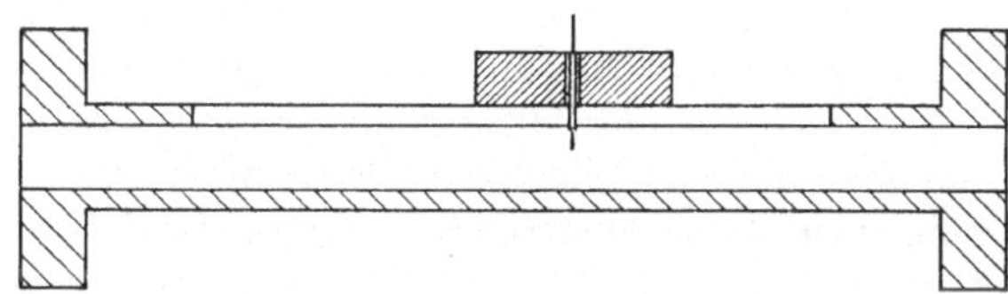

Bild 10.11. Schnitt durch eine Hohlleiter-Meßleitung, von der die geschlitzte Leitung und der Schlitten samt Sonde, nicht aber die anderen Einzelheiten gezeigt sind

10.12. Zusammenfassung

10.2. Für den **starren rechteckigen Hohlleiter** gibt es eine Anzahl von Normgrößen, die das gesamte Frequenzgebiet von 0,3–300 GHz überstreichen. Eine Liste von 34 Normgrößen ist in Tabelle 10.1 angegeben.

10.3. Hohlleiterkupplungen (Flansche) werden für das Zusammensetzen einzelner Hohlleiterstücke verwendet. Ein Drosselflansch stellt eine reflexionsfreie Verbindung für den Fall einer elektrischen Unterbrechung sicher.

10.5. Der **Richtkoppler** wird dazu verwendet, einen Teil der Leistung des Haupthohl-
leiters in einen Nebenhohlleiter zu übertragen. Seine Eigenschaften werden angegeben durch
die

$$\text{Koppeldämpfung} \;=\; 10\log\frac{\text{Leistung in Arm 1}}{\text{Leistung in Arm 3}}\quad\text{und die}$$

$$\text{Richtdämpfung}\;\;\;=\; 10\log\frac{\text{Leistung in Arm 3}}{\text{Leistung in Arm 4}}\;.$$

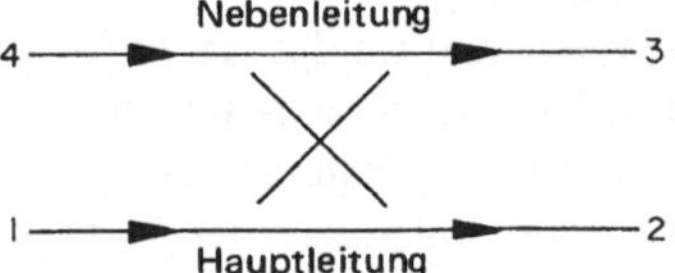

Bild 10.12
Schema eines Richtkopplers

10.6. Ein **Magisches T** ist eine angepaßte **Hybridverzweigung**, die sich wie ein Richtkoppler verhält, der die Leistung in gleiche Teile teilt. Die Leistung am Eingang irgendeines
Arms wird zu gleichen Teilen in die beiden normal dazu stehenden Arme aufgeteilt, während
am Ausgang des vierten Arms keine Leistung austritt.

10.7. Der **reflexionsfreie Abschluß** absorbiert die gesamte einfallende Mikrowellenleistung.

10.8. Der **Kurzschluß** ist ein Abschluß, der die gesamte einfallende Mikrowellenleistung reflektiert.

10.9. Der **Anpassungstranformator** erzeugt eine zusätzliche Fehlanpassung in einem
Hohlleitersystem von solcher Größe und Phase, daß sie eine bereits vorhandene stehende
Welle in dem System aufhebt. Sie kann aus einer einzelnen Blindleitung bestehen, die in
ihrer Position entlang dem Hohlleiter veränderbar ist und **Anpassungstransformator mit
verschiebbarem Tauchstift** genannt wird, oder sie kann aus drei (oder mehr) ortsfesten
Blindleitungen bestehen und wird dann **Anpassungstransformator mit drei** (oder mehr)
Blindleitungen bezeichnet. Sind die veränderlichen Blindleitungen einfache Schrauben, so
wird diese Einheit **Dreischraubentransformator** genannt.

10.10. Der **Wellenmesser** besteht aus einem abstimmbaren Hohlraumresonator, der
als Frequenzmesser verwendet wird.

Der **Absorptionswellenmesser** absorbiert im Resonanzfall einen Teil der Leistung
eines Hohlleitersystems und verursacht ein Absinken der angezeigten Ausgangsleistung im
Hohlleitersystem.

Der **Durchgangswellenmesser** liefert im Resonanzfall in seinem Seitenarm ein Ausgangssignal; im Seitenarm kann sich ein Detektor befinden.

10.11. Die **Meßleitung** besitzt eine verschiebbare Sonde, die an das elektrische Feld
im Hohlleiter angekoppelt ist. Sie wird zur Abtastung der Feldverteilung der stehenden
Welle im Hohlleiter und zur Messung des Welligkeitsfaktors der Welle verwendet.

11. Weitere Hohlleiterbauelemente

11.1. Fähnchenabschwächer

Die Mikrowellenleistung in einem Hohlleiter kann durch teilweise Absorption der Leistung in einem leitenden oder absorbierenden Material abgeschwächt werden. Die meisten Abschwächer verwenden eine dünne Schicht eines leitenden Materials, wie z.B. einer Chrom-Nickel-Legierung, die auf einem neutralen Träger, etwa einem Fiberglasplättchen oder einem Glasstreifen, aufgebracht ist. Das zu einem Fähnchen geformte leitende Material wird in den Hohlleiter parallel zur elektrischen Feldstärke eingebracht (Bild 11.1). Das absorbierende Fähnchen (auch Widerstandsfolie genannt) ist parallel zur Schmalseite des Hohlleiters angeordnet und wird, um eine Veränderung der Abschwächung zu erlauben, vom Ort minimaler elektrischer Feldstärke, an dem es die minimale Leistung absorbiert, in Richtung zur maximalen elektrischen Feldstärke, wo es ein Maximum der Mikrowellenleistung absorbiert, bewegt. Es kann auch durch einen Schlitz in der Mitte der Breitseite des Hohlleiters (an der Stelle der maximalen elektrischen Feldstärke) in den Hohlleiter eingetaucht werden.

Weil das leitende Material auf einem dünnen Plättchen eines dielektrischen Materials aufgebracht werden muß, um als Abschwächer zu wirken, arbeitet der Fähnchenabschwächer sowohl als variabler Abschwächer als auch als variabler Phasenschieber. Die Theorie der Wirkungsweise als Phasenschieber ist dieselbe wie die für den Phasenschieber, der in Abschnitt 11.3 beschrieben wird. Das bedeutet, daß sich die elektrische Länge des Fähnchenabschwächers mit der Änderung der Dämpfung verändert.

Für Fähnchenabschwächer werden verschiedene Genauigkeitsgrade angegeben, die aber nur die Genauigkeit des Mechanismus bedeuten, mit dem der Ort der Widerstandsfolie im Hohlleiter verändert wird. Der Fähnchenabschwächer muß mit Hilfe eines Dämpfungsnormals geeicht werden. Er weist keine lineare Beziehung zwischen der Dämpfung und seiner jeweiligen Stellung auf, auch ist die Eichung für verschiedene Frequenzen nicht konstant. Der Grund, warum die Eichung frequenzabhängig ist, kann aus der Tatsache verstanden werden, daß sich die Hohlleiterwellenlänge mit der Frequenz verändert, was die elektrische Länge der Widerstandsfolie ebenfalls von der Frequenz abhängig macht.

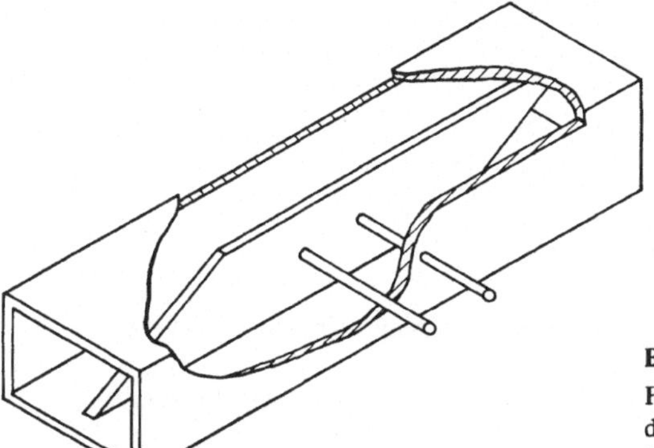

Bild 11.1
Fähnchenabschwächer. Man erkennt
die Stäbchen zur Verschiebung des
Fähnchens

11.2. Präzisionsabschwächer

Das Schema eines Präzisionsabschwächers mit drehbarer Widerstandsfolie ist in Bild 11.2 dargestellt. Er ist komplizierter aufgebaut als der Fähnchenabschwächer, aber er stellt im Gegensatz zu diesem ein selbstkalibrierendes Instrument dar, dessen Eichung unabhängig von der Frequenz ist. Betrachten wir die einzelnen Teile des Bauelements. Der Hohlleiterübergang führt den H_{10}-Wellentyp im Rechteckhohlleiter in einen H_{11}-Wellentyp im runden Hohlleiter über. Das Wellentypfilter besteht aus einem absorbierenden Fähnchen, das in der Ebene der Achse des zylindrischen Hohlleiters angeordnet ist. Das Wellentypfilter schwächt jedes Mikrowellensignal ab, das ein elektrisches Feld parallel zum absorbierenden Fähnchen aufweist. Die H_{11}-Welle im Kreishohlleiter kann in zwei aufeinander normal stehende Komponenten zerlegt werden. Das Wellentypfilter absorbiert jene Komponente der H_{11}-Welle, deren elektrisches Feld parallel zur Ebene des Fähnchens gerichtet ist, während es die darauf normal stehende Komponente nicht beeinflußt.

Das Plättchen des Wellentypfilters ist parallel zur Breitseite des Rechteckhohlleiters angeordnet. Es wird dazu verwendet, ein eventuell auftretendes Signal im Kreishohlleiter, das in der Ebene senkrecht zur Polarisationsrichtung des Feldes im rechteckigen Hohlleiter polarisiert ist, zu absorbieren, nicht aber zu reflektieren. Der Mittelteil des Abschwächers enthält ebenfalls ein Wellentypfilter, das drehbar bezüglich der übrigen Teile des Abschwächers ist. Es möge um den Winkel θ in bezug auf die Stellung geringster Abschwächung eingestellt sein. Die polarisierte ebene Welle im Kreishohlleiter wird in zwei Komponenten parallel und normal zu der Widerstandsfolie im Mittelteil zerlegt. Die Welle, deren Feldstärke parallel zur Folie ist, wird absorbiert, und die Welle, deren Feldstärke normal zur Folie angeordnet ist, wird ohne Verluste durch den Abschwächer hindurchgehen. Besitzt das Eingangssignal eine Amplitude E_0 (Bild 11.3), dann besitzt das den drehbaren Teil des

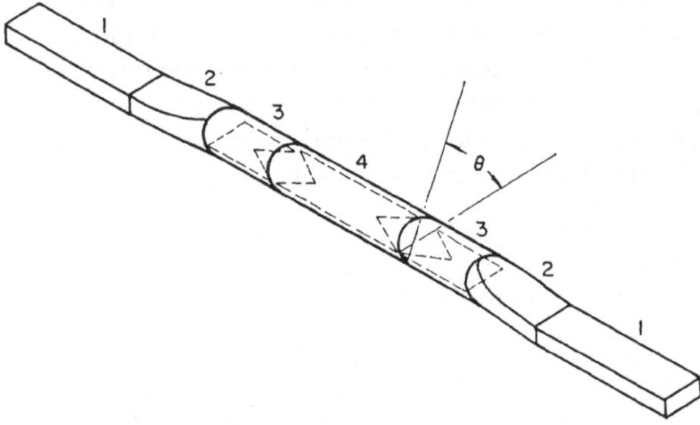

Bild 11.2. Präzisionsabschwächer mit drehbarer Widerstandsfolie

1. Rechteckiger Eingangshohlleiter
2. Wellentypumformer zum Überführen der H_{10}-Welle im Rechteckhohlleiter in die H_{11}-Welle im Kreishohlleiter
3. Wellentypfilter, bestehend aus einem absorbierendem Fähnchen parallel zur Breitseite des Rechteckhohlleiters
4. Drehbarer Teil des Kreishohlleiters, der ebenfalls ein Wellentypfilter enthält

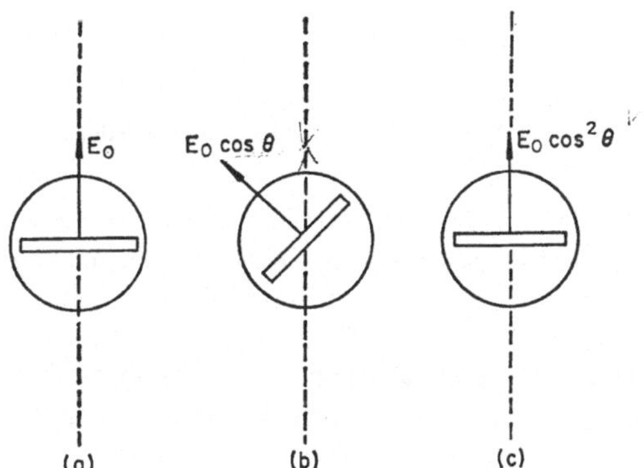

Bild 11.3

Relative Feldstärken im Abschwächer mit drehbarer Widerstandsfolie

a) Schnitt durch das Wellentypfilter am Eingang
b) Schnitt durch den Mittelteil
c) Schnitt durch das Wellentypfilter am Ausgang

Abschwächers verlassende Signal eine Amplitude von $E_0 \cos\theta$. Bei Wiedereintritt in den zweiten festen Abschnitt wird das Signal in ähnlicher Weise ein zweitesmal zerlegt und das den Abschwächer verlassende Signal besitzt eine Amplitude

$$E_{aus} = E_0 \cos^2\theta \ . \tag{11.1}$$

Wird der Abschwächer in dB geeicht, dann ist die Dämpfung gleich

$$\text{Dämpfung} = 40 \log(\sec\theta)\,\text{dB} \tag{11.2}$$
$$\sec\theta = 1/\cos\theta \ ;$$

entsprechend der Definition des Dezibel ist der Logarithmus der dekadische Logarithmus.

Der Präzisionsabschwächer mit drehbarer Widerstandsfolie ist ein Bauteil, in dem die Dämpfung von einem Winkel abhängig ist. Er ist daher selbstkalibrierend, vorausgesetzt, daß Fehlerquellen ausgeschaltet werden. Fehlerquellen können im ungenauen Ausrichten der absorbierenden Fähnchen in den Wellentypfiltern, in möglichen Reflexionen an den Wellentypfiltern und den Wellentypumformern sowie in der mangelhaften Genauigkeit der Winkelmessung liegen. Der Präzisionsabschwächer mit drehbarer Widerstandsfolie stellt einen guten Präzisionsabschwächer für Hohlleiter dar. Er besitzt außerdem den Vorteil, daß sich seine elektrische Länge mit der Dämpfung nicht ändert. Es ist ein Bauelement, dessen Phase konstant bleibt.

11.3. Phasenschieber

Die Konstruktion des Phasenschiebers ist die gleiche wie die des Fähnchenabschwächers. Das absorbierende Fähnchen des Fähnchenabschwächers wird durch ein Plättchen aus einem Material mit niedrigen Verlusten und einer relativen Dielektrizitätskonstante größer als eins ersetzt. Das dielektrische Plättchen beeinflußt die elektrische Feldverteilung über der Breitseite des Hohlleiters so, daß die sinusförmige Verteilung nach Art des Bildes 11.4 gestört wird. Man sieht, daß das dielektrische Plättchen denselben Effekt wie eine Verbreiterung des Hohlleiters hat; eine Verringerung der Wellenlänge im Hohlleiter ist die Folge. Es ändert sich daher die elektrische Länge des Phasenschiebers im Vergleich zu der

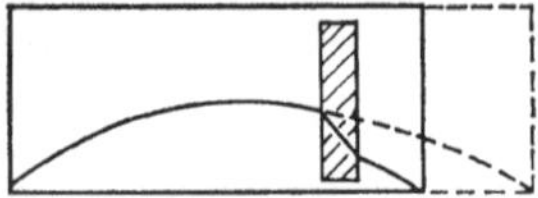

Bild 11.4

Elektrische Feldstärke innerhalb eines Rechteckhohlleiters
mit einem dielektrischen Plättchen. Strichliert sind die
Verhältnisse des äquivalenten leeren Hohlleiters dargestellt

eines gleich langen leeren Hohlleiterstückes. Der Betrag der Phasenänderung hängt von der
Stellung des dielektrischen Plättchens im Hohlleiter in gleicher Weise ab, wie die Dämpfung
von der Stellung der Widerstandsfolie abhängt. Infolgedessen könnte das Bild 11.1 auch
einen Phasenschieber beschreiben, wenn das Fähnchen durch ein dielektrisches Plättchen
ersetzt worden wäre. Das Plättchen hat den geringsten Einfluß, wenn es an der Schmalseite des Hohlleiters anliegt und den größten, wenn es sich in der Mitte des Hohlleiters befindet.

11.4. Diodengleichrichter und -mischer

Mikrowellensignale werden in einem Diodengleichrichter (oder Detektor) mit Hilfe
eines Gleichrichterkristalls zur Anzeige gebracht. Ein Mikrowellengleichrichter besteht im
allgemeinen aus einer Silizium-Spitzendiode, die mit einer Halterung zu einem Meßkopf vereinigt ist, der für die Anwendung in einem Hohlleiter- oder Koaxialleitungssystem geeignet
ist. Die Diode kann entweder quer zum Hohlleiter in seiner Mitte angebracht sein, so daß
die Zuführungsdrähte des Kristalls parallel zum elektrischen Feld angeordnet sind, oder sie
kann in einem koaxialen Gehäuse in einer kurzen Koaxialleitung, die in den Hohlleiter
einmündet, angeordnet sein. In Bild 11.5 ist ein Diodengleichrichter mit einem Übergang
auf eine Koaxialleitung schematisch dargestellt. Hinter dem Übergang befindet sich im Hohlleiter ein Kurzschluß, so daß die Leistung, die an dem Übergang vorbeigeht, reflektiert wird,
und die Leistung, die zum Kristall fließt, erhöht wird, während die vom Übergang verur-
sachten Reflexionen ausgelöscht werden. Das Ausgangssignal der Diode ist ein Gleichstrom,
der mit Hilfe eines Meßinstruments angezeigt werden kann. Ist das Mikrowellensignal ampli-
tudenmoduliert, so tritt am Ausgang ein Gleichstrom auf, dem eine der Amplitudenmodula-
tion proportionale Wechselstromkomponente überlagert ist.

Der Detektorkristall hat eine nichtlineare Kennlinie und kann daher auch als Mischer
verwendet werden. Die Betriebsbedingungen eines Detektors und eines Mischers unter-
scheiden sich voneinander, so daß ein als Diodengleichrichter ausgelegtes Hohlleiterbauele-
ment nicht unbedingt dasselbe ist wie ein Mischer. Vorausgesetzt, daß man keine allzu

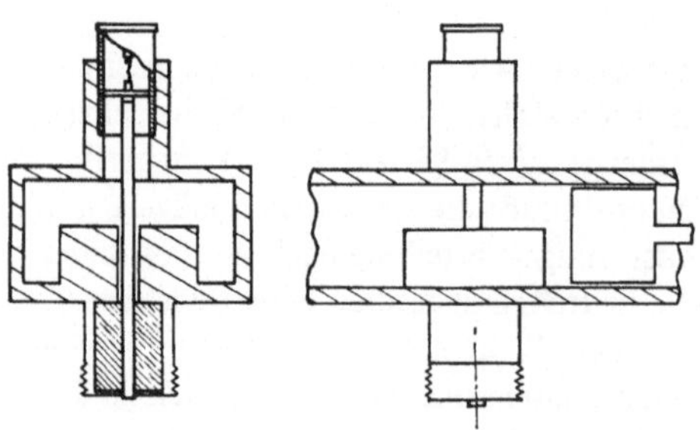

Bild 11.5

Zwei verschiedene Ansichten eines Hohl-
leiter-Diodengleichrichters

großen Anforderungen an diese Bauteile stellt, sind sie jedoch austauschbar. Der Diodengleichrichter ist ein nichtlineares System, so daß er üblicherweise zur Anzeige, nicht aber zur Messung von Mikrowellenleistung verwendet wird. Der Kristall besitzt jedoch eine annähernd quadratische Kennlinie, so daß der Strom am Ausgang annähernd proportional dem Quadrat des elektrischen Feldes im Hohlleiter, d.h. proportional der Leistung im Hohlleiter ist. Für kleine Änderungen in der Leistung wird diese Näherung dazu verwendet, um mit einem Diodengleichrichter auch Messungen durchzuführen. Bei der Meßleitung wird der quadratische Zusammenhang angenommen, so daß das Ausgangssignal das Quadrat der Eingangsspannung ist.

11.5. Bolometer

Es wurde bereits erklärt, daß der Detektor kein geeignetes Instrument für die Absolut messung von Leistung darstellt. Sogar dann, wenn der Diodengleichrichter mit Hilfe eines anderen Normals geeicht worden ist, ist er dazu nicht geeignet, da sich seine Eigenschaften mit der Zeit und der Temperatur ändern. Für Leistungen größer als 1 Watt kann die Leistung im Hohlleiter mit Hilfe eines Wasserkalorimeters gemessen werden. Dies ist ein reflexionsfreier Abschluß, in dem Wasser als das absorbierende Medium verwendet wird. Die Durchflußmenge des Wassers durch den Abschluß und sein Temperaturanstieg ergeben die vom Abschluß absorbierte Leistung — daher die Leistung im Hohlleiter. Für niedrigere Leistungen wird die Messung unter Verwendung bolometrischer Methoden durchgeführt. Das Prinzip der bolometrischen Leistungsmessung beruht darauf, daß ein Widerstandselement erwärmt wird und seinen Widerstand ändert, wenn Leistung in ihm verbraucht wird. Diese Widerstandselemente werden *Bolometer* genannt; es gibt zwei verschiedene Arten, nämlich *Thermistoren* und *Barretter*. Der Thermistor ist eine Halbleiterperle, die zwischen zwei dünnen Drähten befestigt ist und einen negativen Temperaturkoeffizienten des Widerstands besitzt. Der wesentliche Punkt daran ist nicht, daß der Widerstand mit steigender Temperatur abnimmt, sondern daß die Änderung des Widerstandes mit der Temperatur sehr groß ist. Ein Barretter (oder auch Bolometer im engeren Sinn) ist ein Element mit einem positiven Temperaturkoeffizienten des Widerstandes, der nicht so groß ist wie der des Thermistors. Ein Barretter besteht aus einem dünnen Draht oder einer dünnen Schicht, die sich auf einem Glasträger befindet.

Häufig ist das Bolometerelement in einem Keramikgehäuse untergebracht, das quer zum Hohlleiter montiert ist, so daß die Drähte des Elementes parallel zum elektrischen Mikrowellenfeld gerichtet sind. Befindet sich im Hohlleiter hinter dem Bolometer ein Kurzschluß und ist die Anordnung angepaßt, dann wird die gesamte einfallende Leistung im Bolometerelement absorbiert. Der Widerstand des Bolometerelementes wird mit Hilfe einer Wheatstone-Brücke gemessen. In der Ausführung für höchste Genauigkeit erlaubt die Anordnung, daß ein beträchtlicher Gleichstrom durch das Element fließt. Die Brücke wird abgeglichen, solange keine Mikrowellenleistung einfällt. Wenn man dann die Leistung mißt, wird das Element warm und die Brücke gerät aus dem Gleichgewicht, kann aber dadurch wieder ins Gleichgewicht gebracht werden, indem man den durch das Element fließenden Gleichstrom reduziert. Die Leistungsänderung, die der Verringerung des Gleichstroms entspricht, ist gleich der Mikrowellenleistung, die in der Anordnung absorbiert wird.

Sowohl der Diodengleichrichter als auch das Bolometer sind Bauelemente für geringe
Leistungen und brennen bei höherer Leistung durch. Wenn es erforderlich ist, höhere Leistungen zu messen oder anzuzeigen, so ist es notwendig, einen Teil der Leistung vorher in
einem Abschwächer zu absorbieren. Der Diodengleichrichter ist das Gerät, das immer dann
verwendet wird, wenn eine Anzeige unter Betriebsbedingungen erforderlich ist, da er die
höchste Empfindlichkeit aufweist und von robusterer Ausführung ist. Das Bolometer wird
dann zu verwenden sein, wenn eine absolute Messung von Mikrowellenleistung erforderlich
ist.

11.6. Zirkulator

Die nicht reziproken Eigenschaften zufolge der Faraday-Drehung können zur
Herstellung eines nichtreziproken Hohlleiterbauteils, des *Zirkulators,* verwendet werden.
Die prinzipiellen Eigenschaften eines Zirkulators werden in bezug auf Bild 11.6 beschrieben, das sein Schaltzeichen zeigt. Fällt bei Eingang 1 Leistung ein, so tritt sie beim Eingang 2 aus, während keine Leistung zu den anderen Ausgängen übergekoppelt wird. In
ähnlicher Weise tritt die bei Eingang 2 eintretende Leistung bei dem Eingang 3 aus usw. Die
Abbildung zeigt einen vierarmigen Zirkulator. Es gibt aber im Prinzip keine Einschränkungen, was die Anzahl der Arme eines Zirkulators betrifft. Zirkulatoren kann man dadurch
herstellen, daß man eine Anzahl von verschiedenen Bauteilen mit Ferriten in geeigneter
Weise zusammenschaltet; es werden hier nur zwei davon, nämlich der Zirkulator, der auf
der Faraday-Drehung beruht, sowie der dreiarmige Zirkulator beschrieben.

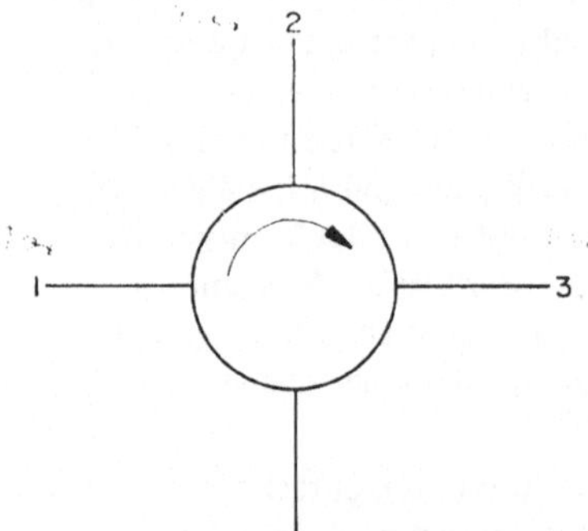

Bild 11.6
Schaltzeichen eines Zirkulators

Ein Zirkulator, der auf dem Faraday-Effekt beruht, ist in Bild 11.7 gezeigt. Die
Faraday-Drehung zufolge eines vormagnetisierten Ferrits ist in Abschnitt 7.9 und eine Vor-
richtung zur Drehung der Polarisationsrichtung mit Hilfe eines Ferritstabes in Abschnitt 7.11
beschrieben. Ein Ferritstab befindet sich in der Achse des mittleren Teils des Hohlleiters;
ein äußeres Magnetfeld ist so angelegt, daß die Polarisationsrichtung einer einfallenden
Wellen beim Fortschreiten durch diesen Hohlleiterabschnitt um 45° gedreht wird. Das
magnetische Feld kann mit Hilfe eines Permanentmagneten oder mit Hilfe einer Spule, die
außen um den Hohlleiter gewickelt ist, angelegt werden. Der Hohlleiterabschnitt mit dem
Ferrit ist ein *45°-Polarisationsdreher.*

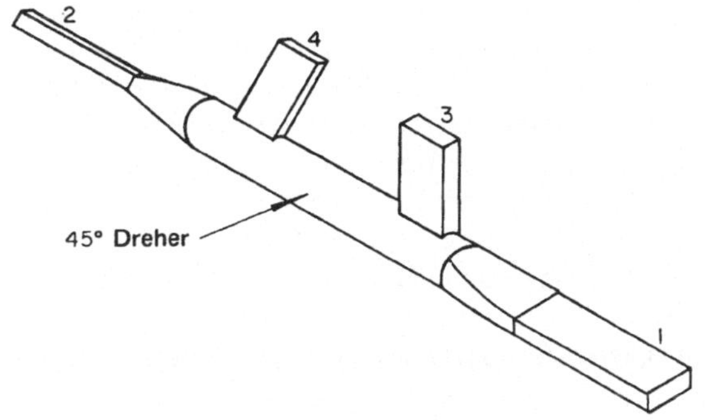

Bild 11.7
Zirkulator, der auf
dem Faraday-Effekt beruht

Die Seitenarme (Eingang 3 und 4) sind so angeordnet (siehe Bild 11.7), daß eine senkrecht zum Eingang 1 polarisierte Welle beim Eingang 3 und eine senkrecht zum Eingang 2 polarisierte Welle beim Eingang 4 austritt. Im Abschwächer mit drehbarer Widerstandsfolie wird ein Wellentypfilter verwendet, das die linear polarisierte Komponente der Welle, die nicht durch den Übergang vom runden zum rechteckigen Hohlleiter durchtreten kann, absorbiert. Im besprochenen Zirkulator wird im Hohlleiter ein Wellentypfilter verwendet, das die Normalkomponente der Welle in die Seitenarme umlenkt. Der Hohlleiterübergang macht aus einer H_{10}-Welle im Rechteckhohlleiter eine H_{11}-Welle im runden Hohlleiter. Die Funktionsweise dieses Zirkulators kann folgenderweise beschrieben werden: Eine Welle, die beim Eingang 1 eintritt, wird um 45° in ihrer Polarisationsrichtung gedreht und tritt beim Eingang 2 aus, wobei keine Leistung zu den Eingängen 3 und 4 gelangt; eine Welle, die beim Eingang 2 eintritt, wird um 45° gedreht, so daß ihre Polarisationsrichtung senkrecht zu der des Eingangs 1 steht und die Welle beim Eingang 3 austritt. Es sei dem Leser überlassen, diese Überlegungen so lange fortzusetzen, bis die gesamte Funktion des Zirkulators beschrieben wird.

In Bild 11.8 wird ein dreiarmiger Zirkulator gezeigt. Es wird eine spezielle Form eines Ferrits im Hohlleiter gezeigt, die zusammen mit einer Verkürzung der Höhe des Hohlleiters in der Mitte der Verzweigung wirkt. Es sei aber darauf hingewiesen, daß es noch viele andere Formen von Ferriten gibt, die für dreiarmige Zirkulatoren geeignet sind.

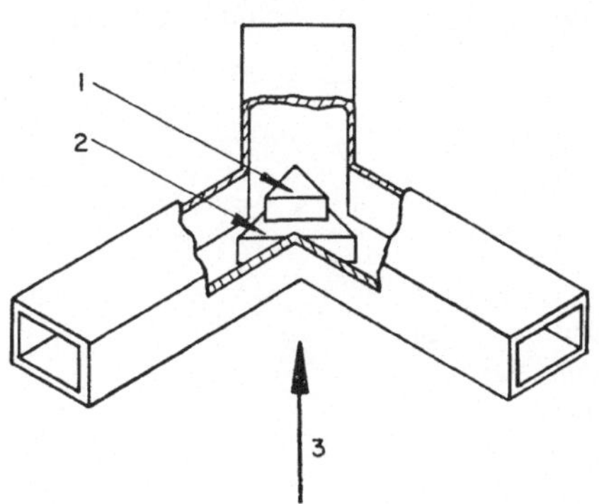

Bild 11.8

Dreiarmiger Zirkulator in Hohlleiterbauweise.
Der Hohlleiter ist teilweise entfernt, um die
dreieckige Gestalt des Ferrits zu zeigen, das
im Schnittpunkt der Hohlleiterarme liegt.
Der Magnet zur Vormagnetisierung ist
nicht gezeigt

1. Ferrit
2. Metall
3. Magnetfeld

Die Wirkungsweise dieses dreiarmigen Zirkulators kann an Hand des reziproken Ferritphasenschiebers, der in Abschnitt 7.11 beschrieben und in Bild 7.10b) gezeigt wird, erklärt werden. Es sei angenommen, daß die in Bild 7.10b) gezeigte Anordnung nicht durch Hohlleiterwände begrenzt ist. Wenn das Ferrit auf der linken Seite so wirkt, daß die Wellenlänge größer wird, und das Ferrit auf der rechten Seite die Wellenlänge reduziert, so dreht sich die Wellenfront nach rechts. In der Y-Verzweigung wird sich die Welle zu dem einen Arm der Verzweigung hin ausbreiten, nicht aber zum anderen Arm. Man findet, daß bei einem bestimmten Wert der Vormagnetisierung die gesamte Mikrowellenleistung zwischen zwei Armen des Zirkulators gekoppelt wird, während der dritte davon isoliert ist. In umgekehrter Richtung wird die Leistung zum anderen Arm gekoppelt, womit sich die Funktion eines Zirkulators ergibt.

11.7. Richtungsleitung

Wird ein reflexionsfreier Abschluß am dritten Eingang eines dreiarmigen Zirkulators angebracht, so wirkt die gesamte Anordnung als Richtungsleitung (Einwegleitung). Das heißt, die Leistung wird ohne Verluste in Vorwärtsrichtung übertragen, während sie in Rückwärtsrichtung absorbiert wird. Die Richtungsleitung ist sehr nützlich, weil sie zur Entkopplung von Teilen eines Hohlleitersystems verwendet werden kann. So wird z. B. eine Richtungsleitung verwendet um zu verhindern, daß die vom Ausgang eines Systems reflektierte Leistung wieder zum Generator gelangt.

Eine Richtungsleitung kann auch unter Ausnützung des Phänomens der Resonanzabsorption in Ferriten hergestellt werden. Wie in Abschnitt 7.11 beschrieben wurde, zeigt die Beobachtung der Feldverteilung einer H_{10}-Welle im Rechteckhohlleiter (Bild 4.3), daß das magnetische Feld in den Ebenen parallel zur Breitseite des Hohlleiters bei etwa einem Viertel der Breite des Hohlleiters zirkular polarisiert ist. Wenn nun ein Ferritplättchen an der Stelle der Zirkularpolarisation in den Hohlleiter eingebracht wird und dieses Plättchen normal zum Hohlleiter magnetisiert wird, wie es in Bild 7.9 dargestellt ist, dann tritt eine Wechselwirkung zwischen der Präzession der Elektronen im Ferrit und dem magnetischen Feld der H_{10}-Welle auf. Der Aufbau einer *Resonanz-Richtungsleitung* ist in Bild 11.9 dargestellt. Das Ferrit in Form dünner Plättchen liegt an den Hohlleiterwänden an, so daß die Wärme, die durch die Absorption der Mikrowellenleistung im Ferrit erzeugt wird, leicht abgeführt werden kann. Die für die Resonanz erforderlichen magnetischen Felder sind hoch,

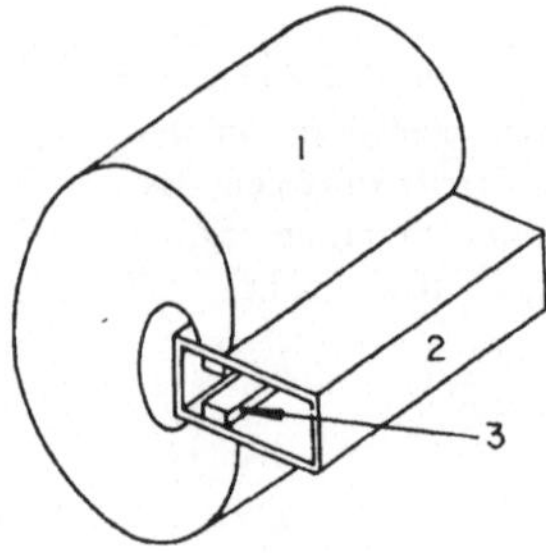

Bild 11.9

Resonanz-Richtungsleitung

1. Permanentmagnet
2. Hohlleiter
3. Ferrit

sie können aber bis zu Frequenzen von 15 GHz leicht mit Hilfe von Permanentmagneten aufgebracht werden. Die Resonanz-Richtungsleitung absorbiert in Vorwärtsrichtung nur wenig Leistung, weil die Umlaufrichtung des magnetischen Feldes entgegengesetzt zu der für die Kopplung mit der Präzession im Ferrit erforderlichen ist. Eine in der umgekehrten Richtung fortschreitende Welle weist jedoch ein magnetisches Feld auf, das in derselben Richtung rotiert wie die Präzession im Ferrit. Leistung wird aus der elektromagnetischen Welle in das Ferrit übertragen und die Welle wird absorbiert.

11.8. Ferritabschwächer

Wird der 45°-Polarisationsdreher des in Bild 11.7 gezeigten Zirkulators durch einen Bauteil ersetzt, der eine variable Drehung der Polarisationsebene erlaubt, so ist der Betrag der vom Eingang 1 zum Eingang 2 übertragenen Leistung vom Drehwinkel der Polarisationsebene abhängig, der durch das angelegte magnetische Gleichfeld beeinflußt wird. Jede linear polarisierte Welle kann in zwei aufeinander normal stehende Komponenten zerlegt werden, so daß die Leistung, die nicht in den Eingang 2 übertragen wird, beim Eingang 4 austritt. Eine solche Anordnung kann als variabler Abschwächer oder als Schalter verwendet werden. Der Abschwächer wird üblicherweise so aufgebaut, daß die Eingänge 1 und 2 miteinander fluchten, so daß auch keine Dämpfung auftritt, wenn die Polarisationsebene nicht gedreht wird. Die Eingänge 3 und 4 werden reflexionsfrei abgeschlossen, so daß die unerwünschte Leistung absorbiert wird. Die Leistung kann auch in Wellentypfiltern absorbiert werden, wodurch eine Anordnung entsteht, die dem Abschwächer mit drehbarer Widerstandsfolie (Bild 11.2) ähnlich ist, wobei das drehbare Fähnchen durch einen Faraday-Dreher ersetzt ist.

11.9. Abschwächer mit pin-Dioden

Die Impedanz einer p-i-n-Halbleiterdiode hängt für Frequenzen größer als 0,1 GHz von der Vorspannung ab. Die pin-Diode, wie sie genannt wird, ist eine Silizium-Flächendiode, in der das p- und das n-Material durch eine intrinsische (i) Halbleiterschicht voneinander getrennt sind. Für Frequenzen unter 100 MHz verhält sich die pin-Diode wie eine einfache Flächendiode als Gleichrichter. Bei höheren Frequenzen jedoch findet zufolge der in der intrinsischen Schicht gespeicherte Ladung keine Gleichrichtung mehr statt und die Diode wirkt als ein Widerstand, der in beiden Richtungen leitet. Ihr effektiver Widerstand ist verkehrt proportional zur Ladung in der Schicht. Wird die Vorspannung in Vorwärtsrichtung erhöht, so steigt die gespeicherte Ladung an und der effektive Widerstand der Diode nimmt ab. Bei Vorspannung in Sperrichtung wird die gespeicherte Ladung abgebaut und der effektive Widerstand erreicht einen Maximalwert. Die pin-Diode wird im Hohlleiter so angebracht (Bild 11.10), daß sie eine Parallelschaltung für die elektromagnetische Welle darstellt. Wenn die Diode in Vorwärtsrichtung vorgespannt ist, dann ist der Diodenwiderstand klein und der größte Teil der Mikrowellenenergie wird in der Diode absorbiert oder auf die Leitung reflektiert. Bei Vorspannung der Diode in Sperrichtung jedoch ist der Diodenwiderstand hoch und die elektromagnetische Welle kann ohne Verluste übertragen werden. Die Anordnung kann als Schalter oder als variabler Abschwächer, der durch die Vorspannung der Diode verändert wird, verwendet werden.

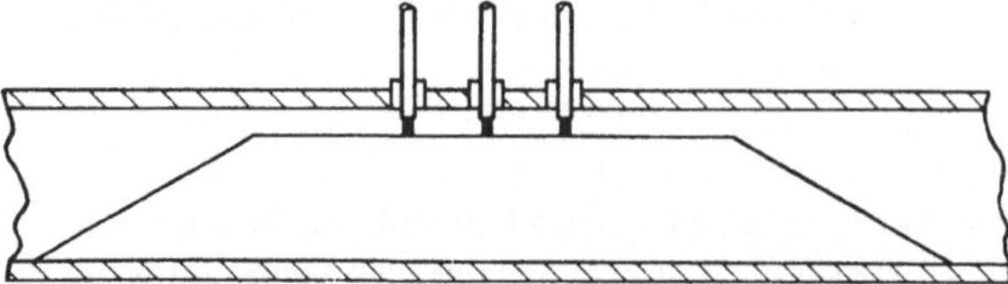

Bild 11.10. Anordnung von drei pin-Dioden in einem kurzen Stück Hohlleiter mit Längssteg mit allmählichem Übergang zum normalen Rechteckhohlleiter

11.10. Zusammenfassung

11.1. Die Mikrowellenleistung in einem Hohlleitersystem wird mit Hilfe eines variablen Abschwächers geregelt. Der **Fähnchenabschwächer** absorbiert einen Teil der Leistung in einem Fähnchen aus leitendem Material, das parallel zum elektrischen Feldvektor im Hohlleiter angebracht ist.

11.2. Der **Präzisionsabschwächer mit drehbarer Widerstandsfolie** zerlegt die Welle in zwei Komponenten, und zwar mit Hilfe eines absorbierenden Fähnchens, dessen Winkel in bezug auf die Ebene des elektrischen Feldes der einfallenden Welle verändert werden kann. Dieser Winkel bestimmt den Anteil der Welle, der absorbiert wird. Die Winkelabhängigkeit der Dämpfung lautet

$$\text{Dämpfung} = 40 \log(\sec\theta)\,\text{dB}. \tag{11.2}$$

11.3. Der **Phasenschieber** ist ein Bauteil, der die elektrische Länge des Hohlleiters verändert. Die Phasenänderung wird durch Verschiebung eines dielektrischen Plättchens quer zum Hohlleiter vom Ort minimalen elektrischen Feldes zum Ort maximalen elektrischen Feldes erreicht.

11.4. Ein **Diodengleichrichter** besteht aus einem Kristall, der das elektrische Mikrowellenfeld gleichrichtet. Der Kristall befindet sich in einem Hohlleitermeßkopf und liefert einen Ausgangsstrom, der ungefähr der Leistung im Hohlleiter proportional ist.

11.5. Das **Bolometer** ist ein temperaturabhängiges Widerstandselement, das die einfallende Mikrowellenleistung durch eine Temperaturänderung anzeigt. Das Bolometer absorbiert in einem entsprechenden Hohlleitermeßkopf die gesamte einfallende Mikrowellenleistung. Es gibt zwei verschiedene Arten von Bolometern: Die Thermistoren mit einem negativen Temperaturkoeffizienten des Widerstandes und die Barretter mit einem positiven Temperaturkoeffizienten. Die Widerstandsänderung wird in geeigneter Weise mit einer Wheatstone-Brücke gemessen.

11.6. Der **Zirkulator** ist ein nichtreziprokes Bauelement. Leistung, die beim Eingang 1 eintritt, tritt beim Eingang 2 aus, während keine Leistung zu den anderen Eingängen übergekoppelt wird. Die beim Eingang 2 eintretende Leistung tritt beim Eingang 3 aus, nichts aber bei den übrigen Eingängen. Ein Zirkulator, der die Faraday-Drehung ausnützt, und ein dreiarmiger Zirkulator werden in Abschnitt 11.6 beschrieben.

11.7. Die **Richtungsleitung** ist ein Bauelement, das die ungestörte Ausbreitung von Mikrowellenenergie in Vorwärtsrichtung zuläßt, aber die in Rückwärtsrichtung fließende Energie absorbiert. Richtungsleitungen kann man dadurch erzeugen, daß man einen reflexionsfreien Abschluß an einem der Arme eines dreiarmigen Zirkulators anbringt, oder dadurch, daß man das Phänomen der Resonanzabsorption in Ferriten ausnützt.

11.8. Einen elektronisch regelbaren variablen Abschwächer kann man unter Ausnützung der Faraday-Drehung in einem Ferrit herstellen. Ein Teil der einfallenden Welle wird absorbiert, wobei dieser Teil von dem Winkel abhängt, um den die Welle während des Durchgangs durch den Ferritstab gedreht wird.

11.9. Eine **pin-Diode** stellt für ein Mikrowellensignal eine variable Impedanz dar. Die Impedanz wird durch den Gleichstrom verändert, der durch die Diode fließt. Wird die Diode in einem Hohlleiter angebracht, so wirkt sie als variabler Abschwächer.

12. Messungen

12.1. Mikrowellenmessungen

Die Ingenieurwissenschaften beruhen im wesentlichen auf Experimenten; auch die in diesem Buch entwickelte Theorie kann durch das Experiment verifiziert werden. In diesem Kapitel werden keine speziellen Experimente oder Meßresultate angegeben; es enthält aber einen Abriß der notwendigen Meßtechnik, um gewisse Messungen an Hohlleiterbauteilen und -systemen durchführen zu können. Die Mikrowellentechnik dient zum Entwurf von Mikrowellenbauteilen, die einen Teil eines Mikrowellensystems, z.B. einer Radaranlage oder einer Richtfunkstrecke, darstellen. Eine Beschreibung dieser Systeme geht über den Rahmen dieses Buches hinaus; wohl aber werden Hohlleiteranordnungen, die man für die Mikrowellenmessungen braucht, in diesem Kapitel beschrieben. Diese Meßanordnungen geben einen Hinweis darauf, wie Hohlleiterbauteile miteinander verbunden werden müssen, damit sich eine sinnvolle Beeinflussung der elektromagnetischen Welle ergibt. Es werden hier nur die einfachsten Anordnungen beschrieben und der Leser kann erwarten, die meisten dieser Apparaturen in einem Laboratorium für Lehrzwecke vorzufinden. Es werden keine detaillierten Anweisungen zur Durchführung von Messungen gegeben, aber die Information ist ausreichend, den Leser in die Lage zu versetzen, jede ihm zur Verfügung stehende Meßanordnung ohne Hilfe zu bedienen.

In allen Zeichnungen dieses Kapitels werden übliche Schaltzeichen verwendet, die erklärt werden, wenn sie das erste Mal auftreten. Die Schaltzeichen sind außerdem noch in Anhang 3 angeführt. Die Abschnitte 12.2 bis 12.6 behandeln Messungen, die bei einer *festen Frequenz* durchgeführt werden, während die Abschnitte 12.7 bis 12.9 Messsungen beschreiben, bei denen die Meßgröße in *Abhängigkeit von der Frequenz* dargestellt wird.

12.2. Grundlegender Hohlleitermeßaufbau

Bevor wir eine spezielle Mikrowellenmessung diskutieren, wollen wir uns die grundlegende Hohlleiteranordnung überlegen, die man für die Messungen bei einer festen Frequenz braucht. Sämtliche Bauteile wurden in den Kapiteln 9 bis 11 beschrieben. In diesem Kapitel wird ihre Anwendung diskutiert. In Bild 12.1 wird der grundlegende Hohlleitermeßaufbau gezeigt.

Das Klystron wird von einem stabilisierten Netzgerät gespeist, das in der Abbildung nicht gezeigt ist. Der direkt anzeigende Durchgangswellenmesser könnte durch einen Absorptionswellenmesser ersetzt werden; es müßte aber dann zeitweise ein Gleichrichter-Meßkopf am Ende des Meßaufbaus angeschlossen werden, um den bei Abstimmung auf die Meßfrequenz auftretenden Leistungsabfall anzuzeigen. Als andere Möglichkeit kann auch ein Richtungskoppler mit einem an seinem Seitenarm angeschlossenen Absorptionswellenmesser, dem ein Gleichrichter-Meßkopf folgt, verwendet werden. Die Richtungsleitung verhindert, daß eine Fehlanpassung am Ende der Leitung die Frequenz oder die Leistungsabgabe des Oszillators beeinflußt. Die Dämpfung in Rückwärtsrichtung muß mindestens 12 dB betragen.

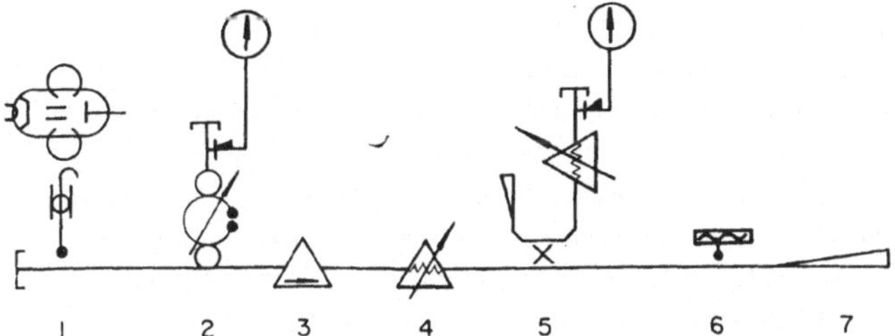

Bild 12.1. Grundlegender Hohlleiter-Meßaufbau für Impedanzmessungen
1. Klystron
2. Frequenzmessung und -überwachung mit direkt anzeigendem Wellenmesser
3. Richtungsleitung
4. Einstellung der Leistung mit variablem Abschwächer
5. System zur Überwachung des Leistungspegels, bestehend aus einem Richtkoppler, einem variablen Abschwächer und einem Detektor
6. Messung des Welligkeitsfaktors mit Hilfe der Meßleitung
7. Meßobjekt (hier: reflexionsfreier Abschluß)

Der variable Abschwächer wird zum Einstellen der Leistung in der übrigen Leitung verwendet. Ihm folgt eine Anordnung zur Überwachung des Leistungspegels, bestehend aus einem Richtkoppler, der einen kleinen Teil der Leistung aus der Hauptleitung auskoppelt, und einem variablen Abschwächer, an dem ein Detektor angeschlossen ist. Der Abschwächer gestattet eine Empfindlichkeitsänderung dieser Anordnung. Er kann auch weggelassen werden, ohne die Arbeitsweise der Schaltung wesentlich zu beeinflussen, weil eine Empfindlichkeitsregelung auch mit Hilfe des an den Detektor angeschlossenen Meßgerätes vorgenommen werden kann. Dieser gesamte erste Teil des Hohlleitermeßaufbaus wird für alle Messungen bei einer festen Frequenz verwendet.

12.3. Welligkeitsfaktor

Die grundlegende Messung für jede Anpassung der Impedanz im Hohlleiter ist die Messung des Reflexionskoeffizienten oder des Welligkeitsfaktors. Der Betrag des Reflexionskoffizienten und der Welligkeitsfaktor stehen nach den Gleichungen (1.36) und (1.37) in Beziehung. Die Meßleitung ist jener Bauteil, mit dem die Welligkeitsfaktormessungen durchgeführt werden und ist als nächster Teil des Meßaufbaus nach Bild 12.1 gezeigt. Das Ausgangssignal des Diodengleichrichters wird mit Hilfe eines Meßgerätes angezeigt und das Verhältnis von maximaler zu minimaler Anzeige ergibt den Welligkeitsfaktor. Ist die Kennlinie des Gleichrichterkristalls auf der Meßleitung quadratisch, was den Normalfall darstellt, dann ist der Welligkeitsfaktor die Quadratwurzel aus dem Verhältnis der angezeigten Werte. Eine Anzahl von Meßgeräten für den Welligkeitsfaktor berücksichtigt bereits die quadratische Kennlinie des Kristalls und ist direkt in Einheiten des Welligkeitsfaktors geeicht. Normalerweise ist es notwendig, die Empfindlichkeit des Anzeigegerätes so zu ändern, daß die Ablesung beim Maximum „eins" ergibt und beim Minimum der richtige Wert des Welligkeitsfaktors auf der Skala abgelesen werden kann.

Ist die Messung einer Impedanz erforderlich, die in einem Smith-Diagramm eingetragen werden soll, so muß auch der Ort des Minimums der stehenden Welle gemessen
werden. Die meisten Meßleitungen sind für die Messung der Position der Sonde mit einer
Skala und einem Zeiger versehen. Die Skala gibt den Abstand von der Außenfläche des
Ausgangsflansches bis zur Sonde an. Wenn das Gerät, dessen Impedanz untersucht werden
soll, direkt an die Meßleitung angeschlossen wird, so ergibt das Impedanzdiagramm die
effektive Impedanz am Eingang des unbekannten Geräts. Wenn die effektive Impedanz in
einer anderen Ebene gefragt ist, so kann man das bei der Berechnung der Ortskurven im
Impedanzdiagramm berücksichtigen.

12.4. Dämpfung

Die Messung der Dämpfung und die Eichung eines Abschwächers gegen einen anderen
bestehen im wesentlichen aus dem gleichen Vorgang. Eine grundlegende Methode zur Eichung von Präzisionsabschwächern besteht aus dem Vergleich der Dämpfung bei Mikrowellenfrequenzen mit der Dämpfung bei niedrigeren Frequenzen. Dafür ist ein komplizierter
Meßaufbau erforderlich, der von den meisten Mikrowellen-Ingenieuren sonst nicht benötigt
wird, so daß er hier nicht beschrieben wird. Das Verfahren zur Messung der Dämpfung bzw.
der Einfügungsverluste mittels Substitution wird hier beschrieben (Bild 12.2). Außer dem
bereits in Bild 12.1 gezeigten grundlegenden Meßaufbau braucht man einen variablen, geeichten Präzisionsabschwächer, das unbekannte Bauelement (also das Meßobjekt) und
einen Detektor, die alle durch Richtungsleitungen voneinander getrennt sind. Die Richtungsleitungen sind nicht immer notwendig. Die Richtungsleitung (5) ist nur dann notwendig,
wenn der Präzisionsabschwächer einen merkbaren Teil der Leistung reflektiert, was bei

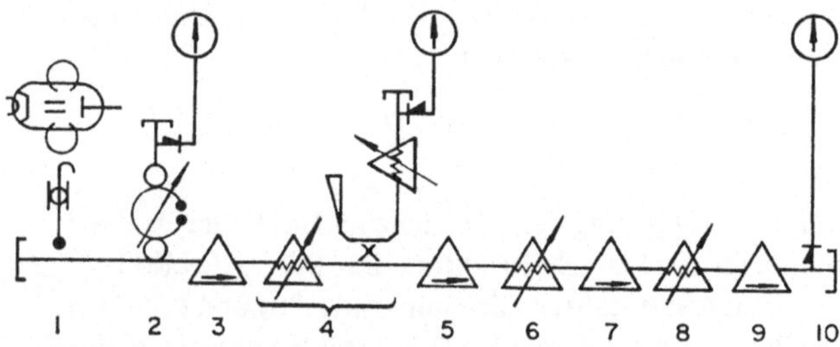

Bild 12.2. Hohlleitermeßaufbau zur Messung von Dämpfung und Einfügungsverlusten
1. Klystron
2. Frequenzmessung und -überwachung
3. Richtungsleitung
4. Einstellung und Überwachung des Leistungspegels
5. Richtungsleitung
6. variabler Präzisionsabschwächer
7. Richtungsleitung
8. Meßobjekt
9. Richtungsleitung
10. Detektor

den meisten Hohlleiterabschwächern unwahrscheinlich ist. Die Richtungsleitung (7) ist
dann notwendig, wenn das unbekannte Bauelement einen nicht zu vernachlässigenden Teil
der Leistung reflektiert. Sie ist dann überflüssig, wenn das Meßobjekt selbst ein Abschwächer
ist, der geeicht werden soll, oder wenn es ein anderes gebräuchliches Bauelement ist, das
einen gut angepaßten Abschluß darstellt. Wenn das Meßobjekt schlecht angepaßt ist, dann
ist die Richtungsleitung unerläßlich, weil jeder große Welligkeitsfaktor eine inhomogene
Feldverteilung im Präzisionsabschwächer hervorruft, die seine Eichung hinfällig werden
lassen könnte. Die Richtungsleitung (9) wird deswegen verwendet, weil ein Diodengleichrichter einen nicht sehr gut angepaßten Abschluß darstellt. Sie unterdrückt das Auftreten
einer stehenden Welle, die durch den Gleichrichter-Meßkopf hervorgerufen wird und die
die Bedingungen in einem unbekannten Abschwächer oder dem geeichten Abschwächer
verändern würde.

Die Meßmethode beruht darauf, daß das Ausgangssignal des Detektors auf einen bestimmten Wert eingestellt wird, wenn sich das unbekannte Meßobjekt in der Leitung befindet und der geeichte Abschwächer auf die Dämpfung Null eingestellt ist. Wird das Meßobjekt aus der Anordnung entfernt, so steigt die Anzeige, weil die Dämpfung der Anordnung abgenommen hat. Die Dämpfung des geeichten Abschwächers wird nun so verstellt,
daß das Ausgangssignal des Detektors auf den ursprünglichen Wert zurückgeht. Der am
geeichten Abschwächer abgelesene Wert der Dämpfung entspricht dann den Einfügungsverlusten des unbekannten Meßobjektes.

Handelt es sich bei dem unbekannten Bauelement um einen anderen variablen Abschwächer (Bild 12.2), der geeicht werden soll, so wird der unbekannte Abschwächer bei
der Messung nicht aus der Schaltung entfernt. Der eine Abschwächer wird auf seine maximale Dämpfung und der andere auf den Dämpfungswert Null eingestellt. Die Dämpfung
des einen Abschwächers wird verringert, während die des anderen vergrößert wird, so daß
die Ausgangsleistung konstant bleibt. Es ergibt sich daraus eine Eichung des unbekannten
Abschwächers in Abhängigkeit von den abgelesenen Werten des geeichten Präzisionsabschwächers.

Können die Eigenschaften des unbekannten Bauelementes von außen verändert
werden, so ist die Meßmethode die gleiche wie für die Eichung eines Abschwächers. Bei
Beeinflussung von außen wird sich die Dämpfung in dem unbekannten Bauelement verändern, und der variable Abschwächer muß so eingestellt werden, daß der am Ausgang
angezeigte Wert konstant bleibt. Wenn das unbekannte Meßobjekt einen nicht zu vernachlässigenden Anteil an reflektierter Leistung hervorruft, so setzt sich die Dämpfung oder
der Leistungsverlust sowohl aus der reflektierten Leistung als auch aus der absorbierten
Leistung zusammen. Es kann sich daher als notwendig erweisen, sowohl den Welligkeitsfaktor als auch die Dämpfung zu messen, um die beiden Ursachen für den Leistungsverlust zu trennen. Falls das erforderlich ist, wird eine Meßleitung in den Hohlleiteraufbau
zwischen die in Bild 12.2 mit 7 und 8 bezeichneten Bauteile eingefügt.

Da alle diese Dämpfungsmessungen so durchgeführt werden, daß die Ausgangsleistung
des Hohlleiteraufbaus immer denselben Ausschlag am Meßinstrument des Gleichrichters
ergibt, sind die Messungen von der Eichung des Diodengleichrichters unabhängig. Die

Messung kleiner Dämpfungen kann ohne Verwendung eines geeichten Abschwächers durchgeführt werden, indem die Änderung des angezeigten Diodenstroms des Detektors gemessen wird. Man nimmt dabei eine quadratische Beziehung zwischen dem Diodenstrom und dem elektrischen Mikrowellenfeld an, so daß der Diodenstrom der Ausgangsleistung proportional ist.

12.5. Leistung

Bei Gleichstrom und niedrigen Frequenzen ist es günstig, Ströme und Spannungen zu messen. Bei hohen Frequenzen wird die Messung dieser Größen schwierig und in Hohlleitern haben sie außerdem nur geringe Bedeutung. Bei Gleichstrom und niedrigen Frequenzen wird die Leistung üblicherweise aus dem Produkt von Strom und Spannung bestimmt, während es bei Mikrowellenfrequenzen einfacher ist, die Leistung direkt zu messen. Bei geringen Leistungen wird die Messung mit Hilfe eines Bolometer-Meßkopfes, bei hohen Leistungen mit Hilfe eines Wasserkalorimeters durchgeführt. Der Bolometer-Meßkopf wird an das Ende des Hohlleitersystems, in dem die Leistung gemessen werden soll, angeschlossen; z.B. würde er in der in Bild 12.1 gezeigten Anordnung anstelle des unbekannten Bauteils angeschlossen werden. Wenn der Bolometer-Meßkopf keinen gut angepaßten Abschluß darstellt, und Mikrowellenleistung also reflektiert statt im Leistungsmesser absorbiert wird, dann kann man vor dem Bolometer einen Anpassungstransformator anbringen, der so abgestimmt wird, daß sich auf der Meßleitung der Welligkeitsfaktor s = 1 ergibt. Man kann dann annehmen, daß die gesamte einfallende Leistung im Bolometerelement absorbiert wird. Das Bolometer wird in geeigneter Weise an eine Wheatstone-Brücke angeschlossen.

Die Meßmethode beruht darauf, daß die Brücke abgeglichen wird, wenn keine Leistung in das Bolometer einfällt. Der Abgleich wird durch Variation eines Gleichstroms, der das Bolometerelement durchfließt, auf Grund der entstehenden Erwärmung erreicht. Der Bolometer-Meßkopf ist an das Hohlleitersystem, in dem die Leistung gemessen werden soll, angeschlossen. Die Brücke wird dadurch aus dem Gleichgewicht gebracht. Bei direkt anzeigenden Brücken wird der Brückenstrom, der von einem Meßinstrument angezeigt wird, gleich in Einheiten der Leistung geeicht. Es ist aber auch möglich, den Gleichstrom durch das Bolometerelement so lange zu verringern, bis sich die Brücke wieder im Gleichgewicht befindet; die Mikrowellenleistung ist dann gleich der Änderung der Gleichstromleistung im Bolometerelement.

Zur Messung hoher Leistungen wird ein Wasserkalorimeter als angepaßter Abschluß an das Hohlleitersystem angeschlossen. Die Durchflußmenge des Wassers durch das Kalorimeter und sein Temperaturanstieg sind ein Maß für die im Kalorimeter absorbierte Mikrowellenleistung. Für geringe Leistungen ist das Wasserkalorimeter nicht genügend empfindlich.

12.6. Phase

Die Phasenmessung bei Mikrowellenfrequenzen ist identisch mit der Messung elektrischer Längen. Normalerweise interessiert man sich nur für Änderungen der Phase bzw. der elektrischen Länge und für den Unterschied zwischen der elektrischen Länge eines bestimmten Bauteils und einem gewöhnlichen Hohlleiter gleicher geometrischer Länge. Der

Phasenwinkel und die elektrische Länge stehen in direkter Beziehung. Eine Wellenlänge entspricht einer Phase von 2π oder 360°. Änderungen der elektrischen Länge können auf zwei verschiedene Arten gemessen werden, nämlich über die Änderung der Phase einer stehenden Welle durch den Bauteil oder unter Verwendung einer Mikrowellenbrücke, die die Messung sowohl der Dämpfung als auch der Phase zuläßt.

Bei der ersten Methode verwendet man den Grundaufbau nach Bild 12.1, wobei an das unbekannte Meßobjekt ein Kurzschluß angeschlossen wird. Der Ort eines Minimums der stehenden Welle wird festgestellt. Es wurde bereits in Abschnitt 3.11 bei der Untersuchung der Mikrowellenresonatoren darauf hingewiesen, daß die Minima der stehenden Welle im Abstand von ganzzahligen Vielfachen halber Wellenlängen vom Kurzschluß, der die Leitung abschließt, auftreten. Die Spannungsverteilung ist in Bild 3.7 gezeigt. Da uns die Feststellung eines Minimums die Bestimmung der elektrischen Länge der Hohlleitung zwischen dem Ort des Minimums und dem Kurzschluß ermöglicht, kann eine Änderung der elektrischen Lange gemessen werden. Die Phasenmessung wird häufig mit Hilfe einer Substitutionsmethode durchgeführt, bei der die elektrische Länge des Meßobjekts mit der elektrischen Länge eines normalen Hohlleiterstückes gleicher geometrischer Länge verglichen wird.

Eine allgemeinere Untersuchung der Eigenschaften eines Bauteils kann mit Hilfe einer phasenempfindlichen Brücke durchgeführt werden. Die Brücke kann entweder mit Hilfe eines geeichten Phasenschiebers oder durch Verwendung einer geschlitzten Leitung, die für die Einspeisung eines Signals in das Hohlleitersystem zur Erreichung einer variablen Phase dient, abgeglichen werden. Eine phasenempfindliche Hohlleiterbrücke mit einer geschlitzten Leitung ist in Bild 12.3 dargestellt. Eine geschlitzte Leitung mit einer Sonde kann

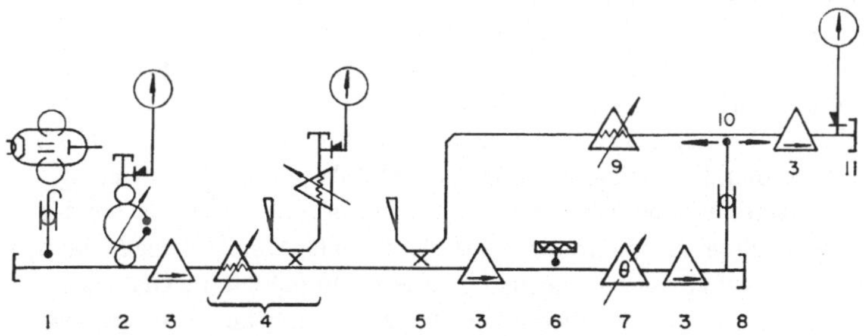

Bild 12.3. Hohlleiter-Phasenmeßbrücke

1. Klystron
2. Frequenzmessung und -überwachung
3. Richtungsleitung
4. Einstellung und Überwachung des Leistungspegels
5. Richtkoppler
6. Meßleitung
7. Meßobjekt (variabler Phasenschieber)
8. Übergang von Hohlleiter zu Koaxialleitung
9. Abschwächer mit drehbarer Widerstandsfolie
10. Verschiebbare Sonde
11. Diodengleichrichter als Brückeninstrument

leicht aus einer Meßleitung hergestellt werden, indem man die Diode entfernt und durch einen Koaxialleitungsausgang ersetzt. In der Brücke sind die beiden Signale, die sich in der geschlitzten Leitung addieren, nämlich das ursprüngliche Signal im Hohlleiter und das Signal, das mit Hilfe der Sonde in die geschlitzte Leitung eingebracht wird, in Gegenphase, so daß kein Signal am Brückenausgang auftritt. Die beiden Signale müssen die richtige Phasenbeziehung aufweisen, die durch Änderung der Position der Schlitzleitungssonde entlang dem Hohlleiter eingestellt wird. Damit die Brücke abgeglichen ist, müssen die Signale auch gleich Amplitude besitzen. Zur Dämpfungsänderung in einem Arm der Brücke wird ein Abschwächer mit drehbarer Widerstandsfolie verwendet, weil dieser Abschwächer keine Änderung der Phase bei Änderung der Dämpfung hervorruft. Die Phasenänderung kann direkt als der Abstand, der sich aus der Verschiebung der Sonde in der geschlitzten Leitung ergibt, gemessen werden. Durch Angabe dieses Abstandes in Bruchteilen einer Wellenlänge kann er in Phasenänderungen umgerechnet werden.

12.7. Wobbelmeßtechnik

Mechanisch abstimmbare Klystrons können von Hand aus über einen gewissen Frequenzbereich verstimmt werden. Es gibt auch Klystrons mit externen Abstimmresonatoren, deren Schwingfrequenz über eine Oktave oder mehr verändert werden kann. Wenn ein solcher Oszillator an ein Hohlleitermeßsystem angeschlossen wird, das eine direkte Ablesung der Meßgröße erlaubt, so können Messungen über ein ganzes Frequenzband rasch und einfach durchgeführt werden und nur bei der ungünstigsten Betriebsfrequenz ist eine genaue Messung notwendig. Die in diesem Kapitel bisher beschriebenen Messungen können nur bei konstanter Frequenz durchgeführt werden. Steht nur eine dafür geeignete Meßapparatur zur Verfügung und ist trotzdem die Kenntnis der Betriebseigenschaften eines Bauteils in einem ganzen Frequenzbereich erwünscht, dann müssen die Messungen bei einer Anzahl diskreter Frequenzen innerhalb des Bereichs durchgeführt werden. Auf das Verhalten des Bauteils bei dazwischenliegenden Frequenzen muß aus diesen Messungen durch Interpolation geschlossen werden. Manchmal verhalten sich Hohlleiterbauteile ungünstig. Es sind dann Wobbelmessungen notwendig, um die allgemeinen Betriebseigenschaften des Bauteils zu erfassen; die Wobbelmessungen können unter Umständen durch einige Messungen bei konstanter Frequenz ergänzt werden. Normalerweise reicht jedoch die Genauigkeit der Wobbelverfahren aus, so daß keine zusätzlichen Messungen bei konstanten Frequenzen vorgenommen werden müssen.

Obwohl das mechanisch abstimmbare Klystron zu Wobbelmeßzwecken verwendet werden kann, ist die Wobbelgeschwindigkeit für eine Anzeige auf einem Oszillographenschirm zu niedrig. Der elektronisch abstimmbare Wanderfeldröhren-Oszillator ist für Wobbelmessungen ein geeigneterer Generator als das Klystron. Bei der Wanderfeldröhre gibt es keine Einschränkung in bezug auf die Wobbelgeschwindigkeit, da die Abstimmung ausschließlich elektronisch erfolgt. Das Klystron hat einen weiteren Nachteil: es können sich Schwierigkeiten durch die Anregung eines weiteren Schwingbereichs ergeben. Die meisten Hohlleitermessungen beruhen auf dem Vergleich der Leistungspegel an Aus- und Eingang eines Bauelements. Die Wanderfeldröhre ist zwar einfach elektronisch durchzustimmen, es ändert sich jedoch unter diesen Umständen die abgegebene Leistung mit der

Frequenz, so daß es für Wobbelverfahren notwendig ist, entweder die abgegebene Leistung unter Verwendung von Bauteilen mit bekannten Eigenschaften zu eichen oder die Ausgangsamplitude des Oszillators konstant zu halten.

12.8. Amplitudenregelung

Bei den meisten Wobbelmeßgeräten wird die Ausgangsleistung der Wanderfeldröhre mit Hilfe eines pin-Diodenabschwächers konstant gehalten. Eine typische Anordnung ist in Bild 12.4 dargestellt. Bei vielen Wobbelsendern ist das gesamte in Bild 12.4 gezeigte System im Generator enthalten, so daß am Ausgang des Senders eine konstante Leistung verfügbar ist. Wenn der Ausgang des Signalgenerators, wie es bei vielen käuflich erhältlichen Geräten der Fall ist, eine koaxiale Buchse ist, dann ist es günstiger, wenn der Richtkoppler und der Diodengleichrichter Hohlleiterbauteile sind, deren Dimensionen mit den Dimensionen der für die Messung verwendeten Hohlleiter übereinstimmen. Der Übergang von der Koaxialleitung zum Hohlleiter befindet sich dann zwischen dem pin-Diodenabschwächer und dem Richtkoppler, die mit (2) bzw. mit (3) in Bild 12.4 bezeichnet sind. Der Wirkungsgrad des Amplitudenregelungssystems ist von den Eigenschaften des Richtkopplers und des Gleichrichters abhängig. Es gibt Vielschlitzkoppler mit guten Eigenschaften über die gesamte ausnutzbare Bandbreite des Hohlleiters ebenso wie speziell für diesen Zweck entwickelte Diodengleichrichter, die ebenfalls im gesamten Hohlleiterband geeignet sind.

In Bild 12.5 ist eine Anordnung zur Dämpfungsmessung mittels eines Wobbelverfahrens dargestellt, bei der Amplitudenregelung des Oszillators und Anzeige auf einem Oszillographen Verwendung finden. Unter der Bedingung, daß die beiden Richtkoppler der Anordnung gleich sind und die beiden Detektoren gleiche Mikrowelleneigenschaften aufweisen, werden alle Fehler der Amplitudenregelung am Ausgang reproduziert, so daß sich diese Fehler gegenseitig aufheben. Wenn die Gleichrichterdiode eine quadratische Kennlinie besitzt, dann kann die Dämpfung direkt am Oszillographenschirm abgelesen

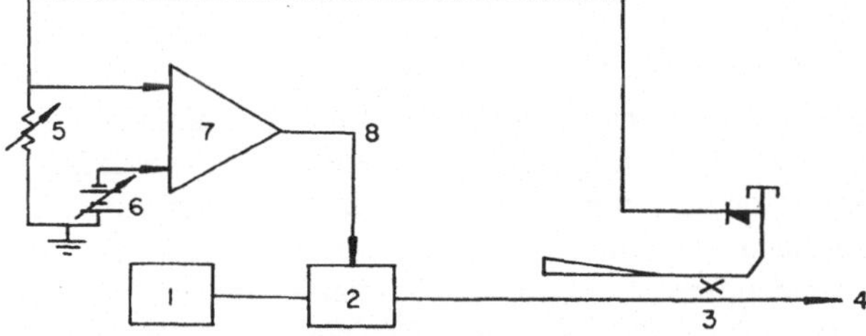

Bild 12.4. Grundschaltung zur Amplitudenregelung eines Wobbelsenders
1. Oszillator
2. pin-Diodenabschwächer
3. Richtkoppler und Detektor
4. Konstante HF-Leistung
5. Automatische Regelung des Gewinns
6. Referenzspannung
7. Regelverstärker
8. Gleichstrom-Regelsignal

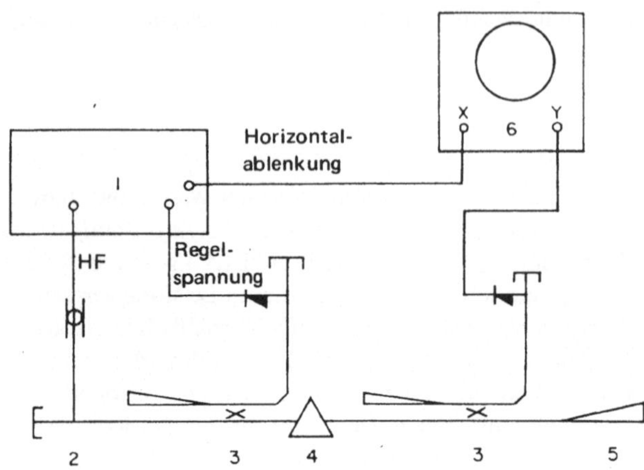

Bild 12.5. Hohlleitersystem für Wobbelmessung der Dämpfung
1. Wobbelsender
2. Übergang von Hohlleiter zu Koaxialleitung
3. Richtkoppler und Detektor
4. Meßobjekt
5. Reflexionsfreier Abschluß
6. Kathodenstrahloszillograph

werden. Man kann den Oszillographen auch durch einen X-Y-Schreiber ersetzen und die
Anordnung dadurch kalibrieren, daß man zuerst eine Anzahl von Bauteilen mit bekannter
Dämpfung mißt.

12.9. Reflexionskoeffizient

Es wäre ideal, wenn man die Impedanz eines Hohlleiterbauteils mit Hilfe eines Wobbelverfahrens messen und auf einem Oszillographenschirm mit einem Smith-Diagramm als
Raster zur Anzeige bringen könnte. Es gibt Meßanordnungen, mit denen man so etwas be-
werkstelligen kann, doch sind sie meist kompliziert und nicht sehr genau oder zumindest
schmalbandig. Eine einfachere Anordnung, in der dieselben Geräte wie zur Dämpfungsmessung nach Bild 12.5 verwendet werden, erlaubt die Anzeige des Reflexionskoeffizienten
in Abhängigkeit von der Frequenz. Diese Anordnung ist in Bild 12.6 dargestellt. Der erste
Richtkoppler wird zur Amplitudenregelung im Hohlleitersystem, der zweite zur Messung
der vom Meßobjekt reflektierten Leistung verwendet. Eine solche Anordnung wird nur
dann richtig funktionieren, wenn die Richtkoppler eine hohe Richtdämpfung besitzen.
Vielschlitzkoppler können so ausgelegt werden, daß ihre Richtdämpfung größer als 40 dB
ist. Das bedeutet, daß ihr Beitrag zu den Fehlern des gesamten Systems zufolge ihrer endlichen Richtdämpfung im Vergleich zur Genauigkeit des Anzeigegerätes vernachlässigbar
klein ist. Der Fehler zufolge einer Richtdämpfung von 40 dB bei einem 10-dB Koppler ist
einem Welligkeitsfaktor von 1,005 äquivalent. Ist der Frequenzgang der Koppeldämpfung

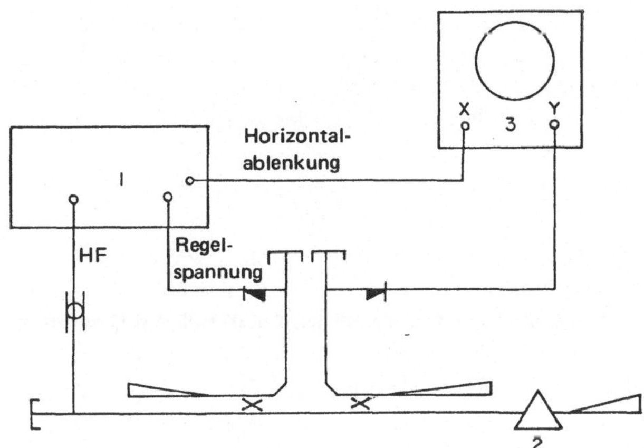

Bild 12.6. Hohlleiter-Reflektometer mit oszillographischer Anzeige

1. Wobbelsender
2. Meßobjekt
3. Kathodenstrahloszillograph

der beiden Koppler gleich, dann heben sich ihre Fehler gegenseitig auf, ebenso wie sich die Fehler der Gleichrichterdioden aufheben. Weist die Gleichrichterdiode eine quadratische Kennlinie auf, so kann die Anzeige unter Berücksichtigung des quadratischen Gesetzes in Werten des Reflexionskoeffizienten geeicht werden.

12.10. Zusammenfassung

12.3. Die Meßleitung wird zur Messung des **Welligkeitsfaktors** verwendet. Das Ausgangssignal des Detektors in Abhängigkeit vom Ort ist ein Maß für die Feldverteilung im Hohlleiter. Es kann die Hohlleiterwellenlänge gemessen werden, weil der Abstand zweier benachbarter Minima der stehenden Welle der halben Wellenlänge der fortschreitenden Welle entspricht. Ist die Meßleitung mit einer Diode mit quadratischer Kennlinie ausgestattet, dann ist der Welligkeitsfaktor gleich der Quadratwurzel aus dem Verhältnis von maximalem zu minimalem Ausgangssignal.

12.4. Die **Dämpfung** wird mit Hilfe einer Substitionsmethode gemessen. Die am Ende des Hohlleitermeßaufbaus empfangene Leistung wird konstant gehalten und ein geeichter Abschwächer so eingestellt, daß die Änderung der Dämpfung, die durch Entfernen des Meßobjektes entsteht, kompensiert wird.

12.5. Die **Leistung** wird mit Hilfe eines Bolometers gemessen, das an eine geeignete Wheatstone-Brücke, geeicht in Einheiten der Mikrowellenleistung, angeschlossen wird.

12.6. Die **Phase** wird mit Hilfe einer phasenempfindlichen Brücke gemessen. Der Brückenabgleich kann erzielt werden entweder mit Hilfe eines geeichten Phasenschiebers in einem Arm der Brücke oder durch physikalische Änderung der Länge eines Brückenarms, wobei man ein Signal über eine Sonde, die in einem Meßleitungsschlitten untergebracht ist, in den Hohlleiter einspeist. Eine andere einfache Phasenmessung wird so durchgeführt, daß man eine Meßleitung zur Bestimmung des Abstandes zwischen einem Minimum der stehenden Welle und einem Kurzschluß verwendet, der sich auf der gegenüberliegenden Seite des Meßobjektes befindet.

12.7. Ein elektronisch abstimmbarer Oszillator kann als Wobbelsender für Wobbelmeßverfahren verwendet werden.

12.8. Die **Ausgangsleistung des Oszillators** wird über das gesamte gewobbelte Frequenzband **konstant** gehalten. Die **Dämpfung** kann gemessen werden, indem das Ausgangssignal des Hohlleiteraufbaus so an einen Oszillographen gelegt wird, daß sich ein Diagramm des Leistungspegels in Abhängigkeit von der Frequenz ergibt.

12.9. Der **Reflexionskoeffizient** wird mit Hilfe eines Richtkopplers mit hoher Richtdämpfung gemessen, der einen Teil der reflektierten Welle auskoppelt. Die reflektierte Leistung wird auf einem Oszillographenschirm in Abhängigkeit von der Frequenz angezeigt.

Literatur

Es wird hier eine Liste von Büchern angegeben, die es dem Leser ermöglicht, seine Kenntnisse über spezielle Themen zu erweitern.

Mikrowellen im allgemeinen, besonders aber Kapitel 1 bis 6:

Collin, R. E. *Foundations for Microwave Engineering.* McGraw-Hill, 1966.
Ghose, R. N. *Microwave Circuit Theory and Analysis.* McGraw-Hill, 1963.
Ramo, S., Whinnery, J. R. and Van Duzer, T. *Fields and Waves in Communication Electronics.* Wiley, 1965.

Mathematik − Vektorrechnung:

Jedes mathematische Lehrbuch, das diesen Gegenstand enthält. Ein spezielles Lehrbuch ist:

Spiegel, M. R. *Vector Analysis.* Schaum, 1959.

Mathematik − Zylinderfunktionen:

Es gibt eine Anzahl von Lehrbüchern über Zylinderfunktionen. Das hier angegebene Buch ist kein Lehrbuch, sondern es enthält die tabellierten Werte vieler Funktionen und gibt ihre Eigenschaften an:

Abramovitz, M. and Stegun, I. A. *Handbook of Mathematical Functions.* Dover, 1965.

Elektromagnetische Wellen (Kapitel 2):

Hayt, W. H. *Engineering Electromagnetics,* 2nd ed. McGraw-Hill, 1967.
Hammond, P. *Electromagnetism for Engineers.* Pergamon, 1964.
Seely, S. *Introduction to Electromagnetic Fields.* McGraw-Hill, 1958.
Stratton, J. A. *Electromagnetic Theory.* McGraw-Hill, 1941.

Wellenausbreitung in Hohlleitern (Kapitel 3 bis 6):

Marcuvitz, M. *Waveguide Handbook.* McGraw-Hill, 1951 (Dover reprint 1965).
Stratton, J. A. *Electromagnetic Theory.* McGraw-Hill, 1941.

Ferrite (Kapitel 7):

Nergaard, L. S. and Glicksman, M. *Microwave Solid-State Engineering.* Van Nostrand, 1964.
Thourel, L. *The Use of Ferrits at Microwave Frequencies.* Pergamon, 1964.
Clarricoats, P. J. B. *Microwave Ferrites.* Chapman & Hall, 1961.

Plasma, Oszillatoren und Verstärker (Kapitel 8 und 9):

Beck, A. H. W. *Space Charge Waves.* Pergamon, 1958.
Heald, M. A. and Wharton, C. B. *Plasma Diagnostics with Microwaves.* Wiley, 1965.
Chodorow, M. and Susskind, C. *Fundamentals of Microwave Electronics.* McGraw-Hill, 1964.
Nergaard, L. S. and Glicksman, M. *Microwave Solid-State Engineering.* Van Nostrand, 1964.

Bauteile, Geräte und Messungen (Kapitel 10 bis 12):

Barlow, H. M. and Cullen, A. L. *Micro-wave Measurements.* Constable, 1950.
Harvey, A. F. *Microwave Engineering.* Academic Press, 1963.

Lösungen einiger ausgewählter Aufgaben

(Lösungen der Aufgaben 1.8; 2.8; 2.10; 3.9; 4.7; 4.8; 5.5; 5.10; 6.6; 6.7; 7.6; 8.7.)

Aufgabe 1.8. Da der Realteil der Impedanz 50 Ohm ist, muß die Impedanz im Smith-Diagramm (siehe Bild 1.5) auf dem Kreis $Z = 1 + jX$ liegen. Der Schnitt dieses Kreises mit den Kreisen, die den gemessenen Welligkeitsfaktoren entsprechen, ergeben die Reaktanzen bei der jeweiligen Meßfrequenz; daraus kann der Wert der Induktivität ermittelt werden. Die berechneten Werte sind in der Tabelle auf dieser Seite angegeben. Die Beziehung zwischen m, s und der normierten Reaktanz X wird graphisch aus dem Smith-Diagramm, das in Bild 13.1 dargestellt ist, ermittelt. Die übrigen verwendeten Beziehungen sind:

$$\text{Reflektierte Leistung} = -20\,\log_{10}\rho\;\text{dB}$$

$$s = \frac{\rho + 1}{\rho - 1}$$

$$\omega L = Z_0 X$$

f in GHz	reflektierte Leistung dB	ρ	s	X	L in nH
0,60	9,5	0,336	2,0	0,70	9,28
1,00	6,0	0,502	3,0	1,15	8,90
1,30	4,4	0,602	4,0	1,50	9,18
1,55	3,5	0,667	5,0	1,80	9,23
1,90	2,5	0,752	7,0	2,2	9,21
2,30	1,9	0,800	9,0	2,6	9,00
				Mittelwert	9,1

Aufgabe 2.8. Betrachten wir die Reflexion einer senkrecht einfallenden ebenen Welle. In der Leiterebene ist die elektrische Feldstärke gleich Null. Es muß daher eine andere Welle erzeugt werden, deren elektrisches Feld in der Leiterebene gleich groß, aber entgegengesetzt zu dem der einfallenden Welle ist. Das magnetische Feld wird jedoch vom Leiter nicht beeinflußt; folglich wird eine neue Welle erzeugt, deren magnetisches Feld gleich dem der einfallenden Welle ist, während ihr elektrisches Feld entgegengesetzt zu dem der einfallenden Welle gerichtet ist. Der Leser kann die Beziehungen zwischen den Feldvektoren aufzeichnen, um zu zeigen, daß die neue Welle von gleicher Größe ist, sich aber in entgegengesetzter Richtung ausbreitet. Sind die Feldkomponenten der Welle E_x und H_y, wobei

$$E_x = \eta H_y \tag{2.28}$$

ist und z die Ausbreitungsrichtung darstellt, dann sind die Feldkomponenten der reflektierten Welle $-E_x$ und H_y und die negative z-Richtung ist die Ausbreitungsrichtung. Da die Wellen von gleicher Größe sind, ist der Welligkeitsfaktor unendlich und der Abstand des ersten Minimums der stehenden Welle von der Leiterebene beträgt eine halbe Wellenlänge.

Aufgabe 2.10. Siehe die Lösung der Aufgabe 2.8. Eine unter schrägem Winkel auf eine leitende Ebene einfallende ebene Welle kann in zwei ebene Teilwellen parallel und senkrecht zur Leiterebene zerlegt werden. Die senkrecht einfallende Welle wird ohne Verluste reflektiert werden und die sich parallel ausbreitende Welle wird ohne Verluste fortschreiten. Infolgedessen ist der Winkel zwischen Leiterebene und resultierender reflektierter Welle der gleiche wie der zwischen Leiterebene und einfallende Welle.

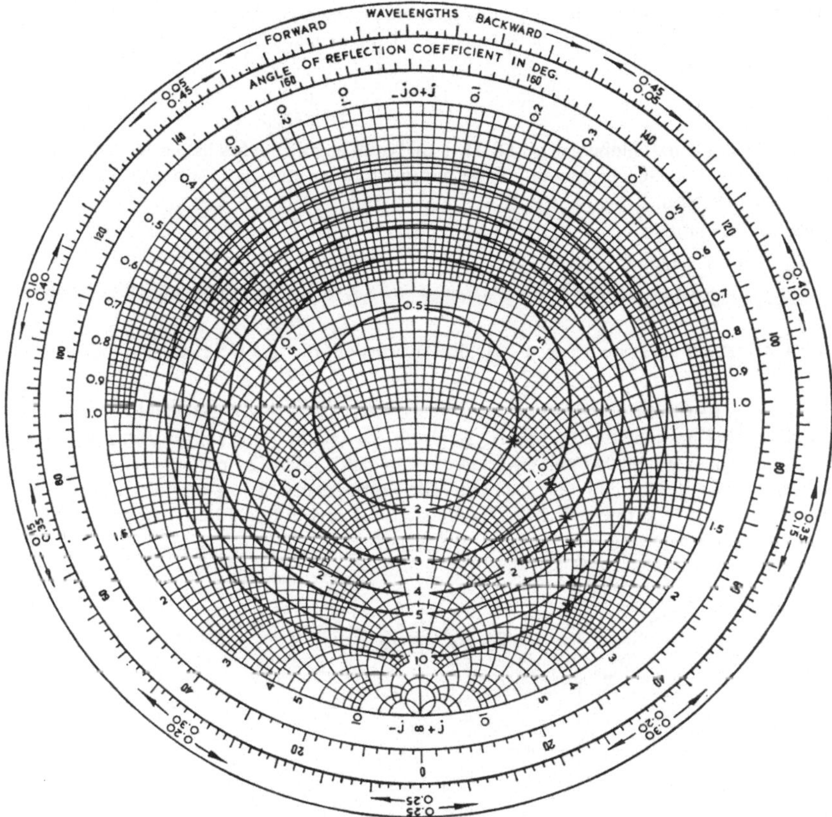

Bild 13.1. Erläuterung zur Lösung der Aufgabe 1.8. Es werden die Ortskurven konstanten Welligkeitsfaktors im Impedanzdiagramm gezeigt

Aufgabe 3.9. Wenn $\alpha = 0$ ist, wird aus Gl. (1.17)

$$U = A \exp j(\omega t - \beta z) + B \exp j(\omega t + \beta z) . \tag{13.1}$$

Für den Kurzschluß ist $U = 0$ bei $z = z_1$, also

$$A \exp j(\omega t - \beta z_1) + B \exp j(\omega t + \beta z_1) = 0 ; \tag{13.2}$$

dann gilt

$$\frac{A}{B} = -\frac{\exp j(\omega t + \beta z_1)}{\exp j(\omega t - \beta z_1)} = -\exp j(2\beta z_1) . \tag{13.3}$$

Damit Gl. (13.3) erfüllt ist, muß $\exp(j2\beta z_1) = 1$ und $A = -B$ sein. Das ist dann der Fall, wenn $2\beta z_1 = 2n\pi$ ist, wobei n gleich Null oder eine ganze Zahl sein muß. Da der Ursprung der z-Koordinate beliebig sein kann, wählt man ihn so, daß er in einer der beiden Kurzschlußebenen zu liegen kommt und z_1 ist dann der Abstand zwischen den Kurzschlußebenen. Infolgedessen kann man aus Gl. (1.19) einsetzen und es ergibt sich

$$z_1 = \frac{n\pi}{\beta} = \frac{1}{2}n\lambda \,. \tag{13.4}$$

Der Abstand zwischen den Kurzschlußebenen ist 0,15 m und muß ein Vielfaches halber Wellenlängen betragen. $n = 0$ entspricht dem Gleichstromfall. (Die Anordnung ist ein Resonator mit einer Anzahl diskreter Resonanzfrequenzen.)

Die Frequenzen sind durch

$$f = \frac{c}{\lambda} = \frac{nc}{2z_1} = \frac{n \times 3 \times 10^8}{2 \times 15} = n \times 10^9 \text{Hz}$$

gegeben.

Daher lautet die Antwort auf die erste Frage: 1 GHz, die Antwort auf die zweite Frage: ja – ganzzahlige Vielfache von 1 GHz.

Aufgabe 4.7.a) Die Feldkomponenten der H_{10}-Welle sind in Gl. (4.37) angegeben.

Die Verteilung der Komponenten E_y und H_x ist gleich. Sie sind in bezug auf die Zeit zueinander in Gegenphase und bezüglich H_z um 90° phasenverschoben, so daß H_x der Komponente H_z um 90° voreilt, während E_y der Komponente um 90° nacheilt. Jede Komponente ist von der y-Richtung unabhängig, so daß die Verteilung in x- und z-Richtung interessiert. Sie sind in Bild 13.2 für einen beliebigen konstanten Zeitpunkt eingezeichnet.

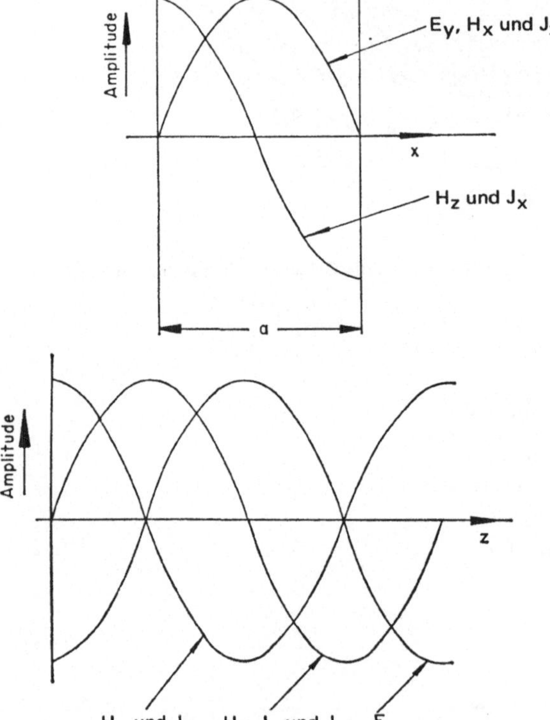

Bild 13.2.

Amplituden der Feldkomponenten der H_{10}-Welle im Rechteckhohlleiter

b) In Abschnitt 4.10 wird angeführt, daß in der breiten Wand des Hohlleiters der Wandstrom J_x proportional zu H_z und J_z proportional zu H_x ist, während in der schmalen Wand des Hohlleiters J_y proportional zu H_x und $J_z = 0$ ist.

Infolgedessen sind die Wandstromkomponenten den magnetischen Feldern proportional.

In der schmalen Wand des Hohlleiters fließen Wandströme nur normal zur Richtung der Ausbreitung, wobei sich ihre Amplitude sinusförmig in Ausbreitungsrichtung ändert.

In der breiten Wand sind die Ströme proportional zu den magnetischen Feldern, deren Verteilung in der Wandebene in Bild 13.2 dargestellt ist.

Aufgabe 4.8. Der in Bild 4.5 a) gezeigte Schlitz schneidet die Wandstromkomponente J_z der Grundwelle; daher strahlt der Schlitz.

Der in Bild 4.5 c) gezeigte Schlitz schneidet ebenfalls die Stromkomponente J_x, liegt jedoch in der Mittellinie des Hohlleiters, wo $J_x = 0$ ist, so daß dieser Schlitz nicht strahlt.

der Mittellinie des Hohlleiters, wo $J_x = 0$ ist, so daß dieser Schlitz nicht strahlt.

Beide in den Bildern 4.5 d) und e) gezeigten Schlitze schneiden die Wandstromkomponente J_y und strahlen daher.

Der in Bild 4.5 f) gezeigte Schlitz liegt parallel zu den Wandströmen in der Schmalseite des Hohlleiters und schneidet keine Wandstromlinie, so daß er nicht strahlt.

Die H_{01}-Welle ist jene Welle, die senkrecht zur H_{10}-Welle im Hohlleiter gerichtet ist. Man erkennt daher, daß die in Bild 4.5 a) und e) gezeigten Schlitze bei Erregung dieser Welle nicht strahlen. Die Bilder 4.2 und 4.3 zeigen jedoch, daß alle anderen möglichen Wellentypen Stromkomponenten aufweisen, die den in Bild 4.5 a) gezeigten Schlitz schneiden. (Die H_{01}-Welle wird verwendet, weil sie in übergroßen Hohlleitern ("oversize waveguide") geringe Ausbreitungsverluste aufweist, wo Schlitze ähnlich zu den in Bild 4.5 a) gezeigten zur Ausfilterung anderer, unerwünschter Wellentypen verwendet werden können.)

Aufgabe 5.5. Die einfallende ebene Welle habe eine elektrische Feldstärke $E_0 \exp j(\omega t - \beta z)$. Sie kann in zwei Komponenten parallel und senkrecht zum dielektrischen Material zerlegt werden, wobei θ der Winkel zwischen dem elektrischen Feld und der Ebene des dielektrischen Materials ist.

Dann ist

$$\left. \begin{array}{l} E_{\parallel} = E_0 \sin\theta \, \exp j(\omega t - \beta_{\parallel} z) \\ E_{\perp} = E_0 \cos\theta \, \exp j(\omega t - \beta_{\perp} z) \end{array} \right\}, \tag{13.5}$$

wobei

$$\beta_{\parallel} = \omega \sqrt{\mu_0 \epsilon_0 \epsilon_r} = \frac{\omega}{c} \sqrt{\epsilon_r}$$

und

$$\beta_{\perp} = \omega \sqrt{\mu_0 \epsilon_0} = \frac{\omega}{c}$$

ist. In einem Abstand z ist dann

$$\left. \begin{array}{l} E_{\parallel} = E_0 \sin\theta \, \exp j\omega \left(t - \frac{\sqrt{\epsilon_r}}{c} z \right) \\[3mm] E_{\perp} = E_0 \cos\theta \, \exp j\omega \left(t - \frac{z}{c} \right) \end{array} \right\}. \tag{13.6}$$

Wenn $(\sqrt{\epsilon_r} - 1)\,\omega z/c = \frac{1}{2}\pi$ ist, dann sind die beiden Komponenten der Welle um 90° gegeneinander phasenverschoben. Ihre Summe ergibt eine Kombination aus einer linear polarisierten und einer zirkular polarisierten Welle und wird elliptisch polarisierte Welle genannt. Beträgt der Winkel $\theta = 45°$, dann sind die beiden Komponenten der Welle gleich groß und es entsteht ein Zirkularpolarisator. Infolgedessen ist die Dicke des Dielektrikums durch

$$z = \frac{\pi c}{2(\sqrt{\epsilon_r} - 1)\,\omega} \tag{13.7}$$

gegeben.

Ist die Dicke des Materials doppelt so groß, dann sind die beiden Komponenten der Welle um 180° phasenverschoben. Man kann sie auch als phasengleich ansehen, wenn man die Richtung der parallelen Komponente umkehrt. Die resultierende Welle ist linear polarisiert; ihr elektrisches Feld liegt in einer Ebene, die um den Winkel 2θ gegenüber der einfallenden ebenen Welle gedreht ist. Ist $\theta = 45°$, dann steht die linear polarisierte Welle am Ausgang senkrecht auf die einfallende Welle. Eine Drehung des Dielektrikums ändert den Winkel zwischen der Polarisationsrichtung der austretenden ebenen Welle und der Welle am Eingang. (Wenn ein solches System in einem Hohlleiter untergebracht ist, dann nennt man den Zirkularpolarisator $\lambda/2$-*Platte* und das dickere Stück λ-*Platte*.)

Aufgabe 5.10. Um diese Aufgabe beantworten zu können, müssen wir die Modenkarte (Bild 5.11) heranziehen. Für einen Resonator, der zwei verschiedene Resonanzfrequenzen aufweisen soll, wird man d und l vorgeben und die zwei verschiedenen f_0 ablesen. Infolgedessen ist die Bedingung durch jede vertikale Gerade $(d/l)^2 = $ konstant erfüllt, die die Linien zweier Schwingungstypen schneidet, wobei eine Ordinate doppelt so groß ist wie die andere. Eine andere Einschränkung ist die, daß es unerwünscht ist, einen Resonator so zu betreiben, daß verschiedene Schwingungstypen gleichzeitig anschwingen können. Wendet man diese Überlegungen an und untersucht das Bild 5.11, so zeigt sich, daß eine mögliche Lösung in der Nähe von $(d/l)^2 \approx 0{,}7$ liegt und die Schwingungstypen die H_{111}- und die H_{112}-Schwingung sind; es ist dann $(fd)^2 \approx 4{,}5$ bzw. $9 \cdot 10^{16}$. Ein anderes Lösungspaar bei $(d/l)^2 \approx 1{,}6$ sind die E_{011}- und die H_{112}-Schwingung mit $(fd)^2 \approx 8{,}3$ bzw. $16{,}6 \cdot 10^{16}$.

Aufgabe 6.6. Um die Rechnung zu vereinfachen, ist es notwendig, folgende Annahme zu treffen: das leitende Medium sei ein Medium hoher Leitfähigkeit, also

$$\sigma \gg \omega\epsilon \,.$$

Dann lauten die Felder in dem Material

$$E_x = (1 + j) \sqrt{\frac{\omega\mu_0}{2\sigma}} \, H_0 \exp\left(j\omega t - \alpha z - j\alpha z\right) \tag{6.14}$$

$$H_y = H_0 \exp\left(j\omega t - \alpha z - j\alpha z\right) \tag{13.8}$$

Nehmen wir eine ähnliche Situation an, die im Beispiel in Abschnitt 3.7 herrscht. Das Medium 1 ist Luft und weist die gleichen Eigenschaften auf wie der freie Raum, Medium 2 ist das leitende Medium. Benützt man noch dieselbe Bezeichnungsweise für die vor- und rücklaufende Welle im Medium 1 wie in Abschnitt 3.7, dann ist die transmittierte Welle im Medium 2 durch die Gln. (6.14) und (13.8) gegeben.

Die Randbedingungen sind durch die Gln. (3.18) und (3.19) vorgegeben; daher gilt die Gl. (3.21)

$$E_f + E_r = E_x \tag{3.21a}$$

und ebenso

$$H_f + H_r = H_y + J_p\delta \,. \tag{13.9}$$

Ist das Material ein guter Leiter, dann kann der Term $J_p\delta$ nicht vernachlässigt werden. Es wird jedoch vollkommene Reflexion der Welle an der Oberfläche auftreten und der Welligkeitsfaktor unendlich werden.

Andererseits kann δ so klein gemacht werden, daß sogar der Beitrag des Stroms zur Randbedingung vernachlässigt werden kann und Gl. (3.20) anwendbar wird

$$H_f + H_r = H_y \,; \tag{3.20a}$$

man erhält dann aus Gl. (3.21a)

$$\eta H_f - \eta H_r = (1 + j) \sqrt{\frac{\omega\mu_0}{2\sigma}} \, H_y \,. \tag{13.10}$$

Löst man die Gln. (3.20a) und (13.10), so ergibt sich

$$2\,H_f = \left[1 + \frac{(1+j)}{\eta} \sqrt{\frac{\omega\mu_0}{2\sigma}}\,\right] H_y$$

$$2\,H_r = \left[1 - \frac{(1+j)}{\eta} \sqrt{\frac{\omega\mu_0}{2\sigma}}\,\right] H_y \; .$$

Verwendet man die Abkürzung

$$\frac{1}{\eta} \sqrt{\frac{\omega\mu_0}{2\sigma}} = \sqrt{\frac{\omega\epsilon_0}{2\sigma}} = \frac{1}{g} \, ,$$

dann ist analog zu Gl. (3.24)

$$\frac{E_f}{E_r} = \frac{g+1+j}{g-1-j} \; .$$

Entsprechend unserer am Anfang getroffenen Annahme ist aber

$$g \gg 1 \, ;$$

Wir erhalten daher die Beziehung

$$E_r \approx E_f \; .$$

Die gesamte einfallende Mikrowellenleistung wird also reflektiert und ergibt

$$s = \infty \, .$$

Aufgabe 6.7. *Lamellierte Transformatorkerne für Netzfrequenz:*

Das Eisen für Kerne für Netztransformatoren möge folgende Eigenschaften haben: $\mu_r = 2 \cdot 10^3$, $\sigma = 8 \cdot 10^6\,\text{S/m}$. Die Netzfrequenz ist 50 Hz. Die Eindringtiefe ist durch Gl. (6.19) gegeben.

$$z_0 = \sqrt{\frac{2}{\omega\mu\sigma}} \qquad\qquad\qquad\qquad (6.19)$$

Setzt man die Zahlenwerte in Gl. (6.19) ein, so ergibt sich $z_0 = 0{,}564$ mm. Es werden keine merkbaren Wirbelstromverluste auftreten, wenn der Transformatorkern aus dünnen Eisenlamellen besteht, die voneinander isoliert und nicht dicker als 1/2 mm sind.

Lamellierte Transformatorkerne für hohe Frequenzen:

Für 10 kHz werden die Transformatorkerne aus einer speziellen hochpermeablen Legierung hergestellt. Typische Eigenschaften sind: $\mu_r = 5 \cdot 10^4$, $\sigma = 1 \cdot 10^6\,\text{S/m}$. Setzt man diese Werte in Gl. (6.19) ein, so ergibt sich $z_0 = 22{,}5\ \mu\text{m}$. Das bedeutet, daß für Hochfrequenztransformatorkerne die Lamellen ungefähr ein Zehntel der Dicke der Bleche für Netzfrequenztransformatoren aufweisen müssen.

Verkupferter Stahldraht bei hohen Frequenzen:

Man könnte meinen, daß infolge des Skin-Effektes billige Leitungen aus verkupferten Stahldrähten hergestellt werden können. Wenn das der Fall ist, dann ist es notwendig sich zu überzeugen, ob die Dicke der Verkupferung groß genug ist, damit der im Stahl fließende Strom vernachlässigbar wird. Die Kupferschicht muß mindestens so dick sein wie die Eindringtiefe. Da der Strom ausschließlich in Kupfer fließen soll, muß die Eindringtiefe in einem Kupferdraht in Betracht gezogen werden. Berücksichtigt man die Eigenschaften des Kupfers, dann ist die Eindringtiefe:

$$
\begin{aligned}
z_0 \;&= 0{,}71 \text{ mm} \quad &&\text{bei} \quad && 10 \text{ kHz} \\
&\;\; 0{,}225 \text{ mm} \quad &&\text{bei} \quad && 100 \text{ kHz} \\
&\;\; 71\ \mu\text{m} \quad &&\text{bei} \quad && 1 \text{ MHz} \\
&\;\; 22{,}5\ \mu\text{m} \quad &&\text{bei} \quad && 10 \text{ MHz} \, .
\end{aligned}
$$

Diese Werte zeigen, daß die Verkupferung vor allem bei Frequenzen über 10 MHz in Frage kommt.

Dünnwandiger Hohlleiter:

Im Mikrowellengebiet ändert sich die Eindringtiefe in Kupfer von 2,25 μm bei 1 GHz bis 0,225 μm bei 100 GHz. Infolgedessen muß die Wandstärke des Hohlleiters, soweit es das Mikrowellenfeld betrifft, nur die Dicke einer gewöhnlichen galvanischen Schicht aufweisen. In elektrischer Hinsicht gibt es daher keine Nachteile bei einem dünnwandigen Hohlleiter.

Verkupferter Hohlleiter:

Im Hinblick auf die Eindringtiefe gibt es keine Gründe, warum sich ein Hohlleiter, dessen Innenwände verkupfert sind, nicht ebenso verhalten sollte wie ein Hohlleiter aus solidem Kupfer. (Es gibt jedoch andere Überlegungen, die darauf hinauslaufen, daß die Dämpfung in einem verkupferten Hohlleiter größer ist als in einem Hohlleiter aus solidem Kupfer.)

Aufgabe 7.6. Die Lösung dieser Aufgabe ist der Berechnung des in Abschnitt 3.7 gezeigten Beispiels ähnlich. Der Zusammenhang der Feldkomponenten in einem Ferrit ist durch die Gln. (7.20) bis (7.23) gegeben. Benützt man die Bezeichnungen aus Abschnitt 7.6, dann lauten diese Gleichungen

$$E_y^+ = -jE_x^+ \tag{7.20}$$

$$E_y^- = jE_x^- \tag{7.21}$$

$$\eta^+ H_y^+ = E_x^+ \tag{7.22a}$$

$$\eta^- H_y^- = E_x^- \tag{7.22b}$$

$$\eta^+ H_x^+ = -E_y^+ \tag{7.23a}$$

$$\eta^- H_x^- = -E_y^- . \tag{7.23b}$$

Die beiden durch die Gln. (7.20) bis (7.23) definierten Wellen stellen die durch die Grenzschicht in das Ferrit übertretenden Wellen dar. Die einfallenden und reflektierten Wellen im freien Raum sollen die gleichen sein wie die im Abschnitt 3.7 definierten, mit der Ausnahme, daß zufolge der drehenden Wirkung des Ferrits eine Komponente der reflektierten Welle senkrecht zur einfallenden Welle auftritt. Die Normalkomponente der reflektierten Welle werde durch die Felder E_s und H_s beschrieben. Die Verwendung der Bezeichnungen $E_x^+ = E_1$ und $E_x^- = E_2$ und Substitution in die Gln. (7.20) bis (7.23) ergibt

$$E_x^+ = E_1$$

$$H_y^+ = \frac{E_1}{\eta^+}$$

$$E_y^+ = -jE_1$$

$$H_x^+ = \frac{jE_1}{\eta^+}$$

$$E_x^- = E_2$$

$$H_y^- = \frac{E_2}{\eta^-}$$

$$E_y^- = jE_2$$

$$H_x^- = -\frac{jE_2}{\eta^-} .$$

Summiert man sämtliche Feldkomponenten der verschiedenen Wellen auf jeder Seite der Grenzschicht auf, so ergeben sich die elektrischen Feldkomponenten in x-Richtung:

$$E_1 + E_2 = E_f + E_r \tag{13.11}$$

und in y-Richtung:

$$E_1 + E_2 = E_s \qquad (13.12)$$

sowie die magnetischen Feldkomponenten in x-Richtung:

$$\frac{E_1}{\eta^+} - \frac{E_2}{\eta^-} = -\frac{E_s}{\eta} \qquad (13.13)$$

und in y-Richtung:

$$\frac{E_1}{\eta^+} + \frac{E_2}{\eta^-} = \frac{E_f}{\eta} - \frac{E_r}{\eta} \, . \qquad (13.14)$$

Aus den Gln. (13.12) und (13.13) erhält man

$$E_1 - E_2 = \frac{\eta}{\eta^+} E_1 - \frac{\eta}{\eta^-} E_2 \; ;$$

daher ist

$$\frac{E_2}{E_1} = \frac{\left(\dfrac{\eta}{\eta^+} - 1\right)}{\left(\dfrac{\eta}{\eta^-} - 1\right)} \, . \qquad (13.15)$$

Gl. (13.11) ergibt

$$E_{max} = E_f + E_r = E_1 + E_2$$

und Gl. (13.14) ergibt

$$E_{min} = E_f - E_r = \frac{\eta}{\eta^+} E_1 + \frac{\eta}{\eta^-} E_2 \; ;$$

dann ist

$$s = \frac{E_{max}}{E_{min}} = \frac{E_1 + E_2}{\dfrac{\eta}{\eta^+} E_1 + \dfrac{\eta}{\eta^-} E_2}$$

und die Substitution aus Gl. (13.15) ergibt mit einigen Vereinfachungen

$$s = \frac{\eta(\eta^+ + \eta^-) - 2\eta^+\eta^-}{2\eta^2 - \eta(\eta^+ + \eta^-)} \, .$$

Die Normalkomponente der reflektierten Welle trägt zum Welligkeitsfaktor im freien Raum nichts bei, wenn der Detektor, mit dem die stehende Welle ausgemessen wird, richtungsabhängig und so angeordnet ist, daß er die maximale Amplitude der einfallenden Welle empfängt. Die Bedeutung derjenigen Symbole, die hier nicht erklärt wurden, sind in den Kapiteln 3 und 7 angegeben.

Aufgabe 8.7. Die Ausbreitungskonstante in einem homogenen, verlustlosen Plasma ist durch Gl. (8.9) gegeben:

$$\beta = \frac{\omega}{c} \sqrt{1 - \left(\frac{\omega_p}{\omega}\right)^2} \, . \qquad (8,9a)$$

Ersetzt man in Gl. (8.9) β und ω durch die Wellenlänge und definiert man eine Plasmawellenlänge λ_p, die der Plasmafrequenz proportional ist, dann ergibt sich

$$\frac{1}{\lambda_p^2} + \frac{1}{\lambda^2} = \frac{1}{\lambda_0^2} \, . \qquad (13.16)$$

Man sieht, daß Gl. (13.16) von der gleichen Gestelt ist wie Gl. (3.4), wobei die Wellenlänge der sich im Plasma ausbreitenden Welle der Hohlleiterwellenlänge und die Plasmawellenlänge der Grenzwellenlänge im Hohlleiter entspricht. Es liegt also eine Analogie zwischen der Ausbreitung einer elektromagnetischen Welle in einem Hohlleiter und in einem Plasma vor. Das Plasma weist eine Grenzfrequenz usw. auf; es gibt daher eine Phasengeschwindigkeit, die größer ist als die Lichtgeschwindigkeit bzw. eine Gruppengeschwindigkeit, die kleiner als die Lichtgeschwindigkeit ist.

Einsetzen der Gl. (8.9) in die Gln. (3.5) und (3.9) ergibt

$$v_p = \frac{c}{\sqrt{1 - \left(\frac{\omega_p}{\omega}\right)^2}} \quad > c$$

$$v_g = c\sqrt{1 - \left(\frac{\omega_p}{\omega}\right)^2} \quad . \quad < c$$

Die graphische Darstellung der Wellenlänge in Abhängigkeit von der Frequenz erhält man durch Einsetzen von Zahlen in die Gl. (13.16).

Anhang 1
Physikalische Konstante

Lichtgeschwindigkeit	$c = 2{,}998 \cdot 10^8 \text{m/s}$
Ladung des Elektrons	$e = 1{,}602 \cdot 10^{-19} \text{C}$
Ruhemasse des Elektrons	$m = 9{,}109 \cdot 10^{-31} \text{kg}$
Plancksches Wirkungsquantum	$h = 6{,}626 \cdot 10^{-34} \text{Js}$
Boltzmann-Konstante	$k = 1{,}380 \cdot 10^{-23} \text{J/K}$
Permeabilitätskonstante des Vakuums	$\mu_0 = 4\pi \cdot 10^{-7} \text{H/m}$
Dielektrizitätskonstante des Vakuums	$\epsilon_0 = \dfrac{1}{c^2 \mu_0} \approx \dfrac{1}{36\pi \cdot 10^9} \text{F/m}$

Anhang 2
Verzeichnis der verwendeten Symbole

A	beliebige Konstante
Λ	beliebiger Vektor
a	Breite des Rechteckhohlleiters; Innenradius des Kreishohlleiters; Innenradius des Außenleiters einer Koaxialleitung
a	Fläche
B	beliebige Konstante
B	beliebiger Vektor; magnetische Induktion
b	Suszeptanz; Schmalseite des Rechteckhohlleiters; Außenradius des Innenleiters einer Koaxialleitung
C	beliebige Konstante; Kapazität
C'	Kapazitätsbelag einer Leitung
C	beliebiger Vektor
c	Lichtgeschwindigkeit; Länge eines quaderförmigen Resonators
D	beliebige Konstante
D	elektrische Verschiebung
d	Durchmesser
d ...	totales Differential von ...
E	elektrisches Feld
e	Ladung des Elektrons
F	beliebiger Vektor
f	Frequenz; beliebige Funktion
f_0	Resonanzfrequenz
G'	Ableitungsbelag einer Leitung
g	Konstante bei einem leitenden Medium
H	Magnetfeld
H_0	statisches Magnetfeld
h	Plancksches Wirkungsquantum
I	Strom

J	Stromdichte; Drehimpuls
J_n	Zylinderfunktion erster Art der Ordnung n
j	$\sqrt{-1}$
K	beliebige Konstante
k	**Wellenzahl; Boltzmann-Konstante**
L′	Induktivitätsbelag einer Leitung
l	Länge; ganze Zahl zur Kennzeichnung des Schwingungstyps eines Hohlraumresonators
M	Magnetisierung
M_0	statische Magnetisierung
m	ganze Zahl zur Kennzeichnung eines Wellentyps; Konstante bei einem leitenden Medium; Elektronenmasse
N	ganze Zahl; Anzahl
n	ganze Zahl zur Kennzeichnung eines Wellentyps
P	Leistung
Q	Gütefaktor eines Resonators; Ladung
R	Widerstand
R′	Widerstandsbelag einer Leitung
R_s	äquivalenter Oberflächenwiderstand
r	Koordinate in Polarkoordinatensystemen
s	Welligkeitsfaktor
S	Poyntingscher Vektor
T	absolute Temperatur
t	Zeit; transversal; tangential
U	Spannung
v	Geschwindigkeit
v_p	Phasengeschwindigkeit
v_g	Gruppengeschwindigkeit
v	Volumen
W	Energiedichte; Energieniveau im Festkörper
X	Reaktanz
x	Koordinate im kartesischen Koordinatensystem
Y	Admittanz
Y	beliebiger Vektor
Y_n	Zylinderfunktion zweiter Art der Ordnung n
y	Koordinate im kartesischen Koordinatensystem
Z	Impedanz
Z_0	Wellenwiderstand einer Leitung
Z_F	Feldwellenwiderstand eines Wellentyps
Z_t	Abschlußimpedanz
z	Koordinate im kartesischen Koordinatensystem: Ausbreitungsrichtung; Koordinate im Zylinderkoordinatensystem: Ausbreitungsrichtung
z_0	Eindringtiefe
α	Dämpfungskonstante
β	Phasenkonstante

γ Ausbreitungskonstante; gyromagnetische Konstante

δ Verlustwinkel; Länge; Variationszeichen

$\tan \delta$ Verlustfaktor

ϵ Dielektrizitätskonstante

ϵ_0 Dielektrizitätskonstante des Vakuums

ϵ_z z-Komponente des Dielektrizitätstensors

ζ Drehung

η Feldwellenwiderstand des Vakuums

η_t Komponente des Dielektrizitätstensors außerhalb der Hauptdiagonale

θ Winkel; Koordinate im Kugelkoordinatensystem

κ Komponente des Permeabilitätstensors außerhalb der Hauptdiagonale

λ Wellenlänge

λ_0 Vakuumwellenlänge

λ_h Hohlleiterwellenlänge

λ_c Grenzwellenlänge

μ Permeabilität; Komponente des Permeabilitätstensors in der Hauptdiagonale

μ_0 Permeabilitätskonstante des Vakuums

ν effektive Stoßfrequenz der Elektronen

ρ Reflexionskoeffizient; Raumladungsdichte

σ Leitfähigkeit

ϕ Koordinate im Kugelkoordinatensystem

χ magnetische Suszeptibilität

ψ Drehung pro Längeneinheit

ω Kreisfrequenz

ω_0 Resonanzfrequenz

ω_p Plasmafrequenz

ω_z Zyklotronfrequenz

∇ Differentialoperator

$\partial \ldots$ partielles Differential von ...

Anhang 3
Schaltzeichen

An einer Koaxialleitung angekoppeltes Klystron

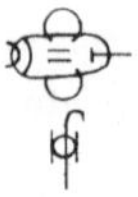

An einen Hohlleiter angekoppelte Koaxialleitungssonde

Direkt anzeigender Wellenmesser

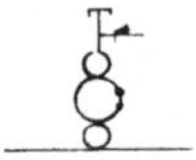

Richtkoppler

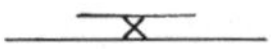

Reflexionsfreier Abschluß

Kurzschluß

Diodengleichrichter (Detektor)

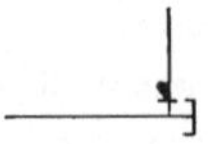

Meßleitung

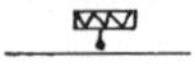

Schlitzleitungssonde

Abschwächer

Phasenschieber

Richtungsleitung (Einwegleitung)

Zirkulator

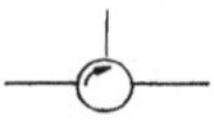

Sachwortverzeichnis

Mikrowellen — ein aktuelles Thema

» Mikrowellenmeßtechnik

Von Prof. Dr.-Ing. H. Groll. Braunschweig: Vieweg, 1969. DIN B 5.
397 Seiten mit 350 Abb. Gebunden. DM 54,00 (Best.-Nr. 8241)

In vielen Zweigen der Physik und Technik sind zuverlässige Meßmethoden
für eine erfolgversprechende Entwicklung neuer Bauteile, Anlagen und
Verfahren eine wesentliche Voraussetzung. Dies gilt vor allem für die Mikrowellenmeßtechnik, die sich im Laufe der letzten Jahre als Sondergebiet der
Hochfrequenztechnik herausgebildet hat.

In diesem Buch wurde besonderer Wert darauf gelegt, die grundlegenden
Meßmethoden herauszuarbeiten und die Prinzipien der konstruktiven
Gestaltung von Mikrowellenbauteilen zu beschreiben. Daher behält das Buch
über einen längeren Zeitraum seine Aktualität. Die Entwicklung der letzten
Jahre ließ in der Mikrowellenmeßtechnik zwei Richtungen erkennen: Die
Erhöhung der Meßgenauigkeit und die Automatisierung der Meßverfahren.
Die erste führte zu steigender mechanischer Präzision mancher Bauteile und
zur Berücksichtigung auch kleiner Fehlerursachen. Die zweite ist gekennzeichnet durch die Einführung breitbandiger Wobbelverfahren mit oszillo-
grafischer Sichtanzeige des Meßwertes. Vorwiegend in Abschnitt 6 und 7
wurde auf diese Verfahren eingegangen.

Das Buch hat monografischen Charakter, ist aber wegen seiner äußerst
geschickten pädagogischen Darstellung auch als Lehrbuch geeignet. Besonders
hervorzuheben sind die grafischen Prinzipdarstellungen, die für das Verständnis
der komplizierten Meßeinrichtungen der Mikrowellentechnik wichtig sind.

Inhalt: Meßsender — Meßempfänger — Absorber und Dämpfungsglieder —
Leistungsmessung — Impedanzmessung — Messungen an Vierpolen — Messung
von Spannung, Strom und Phase — Messung der Güte von Resonatoren —
Dämpfungsmessung — Messung von Materialkonstanten — Messung von
Wellenlänge und Frequenz — Messung des Rauschfaktors.

» vieweg